AI时代高等学校通识教育系列教材

U0645599

人工智能通识基础

卢道设 孙洁 罗允励 纪其顺 李鑫 编著

清华大学出版社

北京

内 容 简 介

本书采用理论与实践相结合的教学方式,挑选了大量实际案例,通过生动形象的案例和深入浅出的讲解,重点介绍人工智能在办公场景的图像处理、视频分析、音频处理及多媒体交互等领域的技术实现与创新应用。通过解析人工智能核心技术开发流程与工具链体系,结合医疗、交通、电商、农业及政务等行业的典型实践案例,全方位展现人工智能技术的产业价值与社会影响。全书共设 5 章内容:第 1 章概述人工智能技术体系与应用场景;第 2 章聚焦人工智能在办公软件中的功能集成;第 3 章解析多媒体处理领域的人工智能解决方案;第 4 章梳理人工智能开发工具链与实施路径;第 5 章阐释人工智能的核心算法与关键技术。本书突出实用导向,配置详尽的操作步骤、进阶习题与项目实训,旨在帮助学习者系统掌握人工智能工具的应用技能,获得工程化问题的解决能力,为职业发展构建扎实的能力基础。

本书既适合作为高等学校的通识课程教材,也可作为人工智能相关专业教材,还可为技术开发人员、高等教育工作者及跨领域研究者提供技术参考,助力人工智能人才培养与技术创新生态建设。

图书在版编目(CIP)数据

人工智能通识基础/卢道设等编著. -- 北京:清华大学出版社,2025.8.
(AI 时代高等学校通识教育系列教材). -- ISBN 978-7-302-70270-2

Ⅰ. TP18

中国国家版本馆 CIP 数据核字第 20258P8H24 号

责任编辑:陈景辉　李　燕
封面设计:刘　键
责任校对:李建庄
责任印制:沈　露

出版发行:清华大学出版社
　　　　网　　　址:https://www.tup.com.cn,https://www.wqxuetang.com
　　　　地　　　址:北京清华大学学研大厦 A 座　　邮　　编:100084
　　　　社 总 机:010-83470000　　　　　　　　邮　　购:010-62786544
　　　　投稿与读者服务:010-62776969,c-service@tup.tsinghua.edu.cn
　　　　质量反馈:010-62772015,zhiliang@tup.tsinghua.edu.cn
　　　　课件下载:https://www.tup.com.cn,010-83470236
印 装 者:三河市天利华印刷装订有限公司
经　　销:全国新华书店
开　　本:185mm×260mm　　　印　张:13　　　　字　　数:319 千字
版　　次:2025 年 9 月第 1 版　　　　　　　　印　　次:2025 年 9 月第 1 次印刷
印　　数:1～1500
定　　价:59.90 元

产品编号:109348-01

前 言

在数字化浪潮席卷全球的今天，人工智能（AI）正以前所未有的速度重塑各行各业。从智能写作助手到自动驾驶技术，从医疗诊断到智慧城市管理，人工智能已无处不在。本书旨在为读者提供一套系统化、场景化的人工智能技术基础学习框架，既涵盖基础理论，又聚焦实际应用。

本书的编写遵循"理论为基、实践为本"的原则，通过大量实操案例与实训，帮助读者理解人工智能技术的底层逻辑，掌握其在办公软件、多媒体与行业场景中的落地方法。系统讲解人工智能应用与开发的核心工具、框架与实战技巧，覆盖 Python 编程、深度学习框架、数据处理等。无论是高校学生、职场新人，还是技术开发者，均可通过本书快速上手，提升工作效率，开拓创新思维。

全书内容由浅入深，语言通俗易懂，结合国内主流人工智能开放平台（如百度 AI、腾讯 AI、阿里云 AI 等）的操作演示，确保读者在掌握知识的同时，获得真实的项目经验。希望本书能成为读者探索人工智能世界的指南针，助力读者在智能化浪潮中把握机遇，实现价值。

本书主要内容

本书以清晰的逻辑、丰富的案例与实训任务，构建从理论到应用的全链路学习路径，是人工智能入门的理想教材。

全书共有 5 章。

第 1 章人工智能概述与应用，内容包括人工智能的定义、特点与分类、人工智能的发展历程、人工智能技术应用场景（智慧交通、智慧电商、智能医学、智能制造、智慧农业、智慧政务）、国内开放平台（百度 AI、腾讯 AI、阿里云 AI）。第 2 章人工智能在办公软件中的应用，内容包括 WPS AI 写作助手、WPS AI 数据助手、WPS AI 演示助手、邮件与日程管理、会议管理。第 3 章人工智能在多媒体中的应用,内容包括图像处理、视频处理、音频处理、多媒体搜索与推荐、用户交互与增强体验。第 4 章人工智能开发与工具,内容包括常用 AI 编程语言、AI 开发框架、数据集与资源、AI 项目开发流程。第 5 章人工智能的关键技术,内容包括机器学习基础、神经网络、深度学习。

本书特色

（1）案例驱动。

每章均包含实操案例(如客服邮件模板生成、销售数据分析),通过真实案例强化理解。

（2）操作导向。

提供详细的步骤截图与源代码(如 Excel 构建决策树、KNIME 训练分类模型),降低学习门槛。

（3）跨领域融合。

打破技术边界,结合办公效率提升与行业数字化转型,展现人工智能的多维价值。

（4）本土化资源。

重点介绍国内主流人工智能开放平台(如阿里云 ModelScope、百度文心大模型),贴合国内开发者需求。

（5）职业素养培养。

每章设置"职业素养目标",强调数据安全、持续学习与国家意识,培养复合型人才。

配套资源

为方便教与学,本书配有微课视频、源代码、数据集、案例素材、教学课件、教学大纲、教案、教学进度表、习题题库、期末试卷及答案。

（1）获取微课视频方式:先刮开本书封底的文泉云盘防盗码并用手机版微信 App 扫描,授权后再扫描书中相应的视频二维码,观看教学视频。

（2）获取源代码、数据集等方式:先刮开本书封底的文泉云盘防盗码并用手机版微信 App 扫描,授权后再扫描下方二维码,即可获取。

| 源代码、数据集 | 案例素材 | 全书网址 |

（3）其他配套资源可以扫描本书封底的"书圈"二维码,关注后回复本书书号,即可获取。

读者对象

本书既适合作为高等学校通识课程教材,也可作为人工智能相关专业教材,还可为技术开发人员、高等教育工作者及跨领域研究者提供技术参考,助力人工智能人才培养与技术创新生态建设。

　　本书是教育部职业院校信息化教学指导委员会"2025—2026 年度全国高等职业院校信息化教学改革暨教材建设研究项目"结题成果,项目编号为 KT2504074。

　　在编写本书的过程中,编者参考了诸多相关资料,在此对相关资料的作者表示衷心的感谢。由于本人水平有限,加之时间仓促,书中难免存在疏漏之处,欢迎广大读者批评指正。

编　者

2025 年 3 月

目 录

第 1 章

人工智能概述和应用

随着科学技术的迅猛发展,本章重点阐述人工智能如何融入人们的日常生活。在本章中,读者不仅能了解到人工智能的定义和发展历程,还能见识到人工智能在智能助手、自动驾驶汽车以及医疗诊断等领域的应用实例。

视频讲解

思想引领

知识目标

1. 了解人工智能的基本概念。
2. 掌握人工智能的发展历程。
3. 熟悉人工智能的技术应用场景。

能力目标

1. 能够分析人工智能技术特点和应用。
2. 能够运用人工智能开放平台进行实践操作。
3. 能够终身学习和自我提升。

职业素养目标

1. 培育学生的创新意识和探索精神,密切关注人工智能领域的最新研究成果与创新应用。同时,学生应积极思考如何将人工智能技术与各行各业有效融合。

2. 培养学生对人工智能系统相关安全风险的意识,涵盖数据安全和网络安全,并能在这些风险出现时及时识别。同时,在设计和应用人工智能系统的过程中,深刻理解安全防护的重要性。

3. 培育学生的爱国情怀,使其更深入地理解国家的科技创新及未来的发展方向,并在此过程中,增强学生对民族的归属感与责任感。

🔑 1.1　人工智能的定义、特点与分类

1.1.1　人工智能的定义

人工智能(Artificial Intelligence,AI)是当前科技领域极为重要的研究方向,致力于通过计算机系统模拟和实现人类智能的技术,自 20 世纪中叶以来,一直是科学家和理论家研究的热点。人工智能的核心目标在于,赋予机器类似人类的思维和认知能力,其意义不仅在于模仿人类智能行为,更在于使机器能够在各种复杂和不可预测的环境中自主作出决策和反应。

若机器能够具备与人类相似的感知能力,它们将能够识别图像中的物体、理解语言的含义,甚至解读情感的微妙变化。通过推理和决策,这些智能系统能够解决复杂的问题,优化流程,甚至在某些情况下,它们的决策可能比人类更加精准和高效。学习经验是人工智能的另一大关键能力,通过机器学习和深度学习,人工智能系统能够从数据中提取知识,不断进步和适应,从而在不断变化的环境中保持其性能和效率。

1.1.2　人工智能的特点

人工智能的特点可以从多个维度进行分析,如图 1-1 所示。

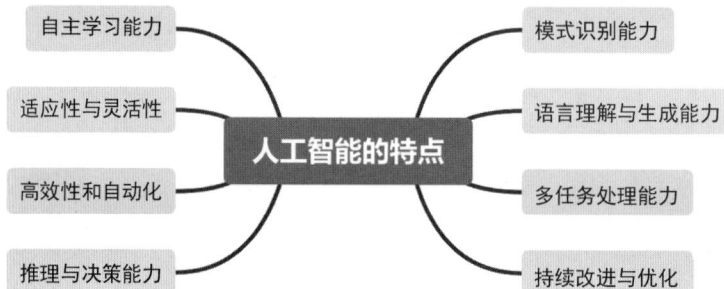

图 1-1　人工智能的特点

可以从多个维度对人工智能的特点进行分析,主要包括以下 8 方面。

1.自主学习能力

人工智能系统通过数据和经验的积累,能够实现自主学习,从而不断提升其决策能力。该系统能够在运行环境中自我调整,基于以往的观察,无须人工编程或干预。

以机器学习算法为例,这些算法能够通过利用训练数据集对模型进行微调,以提高预测的准确性。这一过程与人类学习的方式相似。人工智能模型的训练数据量和次数越多,其准确率就越高,解决问题的效果也就越好。

2.适应性与灵活性

人工智能具备迅速适应变化环境的能力,能够获取并实时响应新情况,这使得它在管理

动态环境方面表现得尤为出色,例如在交通状况的管理上。

以自动驾驶系统为例,具备自动驾驶功能的车辆在复杂交通场景中的导航效率便展现了这种能力。这些车辆能够识别各种交通标志、解读交通信号配置的变化、迅速应对紧急情况,并有效避免潜在的车辆碰撞。

3. 高效性和自动化

近年来,人工智能在处理大量数据和识别关键元素的能力上取得了显著进步。人工智能系统的快速处理能力显著提高了效率,能够在比人类更短的时间内完成大量任务。此外,人工智能系统的可靠性确保它们可以不间断地连续运行,这在许多应用中是至关重要的优势。人工智能通过重复性任务自动化来提高效率和减少错误的潜力已得到广泛证明。这项创新有可能改变行业格局,使专业人士能够优先考虑创造性工作,同时保持精度和可靠性。

4. 推理与决策能力

随着人工智能技术的持续发展,其已超越了单纯的数据处理与分析,进一步实现了推理与决策功能。这些智能系统通过运用复杂的算法,能够深入理解问题的复杂性,并在面对纷繁复杂的情况时,作出恰当的决策。

例如,在医学领域,人工智能能够迅速确定与患者有关的大量信息,包括他们的症状、历史健康问题和测试结果,这证明了其巨大的潜力。此外,它能够仔细分析大量医学研究资料,从而提出潜在的诊断,这证明了其卓越的能力。这项技术进步有助于提高医疗专业人员的效率,使他们能够加快提供适当的治疗。人工智能在医学研究领域作为宝贵工具的使用日益增多,并起到了重要作用。

5. 模式识别能力

人工智能在从海量数据中辨识潜在模式和规律方面表现出色。这一能力使得人工智能在众多领域,包括图像识别、语音识别、自然语言处理等,发挥着至关重要的作用。

例如,人工智能系统能够利用计算机视觉技术分析大量图像数据。这项卓越的技术能够识别图像中的物体、理解环境和背景,区分公园里的树木和森林里的树木,还可以准确识别繁华街道上的行人、车辆和其他移动物体。值得注意的是,这项技术在安全、自动驾驶汽车和医学成像等众多领域中变得越来越重要。这些系统的学习和适应能力是增强其图像识别和分类能力的关键因素。显然,这项技术正在以显著的方式深刻影响人们的生活。

6. 语言理解与生成能力

借助自然语言处理(Natural Language Processing,NLP)技术,人工智能得以解读、创造并分析人类语言。这一能力赋予了人工智能执行机器翻译、语音识别和智能问答等多种任务的潜力。

例如,语音助手(如苹果的 Siri 和小米的小爱同学)能够准确理解用户的语音指令,并提供恰当的响应。这些智能助手不仅能够处理简单的查询,还能在复杂的对话中理解上下文,从而提供更加人性化的交互体验。它们的出现,标志着人工智能在模仿人类语言交流方面迈出了重要的一步,为人们的生活带来了极大的便利。无论是设置闹钟、查询天气,还是进行日常的网络搜索,这些人工智能助手都能以接近人类的交流方式,快速而准确地完成任务,极大地提高了效率和生活质量。

7. 多任务处理能力

部分高级人工智能系统展现出同时处理多项任务的能力,能够执行并行计算。该特性使得人工智能在面对复杂情境时,能够同时接收并处理多个输入信号,并迅速作出反应。

以自动驾驶技术为例,人工智能需同时处理来自车辆传感器的数据、导航信息以及路况分析等多项任务。这些系统能够高效地在不同任务之间切换,确保各项任务均得到及时且精确的处理。在高速公路等高速行驶环境中,人工智能的多任务处理能力尤为关键,它能够实时分析交通状况,预测其他车辆的行驶轨迹,从而作出最优的驾驶决策。

8. 持续改进与优化

人工智能技术的持续进步,使其具备了基于持续反馈和新数据进行自我迭代的能力。这种能力是人工智能系统学习和适应的关键,它允许人工智能在面对不断变化的环境和需求时,能够灵活调整其算法和行为。

例如,作为人工智能应用的一个典型例子,推荐系统通过分析用户的点击行为、浏览历史和购买记录等数据,不断调整其推荐策略。这些策略的调整旨在更好地满足用户的个性化需求,从而提升用户体验。推荐系统会根据用户的实时反馈,如点击率、停留时间和转化率等指标,来评估推荐内容的相关性和吸引力。通过这种持续的优化过程,推荐系统能够更精准地预测用户可能感兴趣的内容,从而在用户和内容之间架起一座桥梁,创造出更加个性化和互动的体验。

结合上述特性,不难发现其在众多领域内所蕴含的革命性潜力,这些潜力正推动着技术进步和社会变革的进程。随着人工智能技术的持续发展,其能力的丰富性将日益显现,并逐步渗透至人类生活的各个领域。

人工智能的这些特性所带来的优势是显而易见的。其在处理复杂任务方面的能力,使其能够超越传统计算机的局限性,尤其在数据驱动的领域中表现出色。例如,在金融、医疗及制造业等关键领域,人工智能通过学习和适应,能够显著提升工作效率,减少人为失误,从而实现生产力的提升和成本的节约。

然而,这些特性也伴随着挑战。人工智能的学习能力高度依赖于大量高质量的数据,若数据存在质量问题或缺乏多样性,可能会导致系统偏差,进而影响决策的品质。在敏感领域,如自动驾驶或医疗诊断,人工智能的自适应调整可能会带来不可预见的后果。推理能力的"黑箱"问题使得用户难以理解系统的决策过程,尤其在高风险领域,这对信任和透明性构成了挑战。感知能力则依赖于传感器的精确度和数据处理能力,感知系统的故障或误判将直接影响人工智能系统的整体性能。

人工智能凭借其学习、适应、推理和感知的能力,与传统计算机系统形成了鲜明对比。这些独特属性不仅赋予了人工智能应对更加复杂任务和环境的能力,同时也引发了新的技术、伦理和安全方面的挑战。因此,制定合适的政策和规范,以确保人工智能技术的健康发展,已成为当务之急。

1.1.3　人工智能的分类

人工智能根据智能水平、技术手段以及研究领域的不同,可以被划分为多种类别。以下列举了一些常见的分类方法。

1. 按智能水平分类

按智能水平分类,人工智能可以分为弱人工智能、强人工智能以及超人工智能三类,如图 1-2 所示。

1)弱人工智能

弱人工智能(Narrow AI),亦称狭义人工智能,是目前最为普遍且技术最为成熟的人工智能形式。它特指那些仅能执行限定任务的人工智能系统,并且在这些任务上其性能甚至能超越人类。例如,当用户向智能手机中的语音助手(如苹果的 Siri 或小米的小爱同学)发出指令时,这些系统能够迅速响应并提供准确的信息或执行特定的操作。它们在理解自然语言和处理语音数据方面表现出色,但其能力仅限于预设的程序和功能之内。

图 1-2　智能水平分类

在推荐算法领域,弱人工智能同样展现出了卓越的性能。这些算法能够分析用户的浏览历史、购买习惯以及个人偏好,从而精准地推荐商品、音乐、电影等,极大地提升了用户体验。它们在数据处理和模式识别方面的能力,使得个性化服务成为可能。

而在自动驾驶汽车的领域,图像识别系统是弱人工智能的又一重要应用。这些系统能够实时分析来自车辆摄像头的图像数据,识别道路标志、行人、其他车辆以及各种障碍物,从而做出快速而准确的驾驶决策。尽管这些系统在特定任务上表现出色,但它们并不具备理解复杂情境或进行跨领域推理的能力。

弱人工智能通常缺乏跨领域的理解力,无法执行与初始任务无关的其他操作。它们是高度专业化的工具,设计用来解决特定问题,而不是理解广泛的概念或适应全新的任务。尽管如此,弱人工智能在我们的日常生活中扮演着越来越重要的角色,从简单的语音助手到复杂的图像识别系统,它们都在不断地推动技术的边界,并为人类社会带来便利。

2)强人工智能

强人工智能(General AI),亦称通用人工智能,是指具备与人类相似的广泛认知能力的AI。它不仅限于执行特定任务,还能够理解、学习和适应各种不同的任务,具备推理、判断、学习、创造等能力,接近人类的综合智能水平。这种人工智能能够处理复杂的问题,理解抽象概念,并在没有明确指令的情况下自主作出决策。它能够从经验中学习,不断优化自己的性能,甚至在某些领域超越人类的表现。强人工智能的构想激发了无数科幻作品的想象,它代表了人类对智能极限的探索和对未来的无限憧憬。然而,尽管在理论和模拟实验中取得了一定进展,强人工智能的实现仍然面临巨大的技术和伦理挑战。目前,强人工智能仍处于研究阶段,并未成为现实,但它所描绘的未来图景,无疑为人类社会的发展带来了无限的可能性和挑战。

3)超人工智能

超人工智能(Superintelligent AI)指的是一种超越人类智能的人工智能系统,能够在几乎所有领域展现出超越最聪明人类的能力。此类系统具备极高的推理、创造力、情感理解以

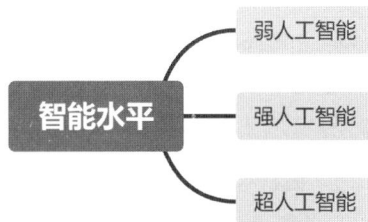

及自我改进的能力,被视为人工智能发展的理想终极目标。

具体而言,超人工智能的推理能力将使其能够解决复杂的逻辑问题,甚至在某些方面超越人类的推理极限。其创造力则意味着它能够生成新颖、有价值的想法和解决方案,推动科学、艺术等领域的创新。在情感理解方面,超人工智能将能够识别、理解并模拟人类的情感,从而与人类建立更加紧密、深入的互动。此外,其自我改进的能力将使其能够不断优化自身算法和性能,以适应不断变化的环境和任务需求。

然而,值得注意的是,尽管超人工智能的概念令人振奋,但目前它仍处于理论研究阶段,尚未实现。学术界和工业界正致力于探索构建此类系统的可行路径,并面临着一系列技术挑战和伦理问题。因此,未来的研究需要更加深入地探讨超人工智能的潜在价值、实现路径以及可能带来的社会影响,以确保其能够在安全、可控的范围内发展,并为人类社会带来积极的影响。

2. 按技术手段分类

按技术手段分类,人工智能可以分为机器学习以及深度学习两大类,如图 1-3 所示。

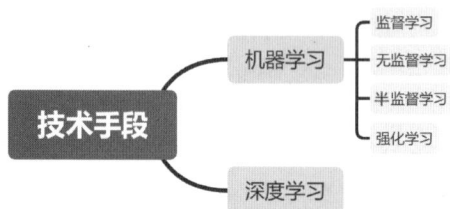

图 1-3　按技术手段分类

1）机器学习

机器学习是一种通过大量数据学习并自动改进性能的技术。它利用海量数据进行深入分析,识别数据中的模式和规律,进而自动调整和优化算法性能。这种技术的核心优势在于其自我提升的能力,无须依赖明确的编程指令,而是通过持续学习,不断进步,以实现更高的精确度和效率。机器学习可进一步细分为监督学习、无监督学习、半监督学习和强化学习 4 个类别。本部分具体内容将会在后续第 5 章进行学习。

2）深度学习

深度学习是机器学习结合神经网络模型后的人工智能模型。神经网络模型即通过模拟人脑的工作方式处理和分析大量数据。深度学习模型在经过大量数据的反复训练后,在处理各种复杂任务时能够得到精确度较高的结果。

3. 根据研究领域分类

如图 1-4 所示,在研究领域分类中每个种类并不是孤立的,它们之间往往存在交叉和融合。例如,自然语言处理和计算机视觉技术可以共同应用于图像描述生成任务中;智能机器人可能需要结合自然语言处理和计算机视觉技术来实现更复杂的交互和导航功能。因此,在研究和应用人工智能时,需要综合考虑不同技术的特点和优势,以实现更好的性能和效果。

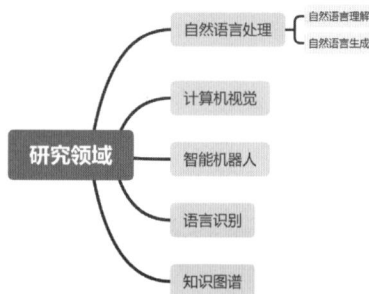

图 1-4　按研究领域分类

1）自然语言处理

自然语言处理(NLP)技术,作为人工智能领域的一个重要分支,致力于研究如何通过电子计算机模拟人类的语言交际过程。该技术的目标是使计算机能够理解和运用人类社会的自然语言,如汉语、英语等,以实现人机之间的自然语言通信,从而在一定程度上替代人类的脑力劳动。自然语言处理的研究范畴主要包括自然语言理解和自然语言生成两个核心领域。

(1) 自然语言理解。

自然语言理解(Natural Language Understanding,NLU)是人工智能的关键技术,目的是让计算机理解人类语言。NLU 使计算机能够解析语言含义,包括隐含意图和情感,以及上下文关联。通过分析词汇、短语、句子和段落,计算机能提取结构化数据,执行复杂任务,如回答问题、提供信息、执行命令或对话。NLU 技术的进步正缩小人机交流差距,使机器更贴近人类的沟通方式,在多个领域发挥重要作用。

(2) 自然语言生成。

自然语言生成(Natural Language Generation,NLG)是一项计算机技术,它将复杂数据转换为易懂的语言。NLG 通过智能算法和深度学习模型生成流畅的文本,如报告和新闻文章。这项技术提升了信息传递效率,改善了用户体验,并在多个领域得到应用,如客户服务、内容创作和决策支持。

2) 计算机视觉

计算机视觉作为人工智能领域的一个关键分支,其研究目标在于使计算机系统能够对图像和视频数据进行解释和理解。该领域的工作内容包括但不限于图像处理、图像识别、图像分类、目标检测、图像分割以及图像生成等任务。

例如,在自动驾驶技术领域,先进的算法和传感器正在逐步提升车辆的自主导航能力,使它们能够在复杂的交通环境中安全行驶。在安防监控领域,智能视频分析系统能够实时识别异常行为,为公共安全提供强有力的技术支持。医疗影像分析的进步,让医生能够更准确地诊断疾病,提高了治疗的精确度和效率。人脸识别技术的应用,不仅在安全验证方面发挥着重要作用,也在个性化服务和智能交互中展现出巨大潜力。此外,增强现实(Augmented Reality,AR)和虚拟现实(Virtual Reality,VR)技术正在改变人们日常的娱乐、教育和工作方式,它们创造的沉浸式体验正在引领人类进入一个全新的数字世界。

3) 智能机器人

在智能机器人领域,当前的研究重点之一是开发并集成所谓的"大脑芯片",旨在显著提升机器人的智能水平。该技术进步预期将在认知科学、自主组织能力以及对不确定信息的处理能力上取得重大突破。

具体而言,通过集成"大脑芯片",机器人在认知科学领域的应用将得到显著扩展,使其能够更深入地理解复杂的指令和环境,并具备自主学习和适应新任务的能力。在自主组织能力方面,这些机器人将展示出卓越的自我管理能力,能够优化工作流程,并在必要时与其他机器人或系统实现协同工作,形成一个高效运转的智能网络。

4) 语言识别

语言识别通常与语音识别(Automatic Speech Recognition,ASR)相关联,是将人类语音转换为计算机可读文本的过程。它涉及音频信号的处理、特征提取、模式匹配和文本生成等步骤。

语音识别技术现已深入我们日常生活的各个层面。其不仅在智能手机及计算机平台的语音辅助系统中扮演着核心角色,通过语音指令实现信息的发送、提醒的设置以及信息的检索等操作,而且在智能家居领域,它亦成为连接各类家用设备的关键,使得用户能够通过语音控制家中的照明、温度调节乃至安全系统。在车载系统中,语音识别技术使驾驶者能够更专注于道路,通过语音命令进行导航、音乐播放或电话接听,从而提高了驾驶的安全性。此外,在电话客服领域,语音识别技术通过自动化的语音菜单和问题解答,显著提升了服务效率,减少了客户的等待时间。而在远程医疗领域,它为行动不便或居住在偏远地区的患者提供了便利,使得他们能够通过语音与医生进行交流,获取初步的医疗建议和诊断。语音识别技术的这些应用,不仅展示了其强大的功能,也预示着未来人机交互的新趋势。

5) 知识图谱

知识图谱,作为一种先进的结构化知识表达方式,它不仅仅是一种简单的信息组织技术。它通过巧妙地将信息编织成一张张由节点(即实体)和边(即关系)构成的网络,构建出一个错综复杂而又井然有序的知识网络。在这个网络中,每个节点都代表着一个具体的概念或事物,而每条边则描绘了这些概念或事物之间的相互联系。这种图谱不仅能够存储和表示错综复杂的关系和属性,而且还能通过其独特的结构支持快速而高效的查询和推理。

在搜索引擎领域,知识图谱以其强大的数据处理能力,为用户在庞大的信息集合中迅速定位所需信息提供了支持。在推荐系统领域,知识图谱依据用户的偏好和行为模式,实现了精准的内容推荐。在智能问答领域,知识图谱能够对用户的提问作出快速而准确的响应。在金融风险控制领域,知识图谱通过数据分析和预测模型,为金融机构识别和规避潜在风险提供了辅助。在医疗诊断领域,知识图谱作为临床决策的辅助工具,利用其庞大的数据资源,为医生进行更为精确的诊断提供了支持。

通过人工智能的分类学习,读者可以深入理解不同类型人工智能的特性和作用,同时也揭示了其发展的不同阶段。从狭义的弱人工智能到理想中的强人工智能和超人工智能,人工智能的研究工作仍在不断深入。结合技术的持续进步,相关技术在人工智能研究领域发挥着重要作用,并逐步推动人工智能向更高级、更通用的方向发展。

1.2　人工智能的发展历程

人工智能的发展经历了萌芽阶段、形成阶段、反思发展期、应用发展期、低迷发展期、稳步发展期和蓬勃发展期,如图 1-5 所示。

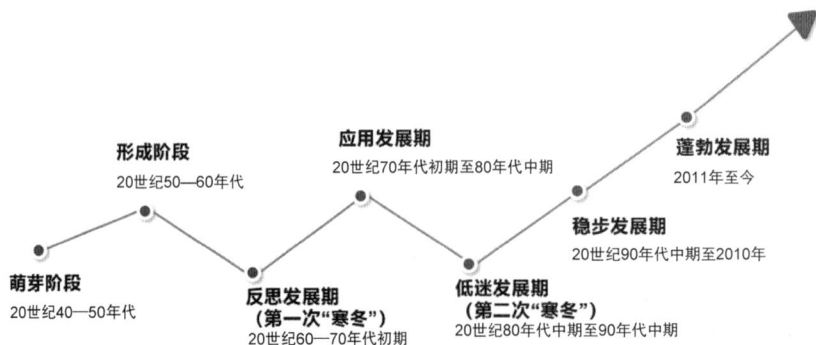

图 1-5　人工智能的发展历程

1.2.1　萌芽阶段（20 世纪 40—50 年代）

随着第一台电子计算机的问世,人类社会迈入了一个崭新的时代。在这个时代里,人们开始梦想着将机器的力量与人类的智慧相结合,以期在处理信息和解决问题上达到前所未有的高度。正是在这样的背景下,人们开始探索用计算机来替代或扩展人类的部分脑力劳动。

这一探索历程中的标志性事件之一发生在 1949 年,当时心理学家唐纳德·赫布(Donald Hebb)提出了一个革命性的概念——基于神经心理学原理的人工神经网络。赫布的理论灵感来源于对人脑神经元如何相互作用的理解,他设想了一种由相互连接的节点组成的网络,这些节点能够模拟人脑处理信息的方式。尽管在当时,这一概念还停留在理论阶段,但它为后来的人工智能研究奠定了基础。

紧接着,在 1950 年,计算机科学的先驱阿兰·图灵(Alan Turing)提出了一个划时代的测试——图灵测试。图灵测试旨在通过一个简单的对话游戏,来判断机器是否能够展现出与人类相似的智能行为。在这个测试中,如果一个机器能够在对话中让人类参与者无法区分其与真人,那么这台机器就被认为是智能的。图灵的这一创举不仅为人工智能领域提供了一个明确的发展目标,也引发了关于机器是否能够真正思考的哲学讨论。

这两个事件,虽然只是冰山一角,却象征着人类对计算机技术潜力的初步探索和认识。它们不仅推动了人工智能学科的诞生,也预示着未来几十年内,计算机技术将如何深刻地改变我们的工作方式、生活方式,甚至思维方式。

1.2.2　形成阶段（20 世纪 50—60 年代）

在这一阶段,人工智能这一概念逐渐确立,并且取得了一系列显著的研究成果。这一时期,科技界目睹了人工智能领域从萌芽到初步发展的全过程。一个具有历史意义的事件发生在 1956 年,当时在美国新罕布什尔州达特茅斯学院举行的一次夏季研讨会上,"人工智能"这一术语首次被正式提出。这次会议聚集了一批志同道合的科学家,他们共同探讨了如何通过机器模拟人类智能的可能性,这标志着人工智能研究的正式起步。

随后,符号主义和专家系统的兴起,为人工智能的发展注入了新的活力。在这一时期,研究者开发出了多种创新性的应用,例如机器定理证明和跳棋程序等。这些成果不仅展示了计算机在逻辑推理和策略规划方面的潜力,也激发了公众对于人工智能技术的兴趣和想象。这些早期的突破性研究,为后来人工智能领域的飞速发展奠定了坚实的基础,并且在科技史上留下了不可磨灭的印记。

1.2.3　反思发展期（20 世纪 60—70 年代初期）

人工智能领域在初始阶段实现了若干技术上的重大突破,这些进展显著提升了公众对人工智能未来潜力的乐观预期。然而,随后该领域遭遇了一系列严峻的挑战和挫败。例如,在尝试让机器证明两个连续函数之和仍然保持连续性的任务上遭遇了失败,同时在机器翻译等应用中也出现了令人尴尬的错误。这些事件导致了人工智能研究的停滞,该时期被正式称为人工智能的首次"寒冬"期。

1.2.4　应用发展期(20 世纪 70 年代初期至 80 年代中期)

在 20 世纪 70 年代初期至 80 年代中期,人工智能领域经历了显著的转变,专家系统的发展标志着这一变革的开始。这些系统致力于模拟人类专家的知识和经验,以解决特定领域内的复杂问题。它们的出现,不仅体现了人工智能从纯粹的理论研究向实际应用的飞跃,也预示着一个新时代的到来,即机器能够以接近人类专家的水平执行专业任务。

在这一时期,几个重要的标志性事件标志着人工智能的发展进程。1968 年,历史上首台人工智能机器人诞生,它不仅是一个技术上的突破,更是人类对智能机器梦想的一次重大实践。紧接着在 1970 年,一个能够分析语义、理解语言的系统问世,这为自然语言处理领域奠定了基础,开启了计算机与人类交流的新篇章。

随后,一系列具有里程碑意义的智能系统相继出现。MYCIN 系统的开发,为细菌感染的诊断提供了新的方法,它能够通过对话收集病史信息,并给出治疗建议,其准确率可与专业医生相媲美。RI 系统则专注于计算机配置的优化,它能够根据用户需求和硬件条件,自动推荐最佳的计算机配置方案。而 HEARSAT 系统在语音识别领域取得了突破,它能够识别和处理人类语音,为后续的语音交互技术奠定了基础。

这些系统的成功开发和应用,不仅展示了人工智能技术的巨大潜力,也推动了相关学科的发展,为后续的研究和创新提供了丰富的土壤。它们的出现,是人工智能发展史上不可磨灭的印记,为未来技术的进步和应用开辟了新的道路。

1.2.5　低迷发展期(20 世纪 80 年代中期至 90 年代中期)

随着人工智能应用范围的持续扩大,专家系统所面临的局限性开始逐渐显现,导致人工智能的发展步入了一个低谷期。专家系统在应用领域的局限性、缺乏常识性知识以及知识获取的难题变得尤为突出。这一时期,也被称为人工智能的第二次"寒冬"期。

在这一时期,人工智能领域的发展遭遇了重大挑战。专家系统的应用领域相对狭窄,主要集中在特定的行业和领域,如医疗诊断、地质勘探等,这限制了其在更广泛领域的应用潜力。同时,专家系统缺乏对常识性知识的整合能力,这使得它们在处理日常问题时显得力不从心。此外,知识获取的困难成为专家系统发展的瓶颈,因为构建和维护知识库需要大量的专家时间和资源投入,这在实际操作中往往难以实现。

这一阶段的挑战不仅体现在技术层面,也反映在人工智能研究的经济和政策支持上。由于专家系统未能达到预期的商业和实际应用效果,投资者和决策者对人工智能的热情大幅减退,研究资金的投入也相应减少。因此,人工智能领域在这一时期遭遇了资金和资源的双重困境,研究进展缓慢,学术界和产业界对人工智能的期望值也降至低点。

尽管如此,这一时期也孕育了对人工智能未来发展的深刻反思和重新定位。研究者开始探索新的方法和理论,以解决专家系统所面临的种种问题。这些探索为后来的人工智能复兴奠定了基础,也为今天人工智能的蓬勃发展提供了宝贵的经验和教训。

1.2.6　稳步发展期(20 世纪 90 年代中期至 2010 年)

在 20 世纪 90 年代中期至 2010 年这一关键时期,网络技术,尤其是互联网技术的迅猛发展,显著促进了人工智能领域的创新研究,并推动了其向实用化方向的快速发展。这一时期见证了人工智能技术的显著进步,特别是在计算能力、数据存储和网络通信方面的突破,为人工智能的应用提供了坚实的技术基础。

在此期间,具有里程碑意义的事件包括:1997 年,IBM 研发的"深蓝"超级计算机在国际象棋比赛中击败了世界冠军卡斯帕罗夫,这一事件不仅展示了人工智能在复杂决策过程中的巨大潜力,也标志着人工智能在模拟人类智能方面取得了重大进展。"深蓝"的胜利,不仅在技术界引起了轰动,也引发了公众对于人工智能未来发展的广泛讨论。

紧接着,在 2008 年,IBM 提出了"智慧地球"的概念,这一概念强调了信息技术与物理世界融合的重要性,旨在通过智能化的手段提高资源效率、减少浪费,并增强社会的可持续性。这一概念的提出,不仅为人工智能的应用开辟了新的领域,也为其在社会经济中的深入融合提供了新的视角和思路。

这些事件不仅标志着人工智能技术的飞速发展,也反映了社会对于智能化技术需求的日益增长。随着技术的不断进步和应用领域的不断拓展,人工智能正逐渐成为推动社会进步和经济发展的重要力量。

1.2.7　蓬勃发展期(2011 年至今)

自 2011 年以来,随着大数据、云计算、互联网和物联网等信息技术的飞速发展,人工智能技术经历了前所未有的进步,迎来了一个爆发式的增长高峰。这一时期,一系列具有划时代意义的事件标志着人工智能领域的重大突破。深度学习技术的兴起,为人工智能系统赋予了从海量数据中自动提取特征和模式的能力,这不仅极大地推动了人工智能技术的发展,也为各行各业带来了深远的影响。AlphaGo 在围棋赛事中战胜了人类顶尖选手,这一壮举不仅震惊了世界,也标志着人工智能在复杂决策和策略制定方面的能力已经达到了新的高度。此外,人工智能在大规模图像识别和人脸识别任务中的表现超越了人类,这不仅展示了其在处理视觉信息方面的卓越能力,也为安全监控、身份验证等领域带来了革命性的变化。在医疗领域,人工智能系统在皮肤癌诊断方面达到了专业医疗人员的水平,这一成就预示着人工智能在提高诊断准确性、降低医疗成本方面具有巨大潜力。无人驾驶技术和智能语音助手等应用领域的持续扩展和深化,不仅为人们的生活带来了便利,也预示着未来智能技术将更加广泛地融入社会生活的各个方面。这些进展共同构成了人工智能技术飞速发展的壮丽图景,展现了其在各个领域应用的无限可能。

🔑 1.3　人工智能技术应用场景

在医疗诊断、自动驾驶、金融分析,甚至艺术创作等领域,人工智能的应用已经展现出巨大的潜力。它不仅能够处理海量的数据,还能在复杂场景中做出自适应的反应,这为人类社会带来了前所未有的机遇和挑战。随着技术的不断进步,人工智能将在未来扮演更加重要的角色,深刻地影响我们的工作方式、生活方式,乃至思维方式。

1.3.1 智慧交通

人工智能正在迅速改变智慧交通领域,推动城市出行模式向更加智能、高效和环保的方向发展。本部分将从交通管理、自动驾驶、出行规划等方面详细探讨人工智能在智慧交通中的应用,同时探讨其技术细节、社会影响、环境贡献以及未来发展趋势。

1. 人工智能在智慧交通中的应用

人工智能在智慧交通领域的应用正在重塑现代城市的出行模式。从交通管理到车辆控制,再到个性化出行规划,人工智能为整个交通系统带来了前所未有的变革。通过数据驱动的智能系统,交通变得更加高效、灵活,安全性也显著提升。

在交通管理方面,人工智能通过智能交通信号系统实现优化。这些系统依托摄像头、传感器和物联网设备,实时监控交通流量,并使用机器学习算法分析数据,自动调整信号灯的时间和频率。相比于传统的固定时间信号灯,这种动态调整能够显著减少高峰时段的拥堵,提升车辆通行效率。例如,在美国匹兹堡市,人工智能驱动的信号灯系统已经在多个交叉路口投入使用,测试结果显示交通延误减少了 25%,行驶时间缩短了 40%,极大提升了城市交通的灵活性和效率。中国的很多城市也通过智能信号灯系统优化了交通流量,减少了拥堵和污染排放。

除了交通管理,自动驾驶技术也是人工智能在交通领域的重大突破。自动驾驶汽车通过融合计算机视觉、雷达、激光雷达以及深度学习等先进技术,能够自主感知环境并作出决策。特斯拉、百度 Apollo 等公司在这一领域取得了显著进展,自动驾驶不仅能够减少人为操作失误,还能通过与其他车辆和基础设施的通信优化行车路线,降低交通事故的发生率。例如,百度在长沙和北京的自动驾驶试点项目已经取得显著成效。虽然完全自动驾驶的普及还面临法律与伦理挑战,但其在限定区域的应用已逐步实现,如 Waymo 的无人驾驶出租车服务已经在美国部分城市开始运营,显著减少了对司机的依赖。

人工智能在出行规划中的另一大应用是实时路况预测。通过分析历史数据和实时交通信息,人工智能可以精确预测道路的拥堵情况,并为用户提供最优的出行建议。Google Maps 和百度地图等应用已经将这种技术整合其中,帮助用户根据交通状况选择最佳路线或合理安排出发时间。机器学习算法通过对多维数据的分析,不仅提高了预测精度,还使得交通调度更具前瞻性。人工智能的预测能力不仅提升了出行效率,还减少了碳排放,促进了绿色出行的实现。

在智慧交通系统中,海量数据的实时处理与分析是关键。机器学习算法能够根据车辆流量、气象条件和交通事故数据,实时调整交通信号灯和行车路线。边缘计算被广泛应用,通过将数据处理部署在接近数据源的设备上,从而降低数据传输延迟。此外,自动驾驶技术依赖于计算机视觉、深度学习和神经网络的高度融合,这使得车辆能够在复杂的交通环境中作出瞬时决策。

然而,智慧交通的实施仍面临诸多挑战。首先,实时处理和传输庞大的数据流需要强大的计算资源和网络支持,尤其是在自动驾驶与车路协同系统中,对延迟的要求极高。此外,智慧交通系统依赖大量传感器和互联设备,容易成为黑客攻击的目标。

因此,以区块链为基础的分布式安全协议正逐渐成为研究的焦点,它能够显著增强交通系统的安全防护。

2. 社会与环境影响

人工智能在智慧交通领域的应用不仅引领了技术革新,而且促进了社会与环境的进步。随着自动驾驶技术的发展,传统驾驶岗位可能会受到影响,进而改变整个社会的就业结构。同时,人工智能的普及也促使城市规划和交通布局发生变化,未来的城市可能会更加依赖智能基础设施,以应对不断增长的城市人口与交通需求。

在环境保护方面,人工智能通过优化交通流量和减少拥堵,大幅降低了车辆的碳排放。人工智能驱动的出行规划系统帮助减少不必要的燃油消耗,同时促进了绿色交通方式的普及,如共享出行和电动车的推广。通过大规模数据分析,人工智能还能为政策制定者提供精准的排放监测和改善方案,从而助力低碳城市的建设。

尽管自动驾驶技术前景广阔,但与之相关的伦理问题依然不可忽视。尤其是在不可避免的事故中,人工智能如何在“保护乘客”和“保护行人”之间作出选择,依然是一个亟须解决的道德难题。随着这项技术的普及,相关法律与伦理框架的建立也至关重要。

未来智慧交通的发展不仅依赖技术进步,还离不开国际合作。各国在人工智能标准、数据共享和安全协议方面的协调,将有助于推动全球智慧交通体系的高效运作。例如,中国与欧盟在智能交通标准上的合作,显示了国际合作在推动技术融合和普及方面的重要性。

随着 5G 网络的普及,智慧交通将获得更加稳定的基础设施支持,自动驾驶、车路协同和智能信号系统的应用也将更加广泛。同时,深度学习、量子计算等技术的进步将进一步提升交通系统的自适应能力,有望大幅减少交通事故和拥堵问题,真正实现智能、高效、环保的未来出行模式。此外,人工智能与物联网、大数据等新兴技术的跨领域整合也将进一步推动智慧交通的发展,为人们提供更加个性化和无缝衔接的出行体验。

1.3.2　智慧电商

人工智能正在全面革新电子商务行业,深刻改变了企业与消费者的互动方式。从个性化推荐到智能定价,人工智能在多个领域提升了电商平台的运营效率与用户体验。通过对海量数据的分析,人工智能不仅帮助电商企业更好地理解消费者需求,还推动了自动化、智能化的商业决策。

1. 个性化推荐

个性化推荐是人工智能在电商中广泛应用的技术之一。通过分析用户的浏览、购买和搜索记录,人工智能系统能够精准预测用户偏好,提供定制化的商品推荐。这不仅提升了用户体验,还显著增加了销售转化率。亚马逊的推荐系统利用深度学习技术为用户推荐相关产品,带来了近 35% 的额外销售额。推荐算法,如协同过滤和基于内容的推荐,能在用户未明确表达需求时,精准匹配潜在商品,降低选择成本,提升购物效率。这种技术不仅简化了用户的决策过程,还为电商平台创造了显著的经济价值。

2. 智能客服

人工智能驱动的智能客服系统正在彻底改变电商的客户服务体验。面对庞大且多样的客服需求,传统人工客服难以应对全天候的海量咨询。智能客服通过自然语言处理技术,能够自动处理大量常见问题,如订单查询、退换货政策等。阿里巴巴的人工智能客服"阿里小蜜"在"双十一"期间处理了超过 95% 的用户问题,大大缓解了高峰期的客服压力。这类系统不断学习用户反馈,持续提高回答的精准度和用户满意度。智能客服不仅减轻了人工客服的负担,还提高了响应速度和服务效率,极大地改善了用户的购物体验。

3. 供应链优化

人工智能在供应链优化中扮演着关键角色。通过对库存、物流和市场需求的实时数据分析,人工智能可以预测需求变化、优化仓储和配送策略。京东的智能仓储系统通过人工智能算法优化库存管理,减少了库存积压和缺货情况,极大提高了仓储效率。人工智能还可以根据历史数据和市场趋势,预测季节性需求波动,从而帮助企业提前调整供应链,减少不必要的成本和风险。在物流配送方面,京东利用人工智能构建了智能路径规划系统,通过分析历史配送数据和实时交通状况,为每辆配送车规划最优路线,显著提高了物流效率,减少了配送时间和成本。

4. 智能定价

智能定价是人工智能在电商中的另一个重要应用。人工智能系统通过分析市场动态、竞争对手定价以及消费者行为,自动调整商品价格,确保价格竞争力并最大化利润。定价策略不仅考虑成本和竞争,还通过大数据分析识别不同用户群体的价格敏感度,从而确定差异化的价格。例如,Airbnb 利用人工智能系统动态调整房价,基于实时的市场供需关系优化价格设置,从而帮助房东实现更高的出租率和收益。这种智能定价策略使电商平台能够更灵活地应对市场变化,在保持竞争力的同时最大化收益。

5. 数据分析与决策支持

人工智能在电商平台的核心作用在于数据分析和决策支持。通过整合来自用户、供应链和市场的多源数据,人工智能系统能够提供实时的商业洞察,帮助管理层制定更明智的决策。无论是营销策略的优化,还是库存管理的调整,人工智能提供的数据驱动决策极大减少了企业对经验和直觉的依赖。电商平台依靠人工智能分析消费者的购物行为和偏好,不断调整其广告投放策略和产品组合,以实现更高效的资源配置。

6. 挑战与发展趋势

尽管人工智能在电商中的应用前景广阔,但它仍面临诸多挑战。首要问题是数据隐私和安全。电商平台收集了大量用户行为数据,如何确保这些数据的安全性和隐私保护成为关键问题。其次,人工智能系统的决策可能存在偏见,导致不公平的推荐结果或定价策略。技术上的挑战还包括如何提高人工智能模型的泛化能力,确保其在不同场景下都能保持稳定表现。解决这些问题需要更透明的算法和更严格的数据管理政策,确保人工智能技术的应用既高效又公平。

人工智能与其他新兴技术的融合正在为电商带来更多可能性。例如,人工智能结合区块链技术可以提高供应链的透明度和可追溯性;人工智能与增强现实(AR)的结合可以创造更沉浸式的购物体验。在跨境电商领域,人工智能通过自动翻译和本地化推荐,正帮助企业更好地开拓国际市场。

随着技术的不断进步,人工智能将继续深化其在电子商务中的应用,推动行业向更智能、更个性化的方向发展。然而,这一过程中,平衡技术创新与伦理考量,确保人工智能的应用既能提升效率,又能保护消费者权益,将是行业面临的长期挑战。电商企业、技术提供商和监管机构需要共同努力,构建一个既创新又负责任的人工智能应用生态系统,以实现电子商务的可持续发展。

1.3.3　智能医学

人工智能正在深刻改变现代医疗实践,尤其是在疾病诊断、医学影像分析、个性化治疗和药物研发等领域。通过深度学习、自然语言处理和计算机视觉技术,人工智能为医生和研究人员提供了强大的工具,大幅提升了诊断精准度和临床决策效率。

1. 疾病诊断

在疾病诊断领域,人工智能能够处理海量数据,提取关键模式,帮助医生进行精确的诊断。IBM Watson Health 就是一个典型的例子,它通过分析电子病历和基因组数据,结合医学文献,为癌症患者提供个性化的治疗建议。人工智能系统利用机器学习算法,通过识别基因突变和临床数据中的复杂模式,帮助医生制订更具针对性的治疗方案,显著提高了早期癌症检测的成功率。

除了 IBM Watson,国内也有许多医疗人工智能应用的成功案例。例如,腾讯优图开发的人工智能辅助诊断系统在肺癌筛查中取得了显著成果,通过分析低剂量 CT 影像,该系统能够高效、准确地识别早期肺部病变,为肺癌的早期诊断提供了有力支持。

2. 医学影像分析

医学影像分析是人工智能另一重要应用。借助深度学习算法,尤其是卷积神经网络(CNN),人工智能能够自动识别并分类医学图像中的异常结构,提升诊断速度和准确性。例如,DeepMind 开发的人工智能系统在眼科领域表现出色,通过分析眼底照片,它能够精确检测糖尿病视网膜病变等眼部疾病。这些人工智能工具减轻了放射科医生在高强度工作中的负担,确保了快速而可靠的诊断结果。

在放射科领域,人工智能同样大放异彩。通过对 CT、MRI、X 光片等医学影像的智能分析,人工智能能够辅助放射科医生更高效、更准确地检测肿瘤、骨折等异常情况。百度推出的 LinkingMed 就是一个成功案例,该系统利用深度学习技术,能够快速识别医学影像中的关键信息,大大提高了影像诊断的效率和准确性。

3. 药物研发

药物研发中,人工智能帮助缩短了药物发现的周期。传统的药物开发往往耗时多年,成本高昂,而人工智能则通过筛选化合物和模拟药物代谢路径,大幅提升了研发效率。例如,Insilico Medicine 利用生成对抗网络(GAN)等人工智能技术,建立了一套药物发现的自动化流程,能够快速识别潜在的药物分子,预测其药效和毒性,加速新药开发进程。这种人工智能驱动的药物筛选方法,不仅节省了时间和成本,还能挖掘出传统方法难以发现的先导化合物。

除了筛选药物分子,人工智能还能优化临床试验的设计和受试者招募。通过分析海量的患者数据和临床试验结果,人工智能可以预测不同人群对药物的响应,帮助制药企业设计更高效、更精准的临床试验方案,提高新药研发的成功率。

4. 个性化治疗与患者护理

在个性化治疗和患者护理方面,人工智能技术的应用正在不断深入。通过分析患者的基因组、生理特征和生活方式数据,人工智能系统能够预测疾病风险,制订个性化的预防和治疗方案。例如,IBM Watson Oncology 能够为癌症患者提供个性化的治疗建议,综合考虑患者的基因突变、肿瘤分期等因素,推荐最优的治疗方案和药物组合。

人工智能还能够助力慢性病管理和远程医疗。智能可穿戴设备搭载人工智能算法,能够实时监测患者的生理数据,及时发现异常情况并预警。例如,华为推出的心电人工智能分析系统,能够通过对心电信号的实时分析,精准识别心律失常等心脏问题,为患者提供全天候的健康监测。远程医疗方面,人工智能可以帮助医生远程分析医学影像,提供诊断意见,扩大优质医疗资源的覆盖范围。

5. 挑战与发展方向

人工智能在医疗中显示出了巨大潜力,但也存在诸多挑战。数据隐私是首要问题,特别是在全球范围内,医疗数据的管理和共享面临不同法律和伦理规范的限制。如何在保护患者隐私的同时,促进医疗数据的开放共享,是一个亟待解决的难题。此外,人工智能算法的黑箱问题使其决策过程缺乏透明度,尤其在涉及生命攸关的医疗决策时,这种不确定性引发了医生和患者的担忧。建立可解释的人工智能模型,提高算法决策的可理解性,是医疗人工智能发展的重要方向。

技术壁垒也是一大挑战。医疗数据的异构性和碎片化,使得数据整合和标准化难度很大。不同医疗机构的信息系统往往缺乏互操作性,阻碍了数据的有效流通和利用。此外,人工智能系统的泛化能力也备受质疑,许多人工智能在实验室中的表现优秀,但在实际应用中却难以达到预期效果。这就要求开发更加健壮、更具适应性的人工智能算法,以应对复杂多变的临床环境。

人工智能在医疗实践中已经取得了多项突破性进展。Mayo Clinic 成功利用人工智能分析心电图数据,预测患者的心脏病发作风险,该系统的预测准确率显著超越了传统方法,为心脏病患者的预后管理开辟了新途径。此外,人工智能在皮肤癌诊断和糖尿病视网膜病变筛查等领域也展现出卓越性能,大幅提高了诊断的准确性和效率。这些实际应用案例充分证明了人工智能技术在医疗领域的巨大潜力和实际价值。

人工智能在个性化医疗、远程诊疗和疾病预测等领域有望取得进一步突破。随着5G、物联网等新兴技术的发展,人工智能与这些技术的深度融合将进一步推动智慧医疗的发展,实现医疗资源的优化配置和医疗服务的智能化升级。此外,人工智能技术也将深刻影响医学教育和培训,例如利用人工智能开发智能化的医学教学系统,通过医学影像识别、虚拟手术等技术,为医学生提供更加生动、逼真的学习体验。

　　总之,人工智能正在重塑医疗行业,它所带来的变革不仅限于技术层面,更涉及医疗模式、服务理念等方方面面。但同时,我们也要清醒地认识到,人工智能医疗应用仍面临诸多挑战,需要政府、医疗机构和科技企业等多方携手,在技术研发、标准制定、伦理法规等方面共同努力,确保人工智能造福人类健康的同时,也能得到负责任、可控的发展。

1.3.4　智能制造

　　人工智能正在加速重塑制造业,推动传统制造向智能化和数字化转型。人工智能技术通过深度分析海量数据,优化生产流程,提升产品质量和运营效率,成为工业 4.0 的核心驱动力。本书将探讨人工智能在预测性维护、质量控制、生产优化和供应链管理等方面的应用,以及面临的挑战和未来发展趋势。

1. 预测性维护

　　预测性维护是人工智能在智能制造中的关键应用。通过机器学习算法分析设备的运行数据,人工智能系统能够提前识别潜在故障,避免设备意外停机。这种方法比传统的预防性维护更具针对性和效率。

　　例如,通用电气(GE)在其风力涡轮机中应用人工智能技术,实时监测设备状态并预测维护需求。该系统通过分析振动、温度、压力等传感器数据,识别异常模式,预测可能发生的故障。这一技术应用减少了 30% 的维护成本,同时延长了设备的使用寿命。

　　在质量控制领域,人工智能利用计算机视觉技术实现了突破性进展。人工智能系统能够实时检测生产线上的产品质量,迅速识别出缺陷,确保每个产品都符合标准。这一过程不仅提高了检测的准确性,还大幅提升了反应速度。

　　宝马公司在其生产线上采用人工智能驱动的视觉检测系统,能够在几毫秒内识别出产品缺陷。该系统使用深度学习算法,通过大量样本训练,学会识别各种可能的缺陷类型。这不仅提高了生产效率,还显著降低了返工率,为企业节省了大量成本。

2. 生产优化

　　人工智能在生产优化方面展现出强大的能力。通过分析生产数据,人工智能系统能够实时调整生产参数,提高生产效率。借助智能算法,制造企业可以在生产过程中自动调整速度、温度及压力等变量,以达到最佳生产效果。

　　富士康通过人工智能技术优化生产调度,使得生产效率提高了 20%。人工智能系统通过分析历史生产数据、当前订单情况和设备状态,自动生成最优的生产计划。这种基于数据驱动的动态调整能力使得制造过程更加灵活、高效,能够快速响应市场需求变化。

3. 供应链管理

　　在供应链管理中,人工智能的应用同样不可忽视。人工智能能够对市场需求、库存状况和供应商能力进行实时分析,从而优化整个供应链的运营。通过预测未来的需求变化,制造企业可以更有效地安排生产,降低库存成本,避免缺货或过剩现象。

　　思科公司利用人工智能算法优化其供应链,显著提高了订单履行率,减少了延迟交货的情况。人工智能系统通过分析历史销售数据、市场趋势和供应商表现,准确预测需求并优化库存水平。这不仅提高了客户满意度,还大幅降低了运营成本。

4. 智能工厂

在智能工厂中,人工智能的核心作用体现在数据分析和决策支持上。智能工厂的每个设备都能生成大量数据,通过人工智能进行实时分析,可以为管理层提供深刻的商业洞察。决策者能够基于准确的数据制定战略,及时调整生产和运营策略。

西门子在其智能制造系统中集成了人工智能技术,实施全面的数据分析,提升了生产线的自动化水平。该系统能根据实时数据自动优化生产调度和设备配置,进一步提高了生产效率。这种智能化的生产管理模式为制造业的数字化转型树立了典范。

华为在其生产线中也广泛应用人工智能技术,通过机器视觉和深度学习算法,实现了产品质量的自动检测和分类。这不仅提高了质检效率,还大幅降低了人工检测的错误率。华为的实践展示了人工智能在电子制造业中的巨大潜力。

5. 挑战与发展趋势

人工智能在制造业中的应用展现出巨大潜力,同时也面临一系列挑战。数据隐私与安全是首要问题。随着制造设备连接到互联网,企业面临的网络安全风险增加。保护设备和数据的安全性成为当务之急。解决方案包括增强网络安全措施,确保设备之间的通信加密,以及建立全面的数据保护策略。

技术实施方面,许多企业在引入人工智能技术时遇到人力资源短缺和技术人才不足的问题。克服这一挑战需要企业加大对员工培训的投入,培养具备人工智能技能的人才。同时,制造企业与高校、科研机构的合作变得至关重要,这种合作可以推动技术研发和人才培养,为企业持续输送所需的专业人才。

人工智能技术的应用还涉及伦理和社会影响的考量。随着自动化程度的提高,某些传统制造岗位可能会被取代。企业需要考虑如何通过再培训和技能提升,帮助员工适应新的工作环境,确保技术进步与社会责任的平衡。这不仅是企业的社会责任,也是维持长期可持续发展的必要措施。

人工智能技术的不断进步将为制造业带来更多创新解决方案。智能化、数字化转型为制造企业提供了更高的灵活性和竞争力,为产业升级和可持续发展注入新动力。这一趋势正在重塑全球经济格局,推动更高效、更环保的生产方式,为制造业的未来发展开辟新篇章。

未来,人工智能在制造业中的应用将更加深入和广泛。预计将出现更多结合人工智能与其他新兴技术(如物联网、5G、区块链)的创新应用。这些技术的融合将进一步提升制造过程的智能化水平,实现更精准的需求预测、更高效的资源配置和更灵活的生产方式。

同时,人工智能技术也将在推动制造业绿色发展方面发挥重要作用。通过优化能源使用、减少废弃物产生、提高资源利用效率,人工智能将帮助制造企业实现更可持续的生产模式,符合全球日益增长的环保需求。

总体来说,人工智能正在成为制造业转型升级的关键驱动力。它不仅改变了生产方式,也正在重塑整个行业的竞争格局。那些能够有效利用人工智能技术、克服实施挑战的企业,将在未来的市场竞争中占据优势地位。制造业的未来将是智能化、数字化和可持续发展的有机结合,人工智能技术将在这一转变过程中扮演核心角色。

1.3.5　智慧农业

随着全球人口增长与粮食需求的不断增加,农业生产面临前所未有的挑战。人工智能的出现,正在为农业领域带来变革,通过数据驱动的智能化决策,帮助农民优化生产效率、提升产量并减少环境资源的浪费。人工智能与物联网、无人机及卫星影像的结合,不仅让农民能够精准监控作物生长,还通过对实时数据的分析,提供个性化的农业解决方案,从而最大限度发挥土地的潜力。

1. 精准农业

精准农业是人工智能技术应用的一个重要领域。通过传感器实时监控土壤湿度、温度以及营养成分,人工智能能够为每块农田定制最佳的施肥和灌溉方案。例如,中国某智慧农业示范区通过人工智能算法减少了农药和化肥的使用,既保障了农产品的质量,又降低了生产成本。这种精准管理不仅提高了作物产量,还显著减少了对环境的污染,实现了可持续农业发展。

在某国际农业企业的试点农场,人工智能系统通过分析土壤养分、湿度和气象数据,为每一小块农田定制施肥配方。与传统的统一施肥相比,这种精细化管理使得化肥用量减少了 20%,而作物产量却提高了 15% 以上。这一成功案例充分展示了人工智能在优化农业投入、提高资源利用效率方面的巨大潜力。

2. 智慧灌溉

智慧灌溉系统则是人工智能在节约资源中的典型应用。基于人工智能的实时分析,系统可以自动调节灌溉频率和水量,以满足作物在不同生长阶段的需水量。据估算,使用人工智能的智慧灌溉系统可以节约超过 30% 的水资源,并有效提高作物的品质。例如,某葡萄园采用智能灌溉系统后,不仅果实大小更为均匀,口感也得到了提升。

在新疆的一个棉花种植基地,人工智能智慧灌溉系统通过对土壤水分和棉花生长状况的实时监测,精准控制每个喷头的出水量和时长。与传统的大水漫灌相比,这种精细化灌溉模式每年可节约水资源 30% 以上,并显著提高棉花的产量和品质。这一案例展示了人工智能在推动农业节水增效、实现可持续发展中的重要作用。

3. 病虫害防治

作物病虫害监测与防治同样是人工智能发挥作用的关键领域。通过无人机搭载的人工智能视觉系统,农民可以远程监控大面积农田,及时识别出潜在的病虫害风险。人工智能不仅能够快速检测作物的健康状况,还能够标记出受损区域,指导农业机械进行精准施肥和喷药。这种方法大幅提高了作业效率,并减少了农药和化肥的使用,保护了土壤和生态环境。

在江苏的一个水稻种植区,农业部门利用人工智能驱动的无人机对水稻进行定期“体检”。通过对无人机拍摄的高清图像进行人工智能分析,系统可以快速识别出水稻的生长状况,并精准定位病虫害发生的区域。根据人工智能提供的诊断信息,农民可以及时采取针对性的防治措施,将病虫害的影响降到最低。实践表明,这种人工智能赋能的植保方式可以将病虫害损失率降低 60% 以上。

4．农业决策支持

人工智能的另一项重要应用是在农业决策支持上。通过分析历史气象数据和作物生长模型，人工智能可以预测未来的天气情况，并根据不同作物的需求提供相应的管理方案。例如，在中国一些地区，人工智能"农情预报"系统已被广泛应用，其预测准确率达 85% 以上，大大降低了农民因气候变化而遭受的损失。

除了气象预测，人工智能还可以为农民提供种植品种选择、播种时间优化等方面的建议。某农业科技公司开发的人工智能决策支持系统，通过分析当地的土壤、气候条件以及市场需求，为农民推荐最优的种植方案。据统计，使用该系统指导种植的农户，其产量和收益均比传统种植模式高出 20% 以上。

人工智能在农业中的应用潜力巨大，同时也面临着诸多挑战。农业环境复杂，且各地的气候和土壤条件各异，人工智能模型的泛化能力有时在实际应用中表现不佳。此外，农业领域的标注数据较为匮乏，人工智能系统的训练和优化也因此受到限制。推广人工智能技术还需解决农民对新技术的接受度问题，这需要政府、科技企业和农业机构的共同努力，提供技术支持与培训机会。

成本也是制约人工智能在农业中推广的一大因素。许多中小农户难以承担人工智能系统的高昂投入，这需要政府和社会资本提供必要的财政支持和优惠政策。同时，农业人工智能解决方案需要因地制宜，考虑不同地区的特点和需求，提供切实可行、经济高效的方案，让更多农民能够共享智慧农业的红利。

未来，人工智能在农业全产业链中的应用将更加广泛。从种子选育、精准种植到农产品的加工和销售，人工智能将提供贯穿整个农业生命周期的智能化解决方案。例如，通过基因组学技术和人工智能算法的结合，可以加速优质农作物品种的培育，提升农作物的抗病性和产量。在农产品储运环节，人工智能还可以实时监控仓储环境，优化库存管理，减少浪费。

随着 5G、物联网等新兴技术的发展，人工智能与其他前沿技术的融合将进一步释放智慧农业的潜力。超高速、低时延的 5G 网络，可以支撑更多农业物联网设备的接入，实现农田的全覆盖监测和实时控制。区块链技术与人工智能的结合，则有望实现农产品溯源和质量安全监管的自动化。人工智能、遥感、大数据等现代信息技术与传统农业的深度融合，必将开创数字农业的新纪元。

智慧农业的崛起，不仅为农民带来了更高的收益，还为全球粮食安全提供了保障。数字化和智能化的农业生产方式，将成为推动农业可持续发展和现代化的重要力量，助力构建更加高效、环保的农业未来。在这场农业变革中，政府、企业、科研机构和广大农民要携手并进，共同推动人工智能等现代科技在农业领域的创新应用，让科技赋能农业，用智慧点亮田野，以保障国家粮食安全和乡村振兴为己任，为子孙后代留下一片绿色、可持续发展的沃土。

1.3.6　智慧政务

随着全球政府面临越来越复杂的治理挑战，人工智能技术逐渐成为提升行政效率、优化公共服务的重要工具。通过整合海量数据、提供实时分析和预测，人工智能正在帮助各级政府在服务公众的同时，提高决策的精准度，推动城市管理向智能化、精细化方向发展。

1. 公共服务优化与人工智能客服

在公共服务领域,人工智能技术大幅改变了政府与市民之间的互动方式。通过引入智能客服和自然语言处理技术,政务平台可以全天候为市民提供即时的咨询服务。例如,浙江省政务服务网的人工智能客服系统能够自动处理各类政策咨询,回答准确率达 95% 以上,有效减轻了人工客服的工作负荷。与此同时,个性化推荐系统基于市民的查询记录和办事需求,能够主动推送相关政策解读和办事指南,让服务更加便捷、精准。

上海市"一网通办"平台引入的人工智能客服,每天可以处理超过 10 万次市民咨询,涵盖办事指南、政策解读等多个方面。该系统通过机器学习不断优化知识库,目前已经能够解答 90% 以上的常见问题,大大提升了政务服务的效率和便捷性。

2. 智能城市管理与交通系统

在城市管理中,智能交通系统是人工智能应用的重要领域之一。通过实时分析交通流量数据,人工智能系统能够动态调整红绿灯配时,从而有效缓解城市中的交通拥堵问题。例如,上海市引入的智能交通管理系统,不仅提升了主要干道的通行效率,还有效减少了车主的出行时间。在城市安全方面,人工智能的智能视频分析技术能够快速识别异常行为,例如某市的人工智能系统通过监控摄像头及时发现并预防了一起公共安全事件,为城市治理增添了一层智能化的防护。

杭州市的"城市大脑"项目充分展示了人工智能在城市管理中的广泛应用。通过整合交通、安防、城管等多个系统的数据,人工智能算法能够实时优化城市交通信号灯,缓解拥堵;智能调度城市应急资源,提高突发事件的响应速度;甚至通过分析用电数据,及时发现安全隐患。这些应用极大地提升了城市运行的效率和安全性。

3. 决策支持与人工智能数据分析

人工智能在政府决策支持中也发挥着越来越关键的作用。通过对经济指标、社会舆情等数据的综合分析,人工智能为政策制定提供了重要参考。例如,广东省利用人工智能辅助决策系统,对重大基础设施项目的投资进行风险评估,预测项目的经济效益和社会影响,准确率达到 85% 以上。这不仅提升了决策的科学性,也为政府规避了潜在风险。

在财政预算管理方面,某市政府利用人工智能算法分析历年的财政支出数据和社会需求变化,对下一年度的预算分配提供科学建议。通过优化资金配置,该市不仅提高了财政资金的使用效率,也更好地满足了民生需求。人工智能让政府的财政决策更加精准和高效。

4. 风险预警与灾害管理

人工智能在灾害预警方面同样展现了强大的能力。通过整合气象、地质、水文等多源数据,人工智能能够提前预测自然灾害的发生。例如,贵州省通过人工智能地质灾害预警系统成功预报了多起山体滑坡事件,避免了生命和财产的重大损失。这种实时预警系统不仅提升了应急响应能力,也为防灾减灾提供了科学依据。

在新冠疫情期间,多地政府利用人工智能技术进行疫情监测和预警。通过分析手机信令数据、社交媒体数据等,人工智能模型能够预测疫情的传播趋势,识别潜在的风险区域。

这为疫情防控决策提供了重要参考,帮助政府及时采取有效措施,控制疫情蔓延。

5. 挑战与未来展望

人工智能在政府治理中的应用带来了诸多积极变化,同时也面临数据安全和隐私保护等挑战。政府需要确保数据处理的安全性,避免敏感信息被滥用。为此,许多地方开始引入数据脱敏技术和区块链等安全措施,确保市民隐私得到充分保护。此外,人工智能系统的公平性和透明性也是公众关心的问题。为此,推进"可解释人工智能"技术,使得人工智能的决策过程更加透明,是未来发展的重要方向。

跨部门的数据共享和整合也是一大挑战。数据孤岛现象阻碍了人工智能系统的有效运行。为此,各地政府正在建立统一的数据共享平台,制定数据交换标准,促进数据在不同部门间的有效流通。这将进一步释放数据价值,提升人工智能应用的效果。

在可预见的未来,人工智能将进一步融入城市规划、环境治理、教育资源分配等领域。随着5G、物联网等新技术的普及,智慧城市建设将进入全新的阶段。人工智能不仅将在这些系统中扮演"大脑"的角色,还将为构建更加高效、可持续的城市提供技术支持。例如,在碳中和目标下,人工智能可以助力优化城市能源结构,提高能源利用效率,推动绿色低碳发展。

与此同时,政府还需要不断完善人工智能应用的监管机制,确保人工智能的使用符合伦理规范,避免算法偏见或数据垄断的风险。这需要政府、科技企业和社会公众的共同努力,在发展人工智能的同时,也要建立健全的法律法规和伦理框架,促进人工智能的负责任发展。

智慧政务的未来不仅是技术的进步,更是治理理念的变革。通过人工智能的赋能,政府将实现更加开放、透明、负责任的治理模式,让公众享受到更加高效、公平的公共服务。人工智能将成为连接政府与公众的桥梁,推动政府治理能力的全面提升,让科技创新成果惠及每一个人。

🔑 1.4　国内开放平台

1.4.1　百度 AI 开放平台

1. 平台介绍

百度 AI 开放平台(网址请扫描前言中的二维码获取)是一个集众多尖端技术于一身的综合性人工智能服务平台,不仅为开发者们提供了一个全面的工具箱,还构建了一个充满活力的生态系统。在这个平台上,你可以找到——AI Studio,一个让人工智能模型开发变得触手可及的工作室;EasyDL,一个简化深度学习模型训练的工具;EasyEdge,它让边缘计算的人工智能应用部署变得轻而易举;文心大模型,它代表了中文处理的最新技术成就;百度智能云千帆大模型平台,一个支持大规模人工智能模型训练和部署的平台;以及灵境矩阵,它将人工智能技术与虚拟现实完美结合,开辟了新的应用领域。

2．案例描述

进入百度 AI 开放平台并尝试使用开放平台中"语言理解"模块的"词法分析"分析前文中的句子"人工智能(Artificial Intelligence, AI)是当前科技领域中极为重要的研究方向。"另外, 还可以尝试使用"文本纠错"功能, 实现对句子"今天是晴天, 童学们都出来晒太阳了"进行纠错。

3．操作步骤

(1) 在浏览器地址栏中输入百度 AI 开放平台的官方网址, 即可进入百度 AI 开放平台的主页。在该主页上, 用户可以看到页面中有"快速入门"框, 单击"AI 体验中心"链接, 进入体验百度 AI 技术的平台, 如图 1-6 所示。

图 1-6　百度 AI 开放平台主页

(2) 用户在进入 AI 能力体验中心页面后, 将看到百度 AI 开放平台所展示的多种人工智能工具演示框。通过左侧的目录栏, 可以找到"语言理解"选项并单击进入, 如图 1-7 所示。

图 1-7　AI 能力体验中心页面

（3）用户需单击"词法分析"框，以进入功能介绍页面。随后，页面需向下滚动，直至"功能演示"区域呈现。在该区域，用户将有机会在文本输入框中输入希望分析的句子或段落。在文本框下方，用户将能够观察到对其输入文本中词语词性进行的分析。此处以句子"人工智能（Artificial Intelligence，AI）是当前科技领域中极为重要的研究方向。"的分析为例，如图 1-8 所示。

图 1-8　词法分析功能介绍页面

（4）用户单击浏览器工具栏上的返回上一页"←"按钮，返回至步骤（2）的页面。在页面中找到"文本纠错"功能区域，依照步骤（3）的指导继续进行。请滚动至功能演示区域的文本输入框，输入一个含有错别字的句子，例如"今天是情天，童学们都出来晒太阳了。"随后，单击"开始分析"按钮以获取分析结果，如图 1-9 所示。

图 1-9　文本纠错功能介绍页面

1.4.2　腾讯 AI 开放平台

1. 平台介绍

腾讯 AI 开放平台(网址请扫描前言中的二维码获取)是腾讯公司依托其 AILab、腾讯优图、WeChat AI 等尖端实验室资源精心打造的开放性平台。该平台汇聚了腾讯在人工智能领域的深厚技术积累,开放了超过 100 项 AI 能力接口,服务范围广泛,覆盖了众多合作伙伴。在测试期间,该平台的日均调用次数超过亿次,累计调用次数达到百亿次,这一数据充分证明了其在业界的领先地位和广泛的应用需求。

腾讯 AI 开放平台提供的服务包括但不限于语音识别、图像识别、自然语言处理等多种人工智能服务。这些服务以其高准确性、多语种支持等显著优势,为用户带来了前所未有的智能体验。此外,平台还特别注重对创业者的支持,通过 AI 加速器项目,为有志于 AI 领域的创业者提供技术、资金和资源上的扶持,助力他们快速成长。

腾讯 AI 开放平台不仅致力于推动人工智能技术在各个细分领域的实际应用,还积极构建一个全新的人工智能开放生态系统。在这个生态系统中,腾讯期望与各行业合作伙伴共同探索人工智能技术的无限可能,共同推动智能化升级,为社会创造更多价值。腾讯 AI 开放平台的愿景是成为连接技术与应用、创新与实践的桥梁,为人工智能技术的普及和应用贡献力量。

2. 案例描述

进入腾讯 AI 开放平台并尝试使用开放平台中"热门产品"模块的"通用文字识别"功能识别图片中的文字和"人像变换"功能调整图片中人物的年龄。

3. 操作步骤

(1) 在浏览器的地址栏输入腾讯 AI 开放平台的官方网站链接,即可访问并登录腾讯 AI 开放平台的主页。在主页上,用户将一览腾讯 AI 开放平台提供的所有 AI 开放产品,并可选择感兴趣的产品单击相应按钮进行试用。用户可以通过单击"热门产品"分类中的"通用文字识别"产品介绍页面,如图 1-10 所示。

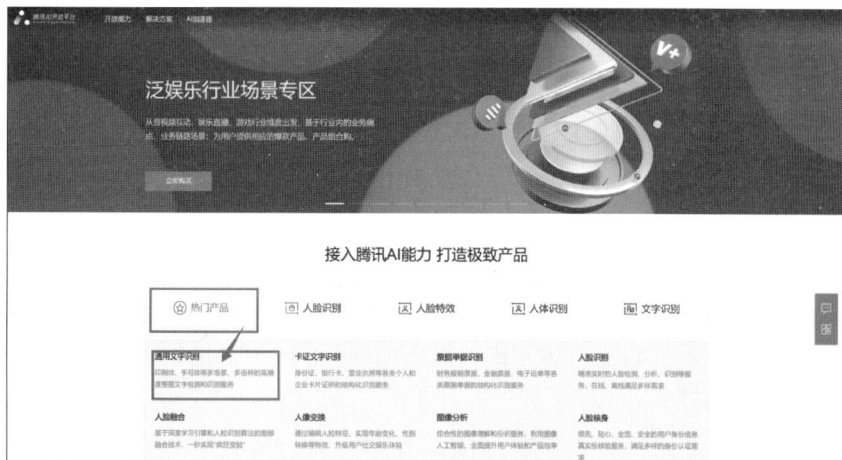

图 1-10　腾讯 AI 开放平台主页

（2）在访问"通用文字识别"介绍页面后，用户可以通过单击"免费体验"按钮来进入产品体验页面，如图 1-11 所示。

图 1-11　"通用文字识别"介绍页面

（3）在进入产品体验页面后，会看到左侧目录栏列出了"通用文字识别"功能中可供试用的选项。本节将指导如何使用工具栏中的"智能结构化（高级版）"功能，如图 1-12 所示。

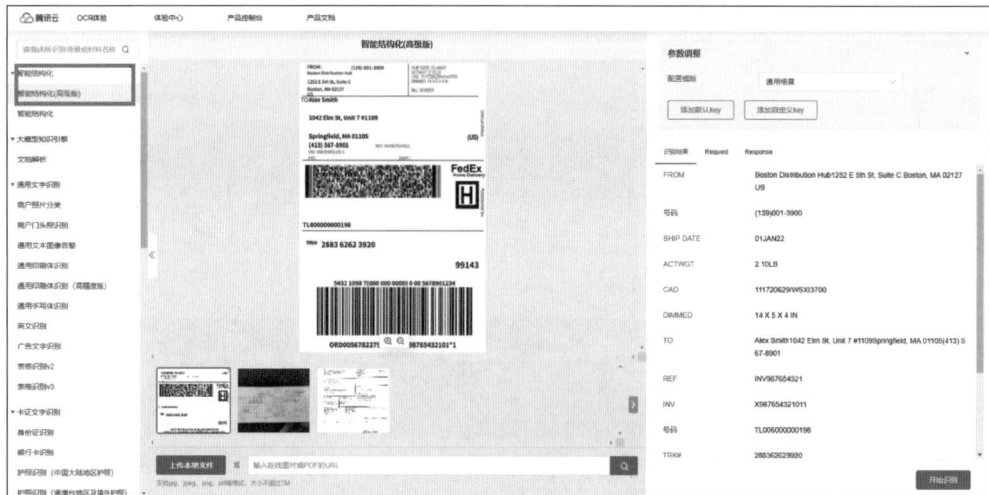

图 1-12　"通用文字识别"产品体验页面

（4）单击页面上的"上传本地文件"按钮，上传图片或 PDF 文件，或者在右侧文本框中输入在线图片或 PDF 文件的 URL（文件网址），以上传文件。随后，单击右侧的"开始识别"按钮，识别图片中的文字。以上传张三的请假条为例，演示如何通过"上传本地文件"按钮识别图片中的文字，如图 1-13 所示。

图 1-13　智能结构化(高级版)功能页面

(5) 返回至腾讯 AI 开放平台的主页,用户可单击"热门产品"分类下的"人像变换"进入产品介绍页面,如图 1-14 所示。

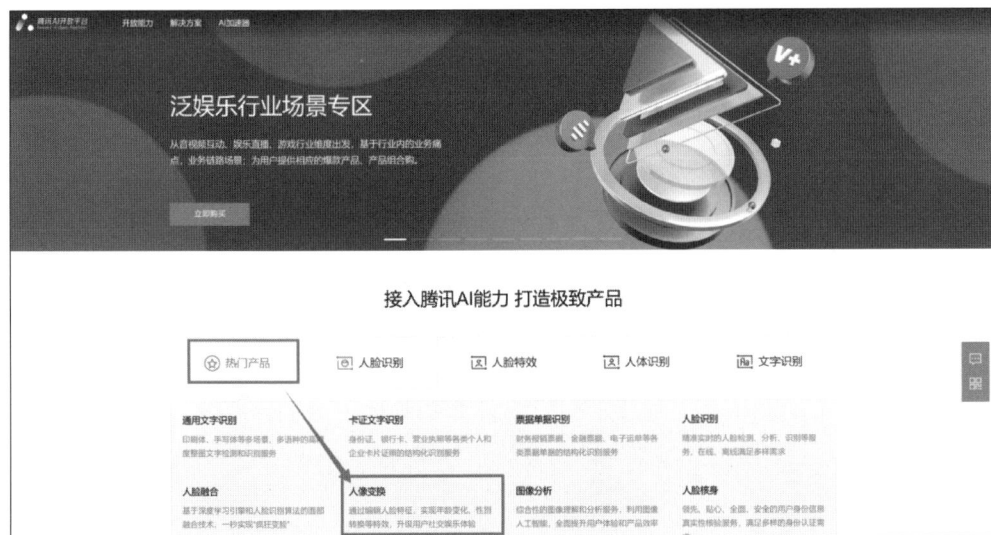

图 1-14　腾讯 AI 开放平台主页

(6) 进入"人像变换"功能介绍页面。用户可通过下拉页面操作,直至"功能演示"文字处于页面上,此处对"人像变换"中的"人脸年龄变化"功能试用部分进行说明。

(7) 用户可通过移动右侧参数设置中的年龄设置拉条,设置想要查看的年龄。设置完成后,向右移动左侧图片中"■"按钮查看完整图片。用户也可以上传本地图片使用此功能,如图 1-15 所示。

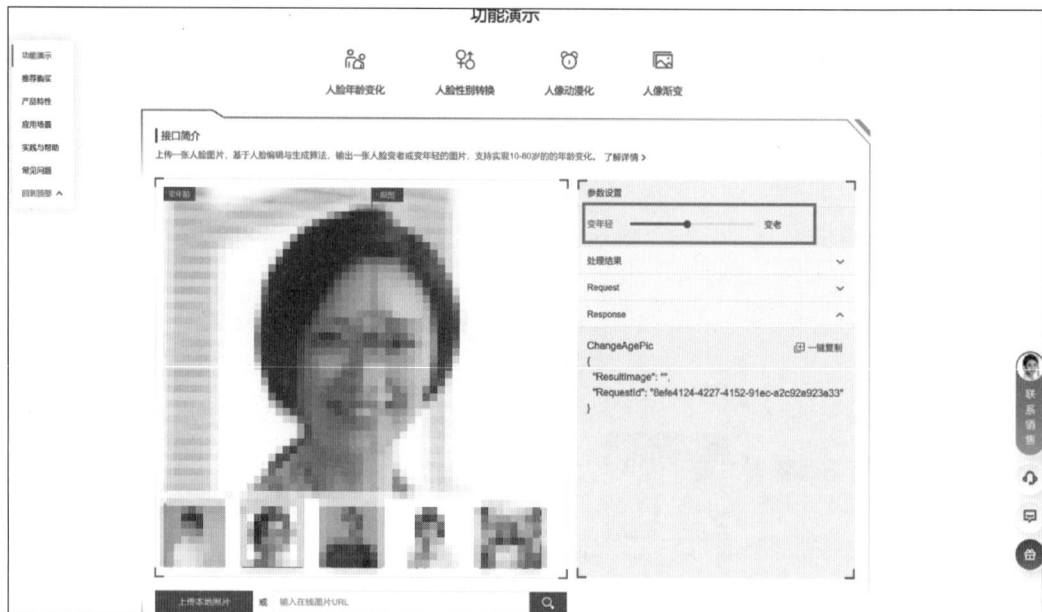

图 1-15　人像变换功能介绍页面

1.4.3　阿里云 AI

1. 平台介绍

阿里云 AI(网址请扫描前言中的二维码获取)作为阿里巴巴集团技术实力的体现,依托于阿里巴巴集团先进的云基础设施、庞大的数据资源以及在人工智能领域的深厚工程能力。以通用大模型为核心,阿里云 AI 构建了全面的云原生 AI 能力体系,该体系涵盖了视觉智能、智能语音、自然语言处理、机器学习平台等多样化服务与应用。在电商、金融、医疗、教育等多个行业中,阿里云 AI 已经成功地提供了定制化的解决方案,并且在实际应用中取得了显著成效。

阿里云 AI 的视觉智能技术在商品识别与分类方面表现出色,智能语音服务在金融客服领域提升了效率,自然语言处理技术在医疗领域实现了病历的智能分析,而机器学习平台则为教育行业提供了个性化学习路径的推荐。这些解决方案不仅提升了行业效率,也极大地改善了用户体验。

此外,阿里云 AI 通过云开发平台 ModelScope 和 AI 模型开源社区"魔搭",构建了一个开放的生态系统。ModelScope 平台为开发者提供了丰富的预训练模型和一键式模型部署服务,而"魔搭"社区则汇聚了来自全球的人工智能研究者和开发者,他们共同分享、讨论和改进人工智能模型,推动了人工智能技术的创新和应用的普及。

2. 案例描述

进入阿里云 AI 开放平台并尝试使用开放平台中"NLP 自学习平台"模块的"短文本匹

配"功能,实现一个能够识别出两个短文本表述是否相似模型。

3. 操作步骤

(1) 在浏览器的地址栏输入阿里云 AI 开放平台的官方网址,即可访问并登录阿里云 AI 开放平台主页,如图 1-16 所示。

图 1-16　阿里云 AI 开放平台主页

(2) 用户通过下拉页面,定位到热卖产品介绍区域,并找到"NLP 自学习平台"按钮。单击该按钮后,页面将刷新并展示该模块内的功能商品列表。接着,用户需选择并单击"短文本匹配"按钮,如图 1-17 所示。

图 1-17　阿里云 AI 开放平台主页中商品介绍部分

（3）完成上一步操作后，用户会进入"NLP 自学习平台"商品的详细介绍页面，如图 1-18 所示。

图 1-18　NLP 自学习平台商品详细介绍页面

（4）用户通过下拉页面后，能看到产品功能中"基础自学习模型"模块，找到"短文本匹配"框，单击"免费试用"超链接进入页面，如图 1-19 所示。

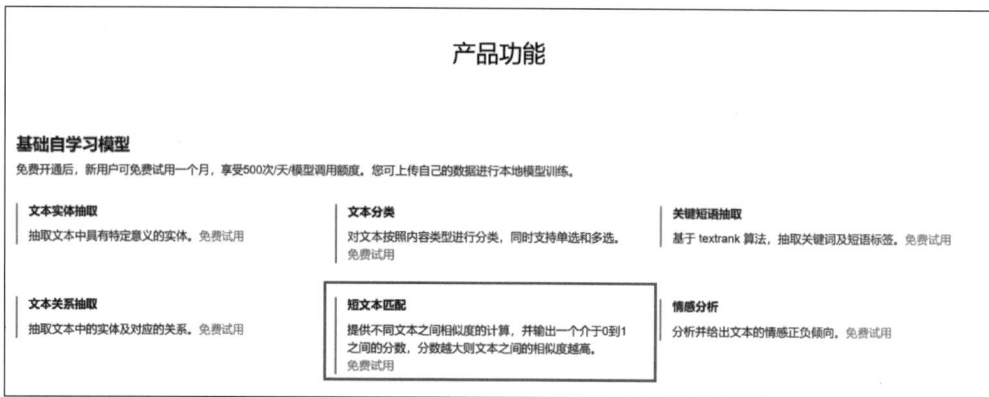

图 1-19　NLP 自学习平台商品介绍页面中产品功能介绍部分

（5）进入产品开通页面，选中"服务协议"后单击右下方的"立即开通"按钮。注意，此处需要通过阿里云或支付宝账户登录并在"用户中心"进行实名制才能够免费试用此功能，如图 1-20 所示。

（6）开通成功后，单击"前往管理控制台"按钮进入工作台页面，如图 1-21 所示。

（7）进入"管理控制台"页面后，用户在左侧栏目找到"创建项目"选项并单击，右侧会更新选择项目类型窗口，找到"短文本匹配"框，单击并选择"创建"按钮，如图 1-22 所示。

（8）进入"创建项目"页面后，填写对应的项目名称以及项目描述信息后，单击"确认"按钮，如图 1-23 所示。

图 1-20　产品开通页面

图 1-21　开通成功页面

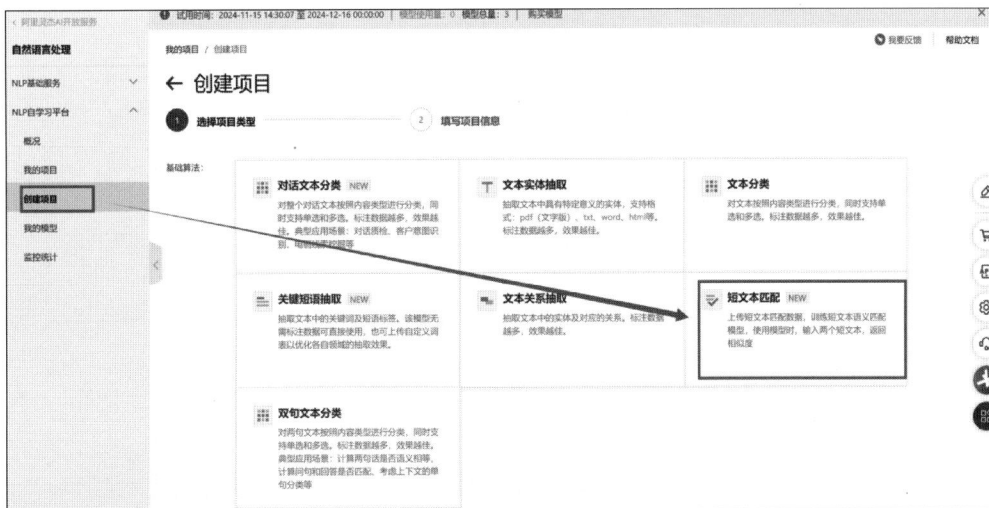

图 1-22　管理控制台页面

图 1-23 "创建项目"页面

（9）单击"确认"按钮后,页面将会跳转到"我的项目"页面,单击右侧"进入项目"超链接,进入刚才创建的短文本匹配项目,如图 1-24 所示。

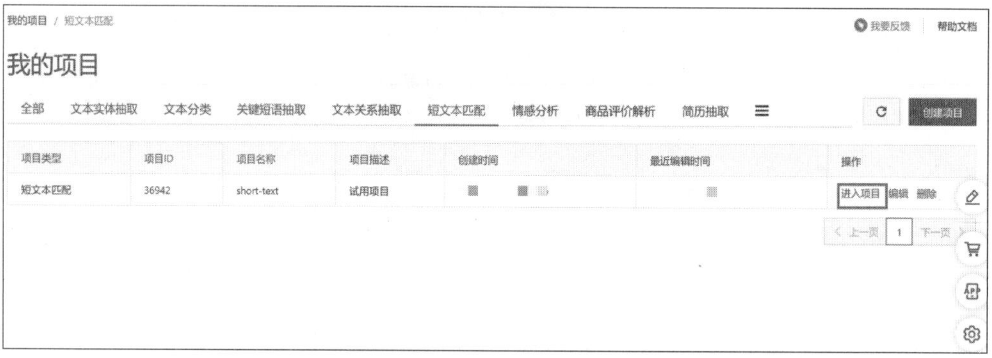

图 1-24 "我的项目"页面

（10）进入"短文本匹配"项目页面后,可以在"数据中心"页面的表格中找到名为"操作"的表头,在下方的表格里单击"质检"超链接,如图 1-25 所示。

（11）页面弹出选择文档,此处可以随机挑选任意个数文档后单击下方的"全部质检"按钮,进入"标注中心"页面,如图 1-26 所示。

（12）在"标注中心"页面中,用户通过判断左侧两个短文本是否相似,在右侧窗口中单击"相似"或"不相似"按钮。选择完毕后,单击上方"下一条"按钮进行下一文本判断。当选取的文本集全部判定完毕后,单击右上角"提交并退出"按钮,返回项目页面,如图 1-27 所示。

图 1-25　"短文本匹配"项目页面

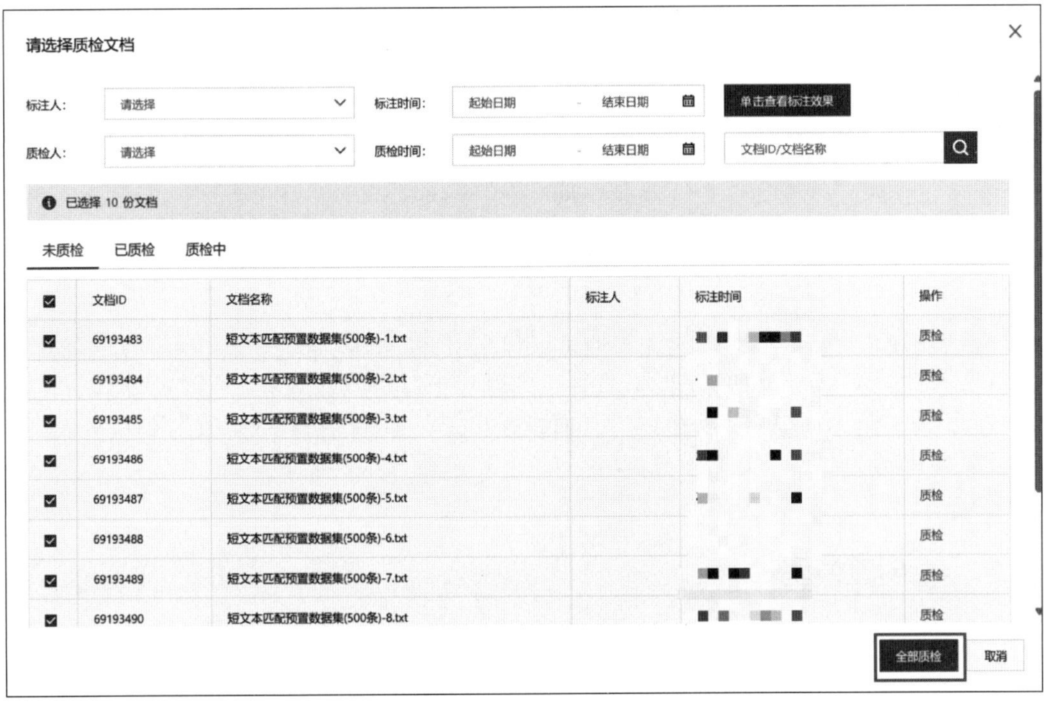

图 1-26　选择质检文档

图 1-27　"标注中心"页面

（13）在项目页面中选择并单击"模型中心"选项，就可以开始创建模型操作了。用户可以通过单击左侧"创建模型"按钮。初次创建模型时，也可以通过单击页面下方"创建模型"链接进入模型设置，如图 1-28 所示。

图 1-28　"模型中心"页面

（14）在图 1-29"创建模型"设置页面中，用户需要填写"模型名称"并单击"选择数据集"按钮，进入图 1-30"选择数据集"页面，选择步骤（11）中标出的数据集。同时，用户也可以单击下方蓝色的"进入高级设置"超链接，页面将弹出图 1-31 模型"高级设置"窗口，对模型的"遍历次数"以及"学习率"进行设置。

图 1-29　"创建模型"设置页面

（15）模型训练成功后，可以看到当前模型的精确率、召回率、F1 值、准确率以及二分类 ROC 数值，用户可以在"操作"中通过单击"查看"按钮查看模型详情，单击"发布"按钮将模型发布出去，如图 1-32 所示。

本章深入探讨了人工智能的定义及其特性，并阐释了根据不同的分类方法，人工智能可

图 1-30　"选择数据集"页面

图 1-31　模型"高级设置"窗口

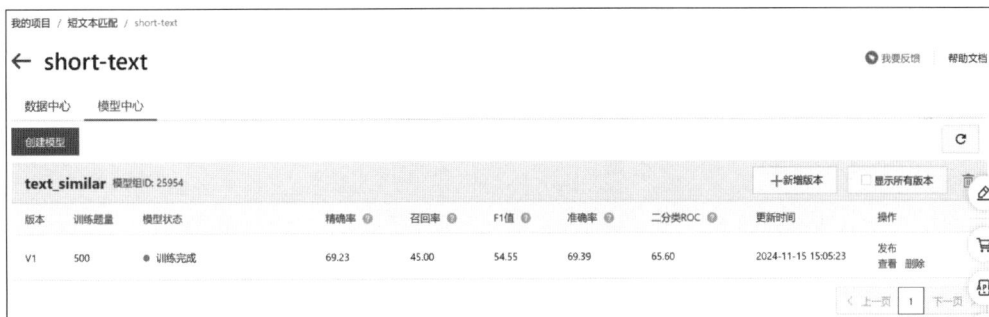

图 1-32　模型训练成功后的"模型中心"页面

被划分为哪些不同类别。同时,本章还回顾了人工智能的发展历程和应用领域,并通过实践练习,帮助读者熟悉国内目前流行的三个人工智能开放平台的操作。

习题 1

1. 人工智能的核心目标是(　　)。
   A. 制造具有智能的机器
   B. 模仿人类的所有行为
   C. 使机器具备类似人类的思维和认知能力
   D. 提高计算机的运算速度

2. 下列属于强人工智能特点的是(　　)。

    A. 仅能执行限定任务

    B. 具备与人类相似的广泛认知能力

    C. 能够在几乎所有领域展现超越人类的能力

    D. 通过大量数据学习自动改进性能

3. 人工智能根据智能水平可分为_____、_____、_____。

4. 阿里云 AI 通过_____和_____构建了开放的生态系统。

5. 简述人工智能的定义和特点。

6. 论述人工智能发展历程中的关键阶段、标志性事件及其对人工智能发展的影响。

实训 1

利用百度 AI 开放平台的图像识别功能,识别给定图片中的物体,并对识别结果进行分析。例如,给定一组包含不同动物、植物、日常用品等的图片,使用平台的图像识别工具进行识别,记录识别出的物体名称、置信度等信息,并分析识别结果的准确性和可能存在的误差原因。

习题 1

第2章

人工智能在办公软件中的应用

CHAPTER 2

当今数字化时代,AI深刻地改变了我们的工作方式。办公软件作为现代职场的核心工具,正迎来一场由AI驱动的革命。这场革命不仅提高了工作效率,还为创新和决策提供了前所未有的支持。从智能写作辅助到复杂的数据分析,AI正在重塑现代办公环境。

随着AI技术的不断进步,预见未来的办公软件将更加智能化、个性化和自动化。这种转变不仅将大幅提高工作效率,还将使员工能够更专注于创造性和战略性任务,从而推动整体生产力的提升。通过本章的学习,读者将全面了解AI在现代办公环境中的应用,为未来的职业发展做好准备,并能够更好地利用这些先进工具提高工作效率和质量。

视频讲解

思想引领

知识目标

1. 了解AI在办公软件中的主要应用领域和发展趋势。

2. 理解AI辅助办公的基本原理和应用场景。

3. 掌握AI在WPS文字、表格、演示等主流办公软件中的核心功能。

4. 掌握AI驱动的邮件管理、日程安排和会议管理的关键特性。

能力目标

1. 能够熟练运用AI写作助手进行文档创作和编辑。

2. 能够利用AI数据助手进行数据分析和可视化。

3. 能够应用AI工具提升演示文稿的制作效率和质量。

4. 能够使用AI工具优化邮件处理和时间管理。

职业素养目标

1. 学生应树立持续学习的意识,持续关注并深入学习新型AI

办公工具。

2. 学生应具备协作与共享精神,善于借助 AI 工具以提升团队协作效率。

3. 学生应树立牢固的安全意识,在使用 AI 办公工具时,务必注重数据安全和隐私保护。

4. 学生应强化国家意识,深刻理解 AI 办公技术创新对提升国家数字化办公水平的重要意义。

2.1　WPS AI 写作助手

WPS AI 是 WPS Office 套件中一个强大的集成工具,它利用先进的大型语言模型技术,能够理解并执行复杂的自然语言指令。WPS AI 在文字处理软件中的应用主要体现在三个核心方面:智能文本生成、智能润色,以及风格与格式排版。这款 AI 助手不仅能够协助用户快速创建各种类型的文档,还能提供智能的编辑建议,并帮助优化文档的整体风格和布局。通过与 WPS 文字的深度集成,WPS AI 正在将传统的文字处理软件转变为一个智能化、个性化的写作平台。

2.1.1　智能文本生成

智能文本生成是人工智能技术在自然语言处理领域的一个重要应用。这项技术的核心在于其能够基于给定的指令或上下文,自动生成符合特定要求的文本内容。其应用范围之广,涵盖了从内容创作到自动报告生成,再到客户服务等多个领域,展现出巨大的潜力和实用价值。

在当今快节奏的商业环境中,智能文本生成技术的优势尤为突出。它不仅能显著提升工作效率,还能在处理大量重复性文档的场景中发挥关键作用。以客户服务部门为例,其日常工作中往往需要撰写数量庞大的回复邮件。这些邮件虽然在具体内容上各不相同,但通常遵循某些共同的结构和语言风格。借助智能文本生成技术,可以迅速创建出既专业又个性化的高质量邮件模板。这不仅确保了沟通的一致性和专业性,还能根据每个客户的具体情况进行灵活调整,从而大大提高客户满意度和服务效率。

下面通过一个实际案例来详细阐述 WPS AI 智能文本生成的操作流程。

1. 案例描述

某客服人员需要创建一个专业的客户投诉回应邮件模板,希望通过 WPS AI 的智能写作功能来提高工作效率。该模板需要满足语言专业友好且预留可定制内容空间的要求。

2. 操作步骤

(1) 创建智能文档。

① 打开浏览器访问金山文档官方网站(kdocs. cn)。在浏览器地址栏输入网址后按 Enter 键,进入金山文档首页。

② 在页面左上角找到并单击蓝色的"新建"按钮。

③ 找到并单击"智能文档"选项,如图 2-1 所示。系统会自动创建一个新的在线智能文档。

图 2-1　新建 WPS 在线智能文档

(2) 启动 WPS AI。

① 如图 2-2 所示,在新建的文档界面右上角,找到 WPS AI 图标。

图 2-2　AI 帮我写

② 单击该 AI 图标,系统会展开 AI 功能面板。

③ 在展开的功能列表中,找到并单击"AI 帮我写"选项,如图 2-2 所示。

④ 系统将自动展开 AI 输入交互界面,如图 2-3 所示,准备接收用户的写作需求。

(3) 生成邮件模板。

① 如图 2-3 所示,在展开的 AI 输入框中输入以下提示语:"创建一个回应客户投诉的邮件模板,要求模板语言专业友好,并预留可定制内容的空间。"

图 2-3　生成客户服务邮件模板的提示语

② 单击输入框右边的"发送"按钮。

③ 耐心等待 WPS AI 生成初始模板内容。生成完成后,内容会自动显示在文档编辑区域。

（4）优化模板内容。

系统提供以下两种优化途径,可以根据需要选择使用。

方式一:重写功能。

① 在生成的内容下面,找到并单击"重写"按钮,如图 2-4 所示。

② 系统将保持相同主题,重新生成一版完整的文本内容。

③ 对比新旧版本,选择更适合的内容。

方式二:精确调整。

① 在下方 AI 对话框中(如图 2-4 所示),输入具体的修改建议,例如"请将内容修改得更正式""增加更多礼貌用语""简化句子结构"。

② 如图 2-5 所示,系统会根据客户的具体要求,对内容进行针对性的优化和调整。新生成的内容会实时显示在文档中。

（5）确认和保存。

① 如果对内容满意,单击生成内容下面的"保留"按钮,系统会将内容固定在文档中。

② 如果对内容不满意,单击"弃用"按钮放弃当前内容,返回步骤（4）,选择任一种优化方式继续调整。可以反复多次优化,直到得到满意的结果。

在 WPS AI 生成"回应客户投诉的邮件模板"这个案例中,可以清晰地观察到智能辅助写作为现代办公带来的显著优势。首先,WPS AI 大幅提升了客户投诉处理的效率。它能在数秒内生成一个结构完整、措辞得当的邮件模板,极大地缩减了传统撰写所需的时间。客服人员不需要从零构思和编写,而是可以直接在 AI 生成的框架基础上进行针对性调整,这不仅加快了响应速度,还提高了回复的质量。其次,WPS AI 的应用确保了回复的一致性,有效降低了人为失误的可能性。无论是新入职的客服人员还是经验丰富的老员工,都能借助 WPS AI 生成高水准的回复内容,从而保持服务质量的稳定性和专业性。这种智能化的写作辅助工具不仅优化了工作流程,还为企业提供了维护品牌形象和提升客户满意度的有力支持。

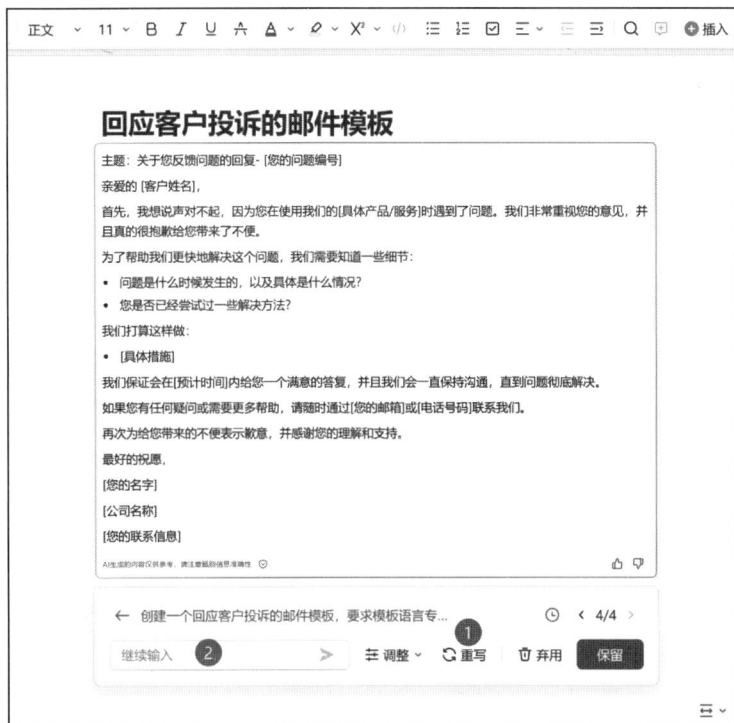

图 2-4　回应客户投诉的邮件模板内容

图 2-5　重新生成的邮件模板内容

2.1.2 智能润色

在当今快节奏的办公环境中,即便是经验丰富的写作者也难免会出现语法错误、表达不当或结构欠佳的情况。智能润色功能应运而生,成为解决这一问题的有力工具。WPS AI的智能润色功能不仅能够纠正常见的语法和拼写错误,还能提供深层次的文本优化建议。该功能融合了先进的自然语言处理技术和大规模语言模型,能够准确理解上下文,提供个性化的改进建议,从而帮助用户将普通文档提升至专业水准。无论是日常的电子邮件往来,还是重要的商业报告,这一功能都能显著提高文档质量,节省宝贵的时间,使用户能够更加自信地表达自己的想法。

为了深入探讨 WPS AI 如何在实际工作中发挥其智能润色的强大功能,不妨通过另一个商业相关的案例进行分析。

1. 案例描述

某公司销售部门经理张女士正在准备年度销售报告,面临着时间紧迫与质量保证的双重挑战。张经理首先完成了报告的初稿,内容如下:"公司在 2023 年取得了显著的进步。销售额增长了 15%,达到 1 亿元。新产品线贡献了 30% 的收入。客户满意度也有所提高,从去年的 85% 上升到了 90%。但是,在三线城市的市场份额还是不够理想,需要在明年加强这方面的工作。"

张经理意识到初稿在语言表达和专业性方面存在不足,需要对文档进行优化。通过使用 WPS AI 的智能润色功能,她成功将初稿转换为更加专业、正式的商务报告语言。经过AI 润色后的内容变为:"本公司于 2023 年实现了显著的发展。销售额实现了 15% 的增长,总额达到一亿元人民币。新推出的系列产品线为公司贡献了 30% 的营业收入。同时,客户满意度亦有所提升,从上一年度的 85% 增长至 90%。然而,本公司在三线城市的市场份额尚未达到预期目标,因此,明年需加强在该领域的市场开拓工作。"

由于报告字数不够要求,她还利用 AI 的扩写功能来丰富报告内容,使报告更加完整和专业。

2. 操作步骤

(1)准备文档。

① 打开 WPS 文字处理软件。

② 将待优化的初稿粘贴到文档中。

(2)使用 AI 润色功能。

① 选中需要润色的文本内容。

② 右击,在弹出的工具栏中找到并单击"AI 帮我改"按钮。

③ 在弹出的功能面板中找到"润色"选项。

④ 单击"更正式"选项,如图 2-6 所示。

⑤ 等待 AI 处理完成,查看润色结果,如图 2-7 所示。

(3)使用 AI 扩写功能。

① 在润色完成后,单击"调整"按钮。

图 2-6　智能润色

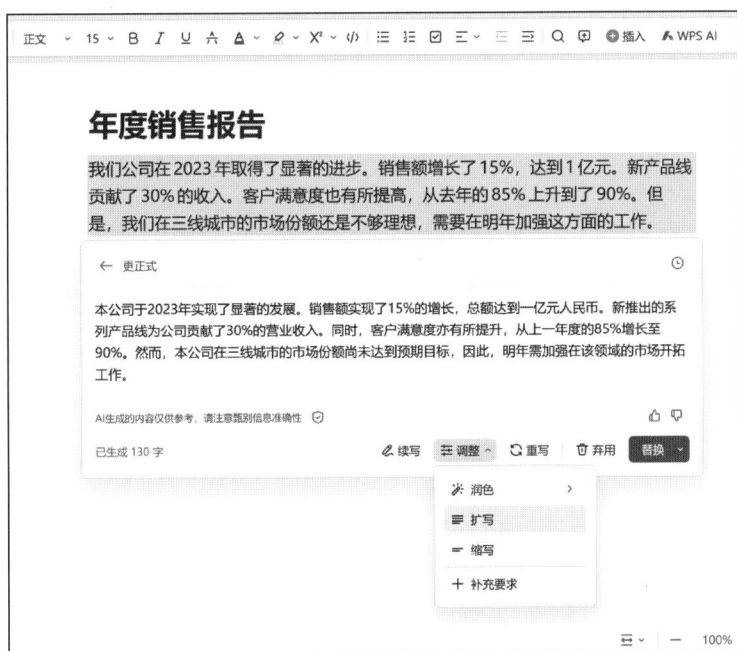

图 2-7　润色后的文稿

② 选中"扩写"选项。

③ 等待 AI 处理完成,查看扩写后的内容,如图 2-8 所示。

(4) 确认修改。

① 仔细对比初稿与润色后的内容。

② 如果满意,可以单击"替换"按钮,用优化后的文稿替换原始内容。

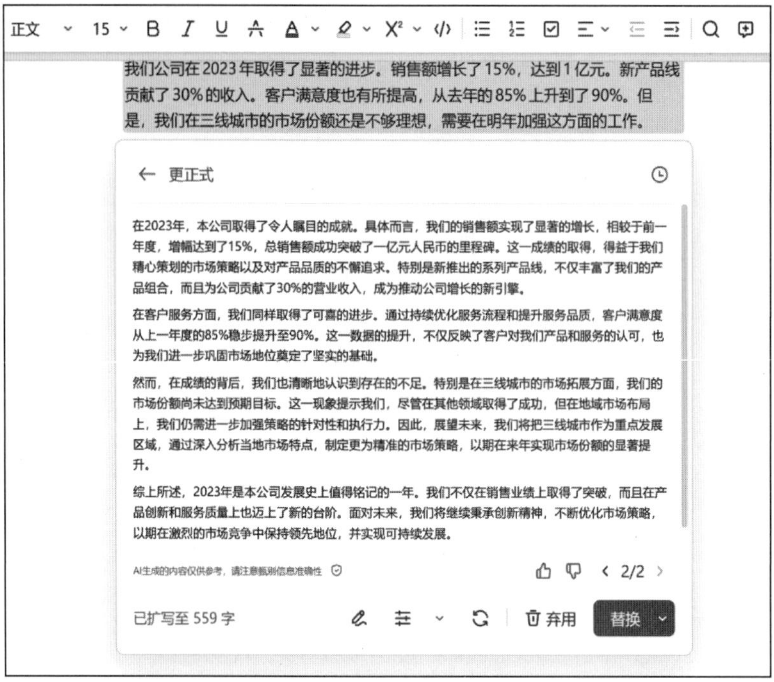

图 2-8　扩写后的文稿

这种智能化的文档处理方法不仅大幅提高了张经理的工作效率,还确保了报告的质量达到高管和股东的预期。通过 AI 辅助,张经理能够在短时间内生成一份语言专业、结构清晰、重点突出的报告段落,充分展现公司的业绩亮点和未来发展方向。

通过这个案例,可以清晰地看到 WPS AI 在智能润色方面的卓越功能。它不仅是一个简单的拼写检查工具,更是一个能够理解上下文、优化表达、提升文档质量的智能助手。对于需要经常处理各种商业文档的专业人士而言,WPS AI 无疑是一个极具价值的工具,能够显著提高工作效率和输出质量,为现代办公环境带来革命性的变革。

2.1.3　风格与格式排版

在 WPS AI 中,文档的 AI 排版功能是一项强大的工具,旨在为用户提供一种便捷而专业的文档创作体验。该功能融合了先进的人工智能算法,能够自动分析文档内容,并应用一系列精心设计的排版规则和优化策略,从而显著提升文档的整体视觉效果和可读性。

智能排版功能的核心优势在于其自适应性和全面性。它能够自动调整文档的字体、字号、行距和段落间距等关键排版元素,确保文档在各种设备和屏幕尺寸上都能呈现出最佳的阅读体验。值得一提的是,该功能还具备强大的智能识别能力,能够准确区分标题、正文及引用等不同文本类型,并为其应用相应的排版样式,使文档结构清晰、层次分明,极大地提升了文档的专业性和可读性。

除了智能化的排版功能,WPS AI 还提供了丰富多样的排版模板和样式库。用户可以根据具体需求选择最适合的模板或样式,快速完成高质量的文档排版工作。这些精心设计的模板和样式不仅美观大方,而且严格遵循专业排版规范,能够显著提升文档的专业度和美感,满足各种正式场合的使用需求。

为了直观地展示 WPS AI 的强大功能,将通过一个实际案例来演示如何使用该工具进行文档的风格与格式排版。

1．案例描述

某团队需要完成 2023 年度智能家居系统项目总结报告的排版工作。初始文稿如图 2-9 所示,存在以下问题:

（1）文档缺乏专业的排版格式。

（2）文档结构不清晰。

（3）整体阅读体验较差。

（4）影响读者对内容的理解和接受度。

2023 年度项目总结报告
一、项目概况
今年,我们团队负责了智能家居系统项目的开发与实施。该项目旨在解决家庭生活领域的能源管理和便利性问题,通过物联网和人工智能技术实现智能化家居控制和能源优化目标.
二、工作进展
1．技术研发:完成了智能控制中心模块的开发,并进行了多次测试与优化.
2．团队合作:与硬件研发部门紧密合作,共同攻克了设备兼容性难题.
3．项目管理:制订了详细的项目计划,并按时完成了各阶段的任务.
三、成果展示
经过一年的努力,我们取得了以下成果:
- 实现了全屋智能控制功能,提高了家居生活便利性和舒适度.
- 解决了家庭能源浪费问题,减少了用户的电力成本约 20%.
- 获得了"年度最佳创新产品"奖项,提升了公司在智能家居领域的形象和影响力.
四、存在问题与改进措施
在项目实施过程中,我们也遇到了一些问题,如用户界面复杂度较高,部分用户反馈操作不够直观。针对这些问题,我们计划采取以下改进措施:
1．优化用户界面设计,简化操作流程.
2．增加语音控制功能,提高系统易用性.
3．开展用户培训和教育,帮助用户更好地理解和使用系统.
五、总结与展望
回顾过去一年,我们团队在智能家居系统项目中取得了显著成绩。展望未来,我们将继续努力.

图 2-9　2023 年度总结报告-未排版稿

为了提升文档的专业性和可读性,团队决定使用 WPS AI 的智能排版功能来优化文档。

2．操作步骤

（1）准备文档。

① 打开 WPS 文字处理软件。

② 输入或粘贴需要排版的初始文档内容,如图 2-9 所示。

（2）使用 AI 排版功能。

① 单击 WPS AI 工具栏中的 AI 排版功能。

② 在弹出的模板选择面板中浏览可用的排版模板,如图 2-10 所示。

③ 根据文档类型和需求,选择合适的模板（本例中选择的通用文档模板如图 2-10 所示）。

（3）应用排版。

① 单击选定的模板。

② 等待 WPS AI 自动完成排版处理,排版效果如图 2-11 所示。

图 2-10　WPS AI 排版模板

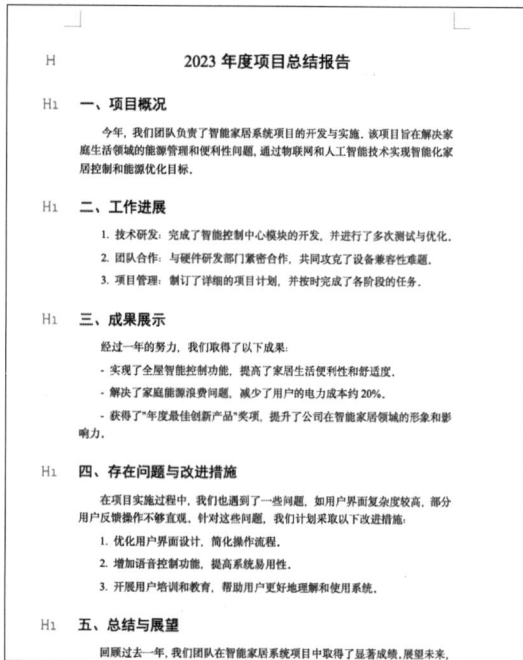

图 2-11　WPS AI 排版后的文稿

除了通用文档模板外,WPS AI 还收录了多所知名大学的学位论文模板。党政公文模板适合各种党政风格通知和公告,包括但不限于决议、请示、纪要和信函等文种。合同协议模板适合各类法律协议、合同,招投标文书模板则适合各类标书文件。如果预设模板无法满足特定需求,用户还可以自定义文档样式,包括字体、字号、行距、段落间距等元素,然后将其作为模板导入进行排版,如图 2-10 所示。

2.2　WPS AI 数据助手

随着数据量的指数级增长和分析需求的日益复杂化,传统的 WPS 表格使用方式已经难以满足现代企业的需求。为了应对这一挑战,WPS AI 为 WPS 表格注入了强大的人工智能能力,彻底改变了处理、分析和呈现数据的方式。

WPS AI 能够执行复杂的数据分析任务,生成洞察力深刻的报告,并创建富有吸引力的可视化图表。它的目标是将数据分析的门槛降到最低,使得不具备编程或高级数据分析技能的用户也能轻松获取有价值的商业洞察。它的设计理念是将复杂的数据分析任务简化为直观的对话式交互,使得任何级别的 WPS 表格用户都能轻松上手,充分发挥数据的价值。

在接下来的内容中,将深入探讨 WPS AI 如何在 WPS 表格中实现数据洞察与分析、预测模型与趋势分析、自定义报告生成、自动图表生成等功能。这些功能不仅大大提高了数据分析的效率和准确性,还为决策者提供了前所未有的数据洞察能力。

2.2.1　数据洞察与分析

WPS AI 使得用户可以像与人对话一样,直接用日常语言向 WPS 表格提问。例如,"哪个产品在上个季度的销售额最高?"或"按地区显示过去 12 个月的收入趋势"。WPS AI 能够理解这些问题,自动分析相关数据,并给出准确的答案。这种交互方式不仅简化了复杂查询的过程,还使得非专业人士也能快速获取有价值的洞察。

本节将通过一个商业案例,深入探讨 WPS AI 在数据洞察与分析方面的实践应用。

1.案例描述

某公司需要对其智能手机及相关产品的销售数据进行深入分析。销售数据如表 2-1 所示,包含了日期、门店、地区、产品类型、销售额和客户年龄段等关键信息。为了确保数据分析的准确性和全面性,公司决定使用 WPS AI 的智能数据分析功能。

表 2-1 智能手机销售数据

日期	门店	地区	产品类型	销售额(元)	客户年龄段
2023/1/1	S001	华北	智能手机	8,999.99	25~34
2023/1/1	S002	华南	笔记本电脑	12,999.99	35~44
2023/1/2	S001	华北	平板电脑	3,499.99	18~24
2023/1/2	S003	华西	智能家居	1,999.99	45~54
2023/1/3	S004	华东	智能手机	6,999.99	25~34
2023/1/3	S002	华南	配件	599.99	55~64
2023/1/4	S005	华北	笔记本电脑	9,999.99	35~44
2023/1/4	S001	华北	智能手机	5,999.99	18~24
2023/1/5	S003	华西	平板电脑	4,499.99	25~34
2023/1/5	S004	华东	智能家居	1,399.99	45~54

2.操作步骤

(1)创建智能表格。

① 访问 kdocs.cn 平台。

② 单击界面左上角的"新建"按钮,选择创建智能表格,如图 2-12 所示。

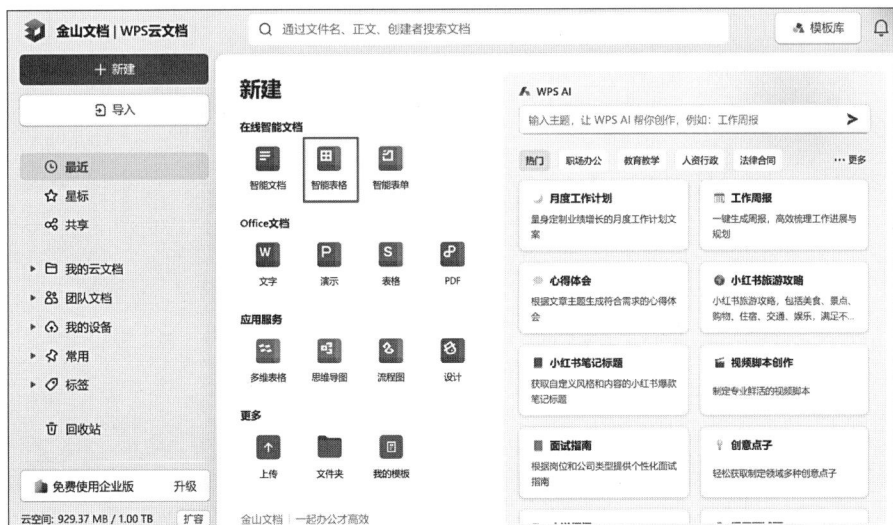

图 2-12 新建 WPS 智能表格

③ 输入表 2-1 所示的销售数据。

（2）启动 AI 数据问答功能。

① 在工具栏中找到并单击 WPS AI 图标。

② 单击"AI 数据问答"功能。

③ 等待系统在右侧展开 AI 数据问答的交互界面,如图 2-13 所示。

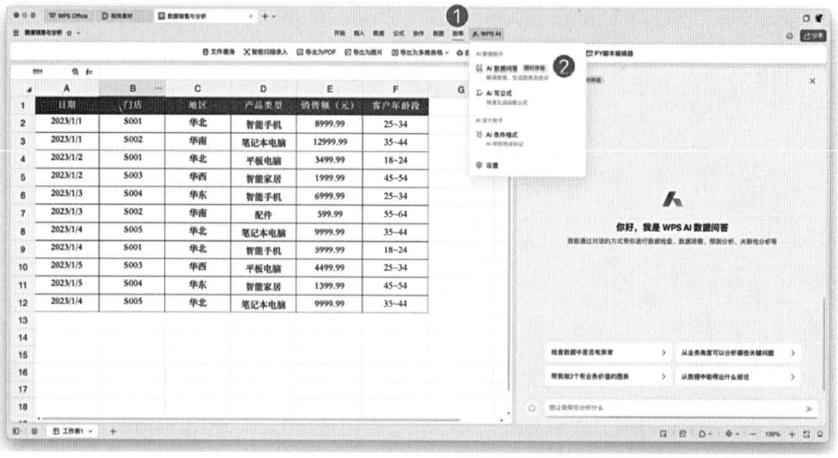

图 2-13　AI 数据问答

（3）执行数据异常检测。

① 在 AI 数据问答界面输入指令"检查数据中是否有异常"。

② 等待 WPS AI 执行以下检查：缺失值检查、数据类型验证、异常值识别和分类一致性检查,过程和结果如图 2-14 所示。

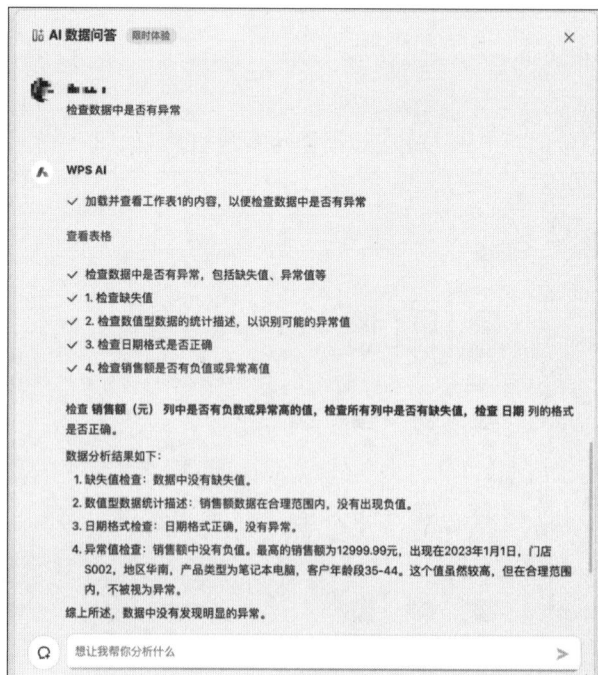

图 2-14　数据异常检测

（4）分析地区销售情况。

① 在 AI 数据问答对话框中输入"请分析各地区的销售情况"。

② 等待 WPS AI 进行数据处理和分析,结果如图 2-15 所示。

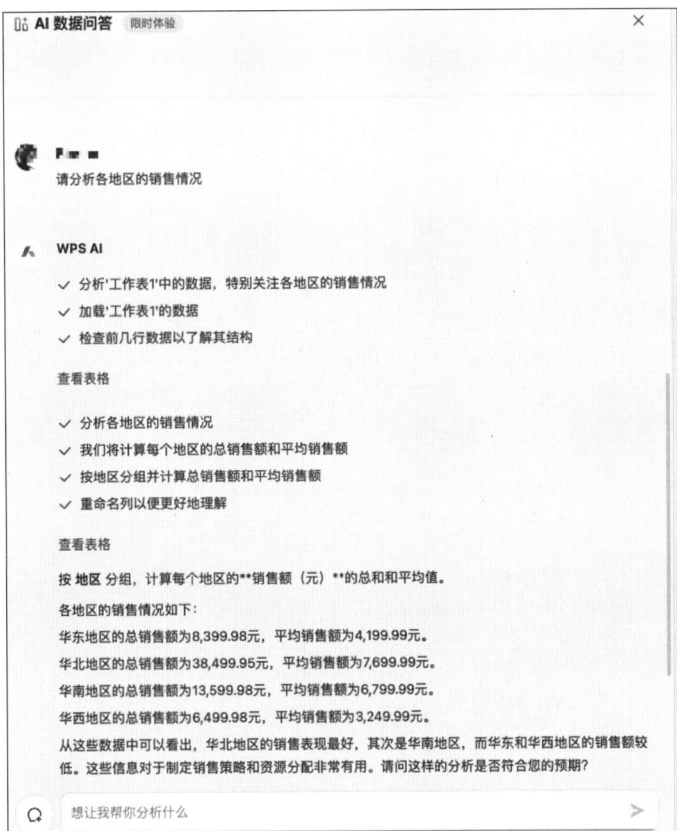

图 2-15　各地区的销售情况

通过一系列精确的计算和细致的对比分析,WPS AI 揭示了一个至关重要的结论:在整体销售业绩中,华北地区的表现尤为突出,其销售总额位居所有地区之首。这一发现不仅帮助更好地理解了各地区的销售情况,还为公司未来的市场策略和资源分配提供了有力的数据支持。

通过这个案例可以看出,WPS AI 极大地提高了数据分析的效率。传统的数据分析过程烦琐且耗时,而 WPS AI 通过智能化的处理方式,能够迅速完成大量数据的处理和分析工作,也能够更快地获取有价值的信息。

2.2.2　预测模型与趋势分析

在数据分析领域,经常面临各种复杂且具有挑战性的商业问题。在本节中,将深入探讨如何借助 WPS AI 的强大功能,来分析一个特定年龄段的消费群体,即 25～34 岁的年轻人。这个年龄段的消费者通常被认为具有较强的消费能力,并且对新产品和新技术的接受度较高。因此,通过深入研究他们的购买行为,可以揭示出哪些产品类别在这一群体中表现最为出色,从而为企业的市场策略提供有力的数据支持。

1．案例描述

某公司销售部门需要深入分析 25～34 岁年龄段消费者的购买行为，以优化产品策略和市场定位。通过利用 WPS AI 的智能数据分析功能，公司希望从海量销售数据中获取有价值的市场洞察。

2．操作步骤

（1）打开 WPS 文字处理软件，确保数据表格（表 2-1）已经录入完成。

（2）单击工具栏中的"AI 数据问答"功能按钮，进入数据问答界面。

（3）在 AI 数据问答对话框中输入"请找出客户年龄段在 25 岁至 34 岁的消费者群体中，实现了最高的销售额的产品类别"。

（4）等待 WPS AI 进行数据处理和分析，结果如图 2-16 所示。

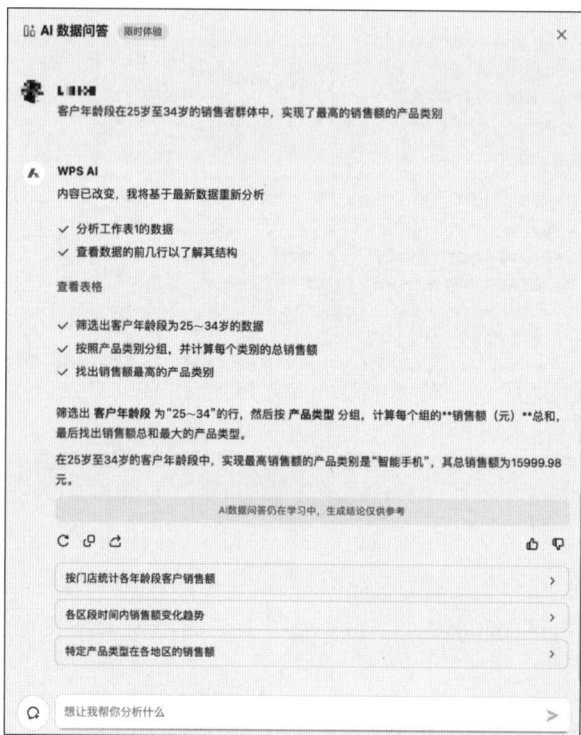

图 2-16   25～34 岁年龄段最畅销产品分析

分析结果揭示，在 25～34 岁消费群体中，"智能手机"类别以显著优势领先，成为销售额最高的产品类别。这一发现具有深远的战略意义。它不仅凸显了该年龄群体对智能手机的强烈需求，还反映出他们可能更倾向于购买高科技产品。这一洞察为企业的市场战略制定提供了宝贵的指导依据。

基于这一关键发现，企业可以制订更加精准和有效的营销策略。例如，可以针对 25～34 岁群体增加智能手机广告的投放力度，或开发专门面向这个年龄段用户的智能手机功能和应用。此外，企业还可以考虑将其他产品与智能手机进行创新性的捆绑销售，或开发智能手机相关的配套产品，以进一步提升在这个年龄段的销售业绩和市场份额。

值得注意的是,这种数据分析方法具有广泛的适用性,可以推广到其他年龄段的消费者研究中。通过比较不同年龄群体的最畅销产品类别,企业可以全面了解各个客户群的消费偏好和行为模式。这将有助于企业更好地调整其产品组合和营销策略,以满足不同客户群的多样化需求,从而在竞争激烈的市场中保持领先地位。

2.2.3　自定义报告生成

在当今数据驱动的商业环境中,自定义报告生成已成为 WPS AI 数据助手的核心功能之一。WPS AI 通过结合先进的机器学习算法和自然语言处理技术,成功地将传统的报告制作过程转变为高效、个性化的自动化流程。这种转变极大地提高了数据分析的效率,使得即使是没有专业数据分析背景的用户也能快速获取有价值的业务洞察。

1．案例描述

某公司市场分析团队需要生成一份全面的产品类型销售报告,包括包含销售占比、平均单价及畅销产品识别的完整分析报告。为提高工作效率和报告质量,团队决定使用 WPS AI 的智能数据分析功能来完成这项任务。

2．操作步骤

(1) 单击工具栏中的"AI 数据问答"功能按钮,进入数据问答界面。

(2) 在 AI 数据问答对话框中输入"创建一份产品类型销售报告,包括各类型的销售占比、平均单价,并识别出最畅销的产品类型"。

(3) 等待 WPS AI 进行数据处理和分析,结果如图 2-17 所示。

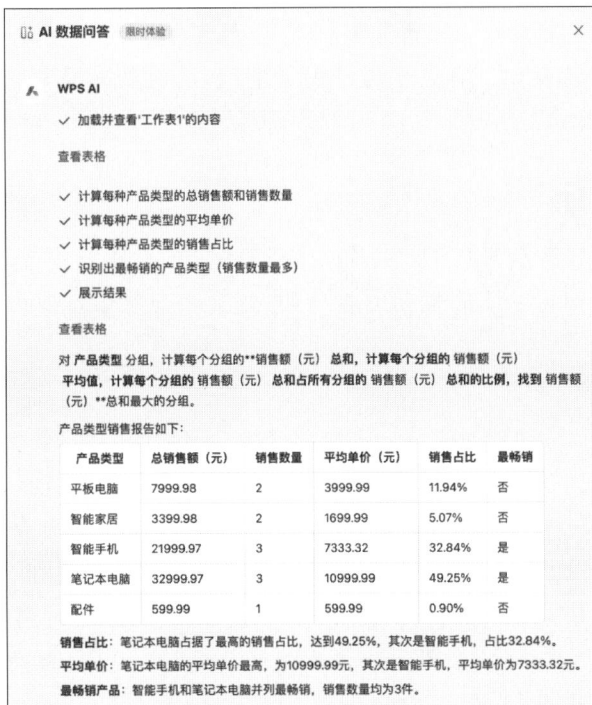

图 2-17　产品类型销售报告:市场份额、均价与畅销度对比

在接收到用户提示后,WPS AI会立即开始对表2-1中的原始数据进行系统性处理。

首先,AI系统会计算每种产品类型的总销售额和销售数量。这一基础性步骤为后续的深入分析奠定了坚实基础,使客户能够全面把握各产品类型的市场表现。通过汇总每个类别的销售记录,系统能够生成一个清晰、全面的整体销售情况概览。

接着,系统会自动计算每种产品类型的平均单价。这个指标不仅反映了产品的定价策略,还能帮助理解不同类型产品在市场中的定位。高平均单价可能意味着产品的高端定位或独特价值,而较低的平均单价则可能表明产品面向大众市场或处于激烈的价格竞争中。

然后,WPS AI会计算每种产品类型的销售占比。这个数据能够直观地展示各产品类型在整体销售中的重要性。通过分析销售占比,企业可以识别出核心产品线,并据此调整资源分配和营销策略。

最后,系统会识别出最畅销的产品类型,即销售数量最多的类别。这一信息对于库存管理、生产计划和市场营销策略的制定都具有重要意义。最畅销的产品类型往往代表了当前市场的主流需求,可以作为企业进一步发展和创新的方向。

总体来说,WPS AI将复杂的数据分析过程简化为一个简单的用户指令,大大提高了数据分析的效率和可访问性。这种自动化的报告生成功能不仅节省了大量的人力和时间成本,还能确保分析的一致性和准确性,减少人为错误的可能性。

2.2.4 自动图表生成

在现代数据分析领域,数据可视化作为一种强大的表达工具,能够将繁复的数据转换为清晰直观的图形化表达。通过人工智能辅助的可视化工具,分析人员只需提供简明的指令,即可将庞大的数据集转换为富有洞察力的视觉呈现,从而显著提升数据分析的效率和准确性。

1.案例描述

某公司数据分析团队需要制作一份产品销售数据可视化报告。为了更直观地展示销售数据,团队决定利用WPS AI的智能图表功能,将复杂的数据转换为易于理解的可视化图表。

2.操作步骤

(1)单击工具栏中的"AI数据问答"功能按钮,进入数据问答界面。

(2)在对话框中输入具体的图表需求指令:"请根据表2-1的数据,创建两个图表:首先,生成一个饼图来详细展示各产品类型的销售占比情况;其次,制作一个柱状图来对比不同产品的平均单价。请确保所有图表均使用中文标注,并为每个图表添加适当的标题。"

(3)查看生成的图表结果,如图2-18所示为产品类型销售占比饼图,如图2-19所示为产品平均单价对比柱状图。

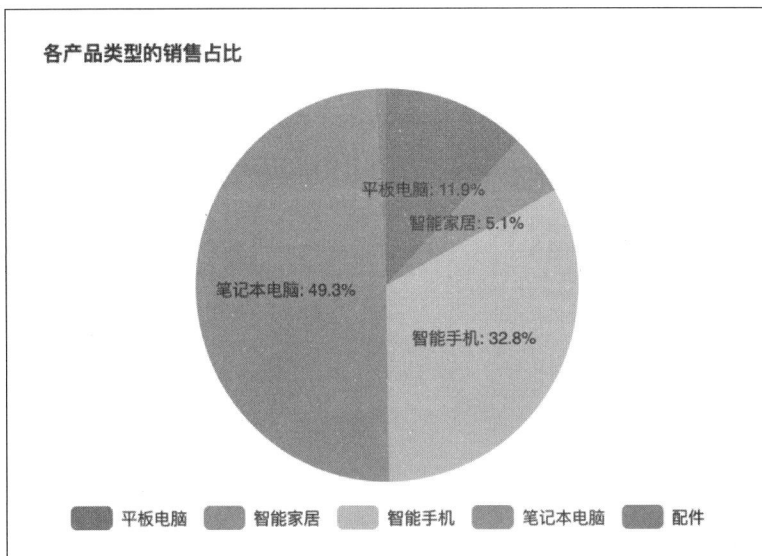

图 2-18　产品销售占比饼图

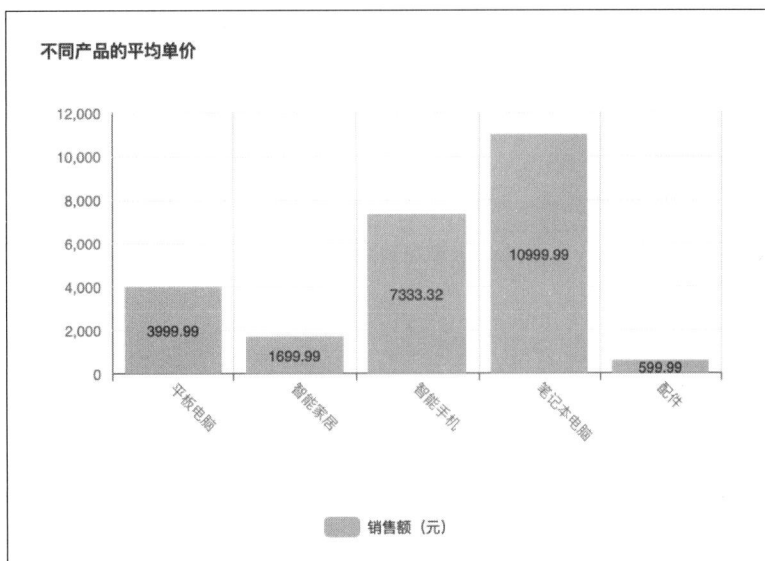

图 2-19　产品平均单价柱状图

（4）如需调整图表样式,继续在对话框中输入具体的图表需求指令:"将上面的饼图改成环状图,并换一种配色。",结果如图 2-20 所示。

（5）确认图表效果符合要求后,可以将图表直接插入文档中使用。

这种指令驱动的智能化图表生成模式,显著降低了数据可视化的技术门槛,使得非专业用户也能轻松创建专业水准的数据图表。它不仅大幅提升了数据分析的工作效率,更重要的是增强了数据展示的直观性和说服力,为企业决策者提供了更为清晰的数据洞察工具。这一功能的革新,标志着人工智能在办公软件领域实现了从工具辅助到智能协作质的飞跃。

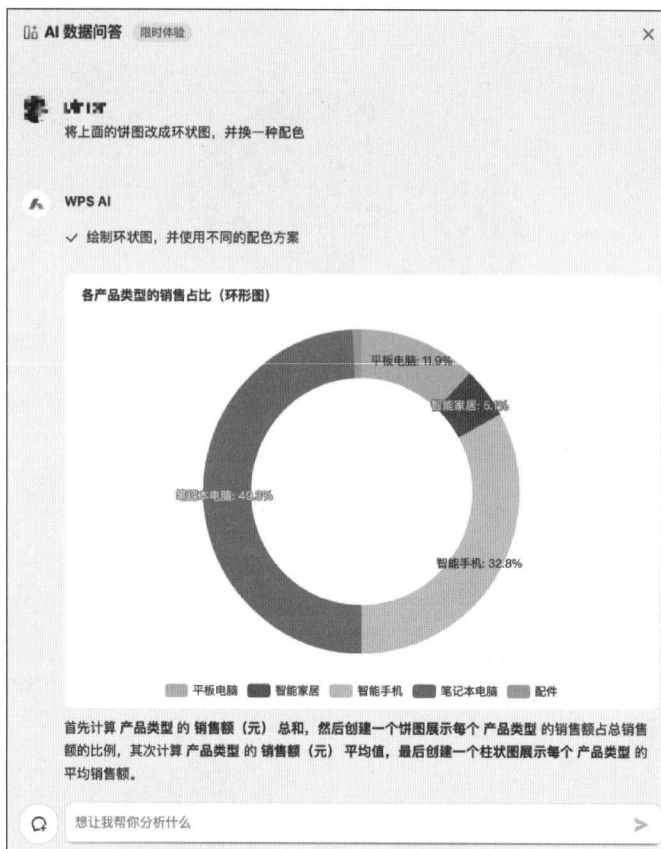

图 2-20　产品销售占比环状图

🔑 2.3　WPS AI 演示助手

在现代商业和教育环境中,演示文稿已经成为信息传递的重要载体。然而,制作一份专业、吸引人的 PPT 往往需要投入大量时间和精力。WPS AI 演示助手的出现彻底改变了这一现状,它通过智能技术简化了 PPT 制作流程,提高了演示文稿的质量和效率。

2.3.1　PPT 智能生成

1.案例描述

李老师是一名大学讲师,需要为下周的课程准备一份关于"人工智能发展史"的演示文稿。传统的 PPT 制作方法不仅耗时,还需要花费大量精力搜集资料和设计版面。面对繁重的教学任务,李老师决定尝试使用 WPS AI 的智能 PPT 生成功能。

2.操作步骤

(1) 打开 WPS 演示软件,找到界面右上方的 WPS AI 选项卡,如图 2-21 所示。
(2) 在 WPS AI 选项卡中,选择"AI 生成 PPT"功能中的"主题生成 PPT"选项。

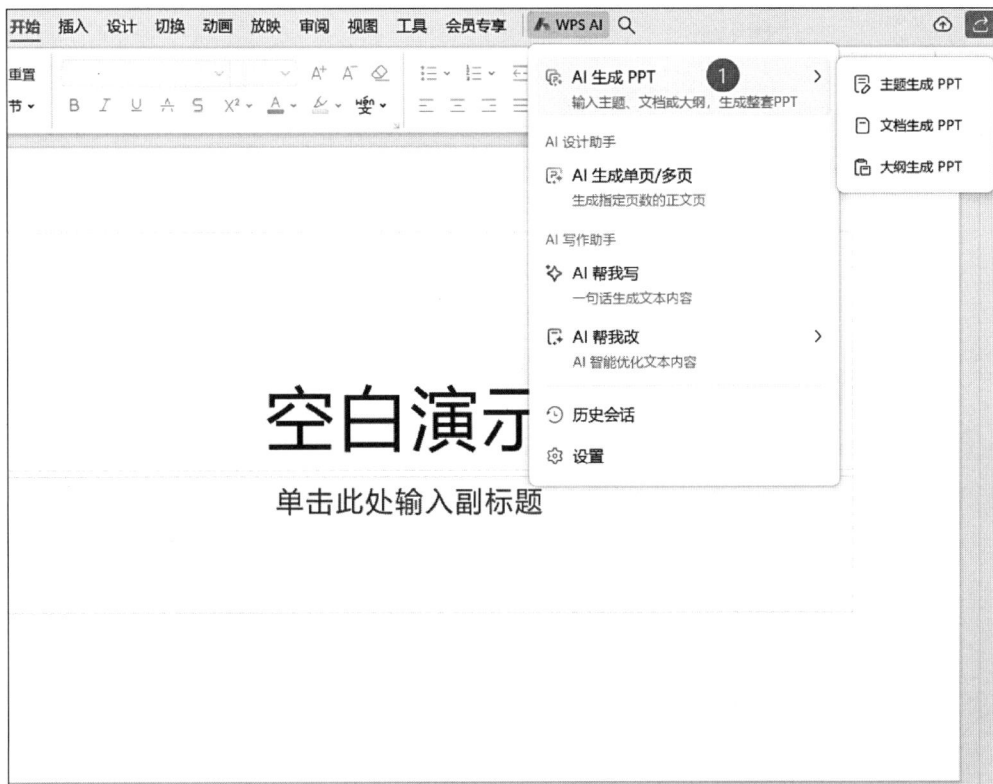

图 2-21　WPS AI 生成 PPT

（3）如图 2-22 所示，在输入框中输入主题"人工智能发展史"，选择"智能模式"作为配图来源。

图 2-22　AI 生成 PPT 提示框

（4）单击"开始生成"按钮。WPS AI 将负责生成一份关于"人工智能发展史"的 PPT 大纲，结果如图 2-23 所示。

图 2-23   人工智能发展史 PPT 大纲

（5）调整与优化大纲。

① 根据需要调整章节标题。

② 可进行页面的添加或删除。

③ 调整内容顺序直至满意。

（6）选择与创建模板。

① 单击图 2-23 中标记为 1 的"挑选模板"按钮。

② 如图 2-24 所示，从模板库中浏览并选择合适的风格。

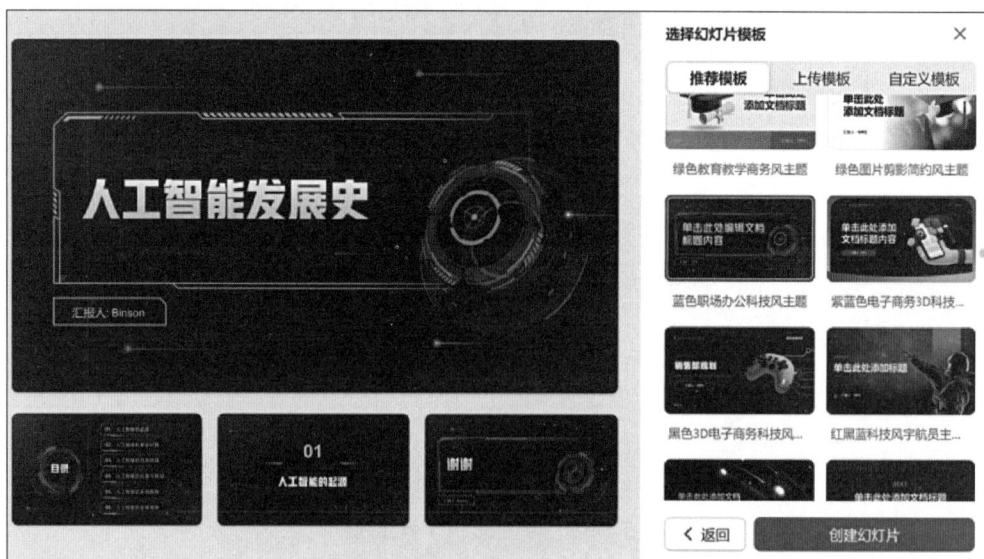

图 2-24   PPT 模板挑选

③ 确认模板后单击"创建幻灯片"按钮,结果如 2-25 所示。

图 2-25　AI 生成的人工智能发展史 PPT

通过这个功能,李老师只需提供主题,就能快速获得一份结构完整、内容丰富的演示文稿初稿,大大提升了备课效率。同时,AI 生成的 PPT 具有专业的版式设计和合理的内容架构,这让他能够将更多精力投入教学内容的优化上。

2.3.2　PPT 智能美化

WPS 演示文稿的美化功能分为全文美化与单页美化两种。全文美化涉及更换模板、调整整体样式、配色方案以及字体;而单页美化则基于当前页面内容,智能推荐相应的美化风格,仅限于当前页面的风格调整。

1．案例描述

李老师在完成 PPT 制作后,希望进一步提升演示文稿的视觉效果和专业性。为了使演示文稿更具吸引力,他决定使用 WPS AI 的智能美化功能来优化整体设计。

2．操作步骤

（1）打开需要美化的演示文稿。

（2）如图 2-26 所示,单击演示文稿底部的"智能美化"选项。

（3）单击"全文美化",进入"全文美化"界面,如图 2-27 所示。

（4）浏览并选择新的模板样式。

（5）预览效果并确认更改。

（6）选择需要美化的具体页面。

（7）查看 AI 智能识别的页面类型,如图 2-28 所示,AI 准确将该页面识别成 PPT 的目录页面。

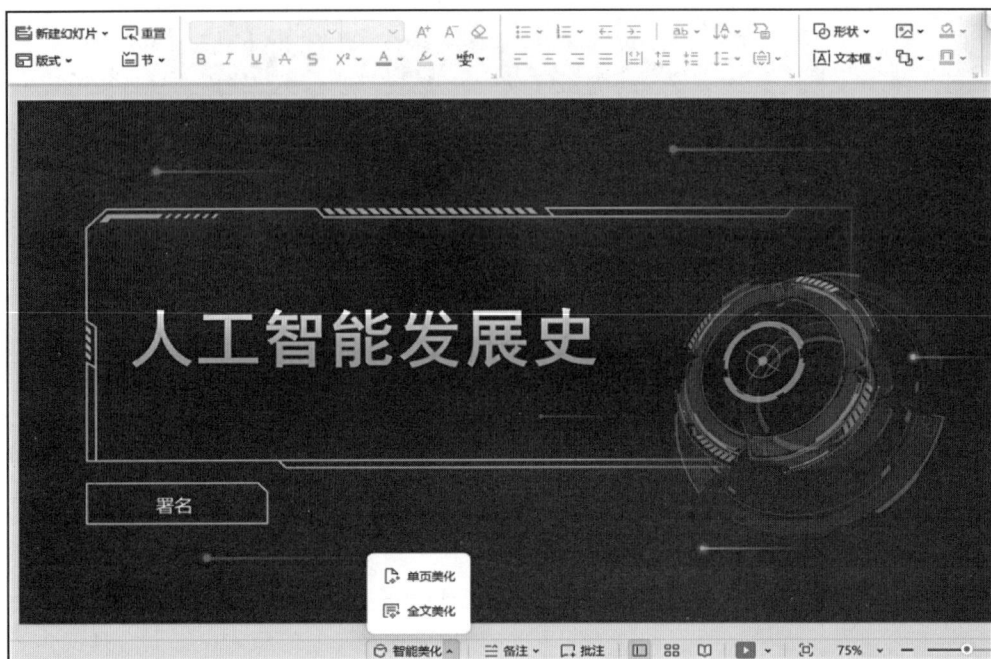

图 2-26　PPT 智能美化

图 2-27　全文一键美化

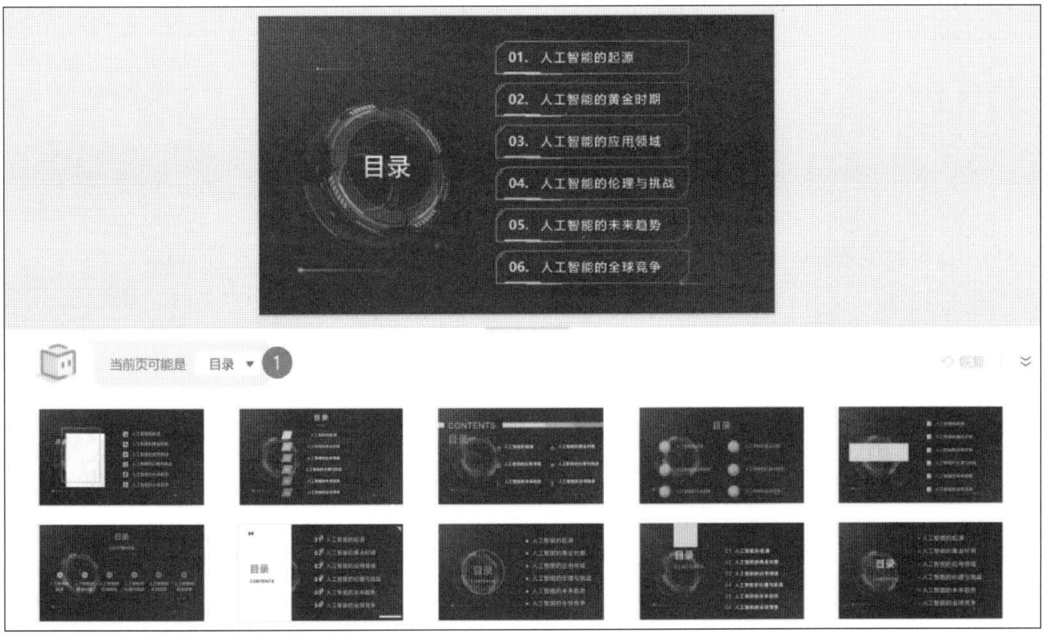

图 2-28　单页美化

（8）浏览系统推荐的匹配风格。

（9）选择适合的单页美化方案。

（10）预览效果并确认更改。

2.4　邮件与日程管理

在当今快节奏的商业环境中，高效的邮件管理已成为提升工作效率的关键因素。随着人工智能技术的飞速发展，传统的邮件处理方式也正在经历一场革命性的变革。本节将深入探讨 AI 如何重塑邮件管理流程，为现代职场人士提供更智能、更高效的工作体验。

2.4.1　AI 邮件助手

本节内容将通过网易邮件大师 AI 助手这一工具，阐释人工智能技术在邮件处理流程中的应用与增效。在新邮件的撰写环节，网易邮件大师 AI 助手提供了多种模板，包括但不限于"广告文案""产品介绍""会议邀请""会议纪要"等。

1．案例描述

某公司员工小王在日常工作中需要处理大量邮件往来，包括撰写会议邀请、回复重要邮件以及总结邮件内容。为了提高工作效率和邮件质量，他开始使用网易邮件大师的 AI 助手功能来协助处理这些邮件相关工作。

2. 操作步骤

(1) 打开网易邮件大师软件,单击右上角的 AI 图标,出现的界面如图 2-29 所示。

(2) 使用 AI 邮件撰写功能。

① 邮件内容选择“会议邀请”选项。

② 在输入框输入“明早的会议邀请”。

③ 输出长度选择“中等”。

④ 输出语气选择“正式”。

⑤ 输出语言选择“中文”。

⑥ 单击“开始生成”按钮,生成的会议邀请内容如图 2-30 所示。

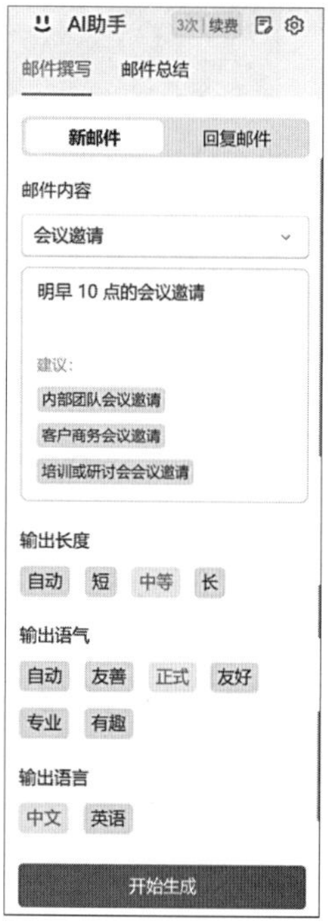

图 2-29 AI 邮件撰写

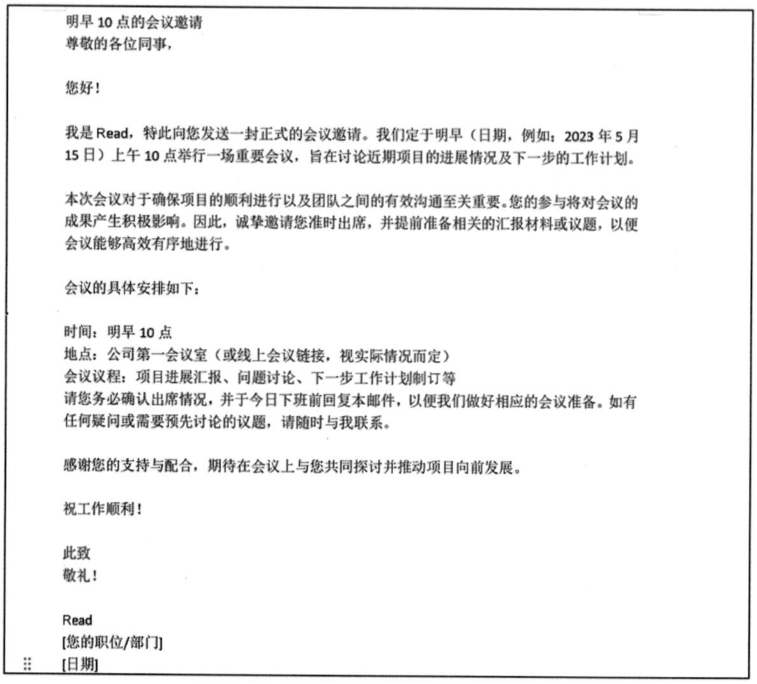

明早 10 点的会议邀请

尊敬的各位同事,

您好!

我是 Read,特此向您发送一封正式的会议邀请。我们定于明早(日期,例如:2023 年 5 月 15 日)上午 10 点举行一场重要会议,旨在讨论近期项目的进展情况及下一步的工作计划。

本次会议对于确保项目的顺利进行以及团队之间的有效沟通至关重要。您的参与将对会议的成果产生积极影响。因此,诚挚邀请您准时出席,并提前准备相关的汇报材料或议题,以便会议能够高效有序地进行。

会议的具体安排如下:

时间:明早 10 点

地点:公司第一会议室(或线上会议链接,视实际情况而定)

会议议程:项目进展汇报、问题讨论、下一步工作计划制订等

请您务必确认出席情况,并于今日下班前回复本邮件,以便我们做好相应的会议准备。如有任何疑问或需要预先讨论的议题,请随时与我联系。

感谢您的支持与配合,期待在会议上与您共同探讨并推动项目向前发展。

祝工作顺利!

此致

敬礼!

Read

[您的职位/部门]

[日期]

图 2-30 AI 生成的会议邀请邮件

(3) 使用 AI 邮件回复功能。

① 打开需要回复的邮件。

② 选择 AI 界面的“回复邮件”。

③ 输入简要的回复内容,如图 2-31 所示。

④ 输出长度选择“短”。

⑤ 输出语气选择“正式”。

⑥ 输出语言选择“中文”。

⑦ 单击“开始生成”,生成的回复内容如图 2-32 所示。

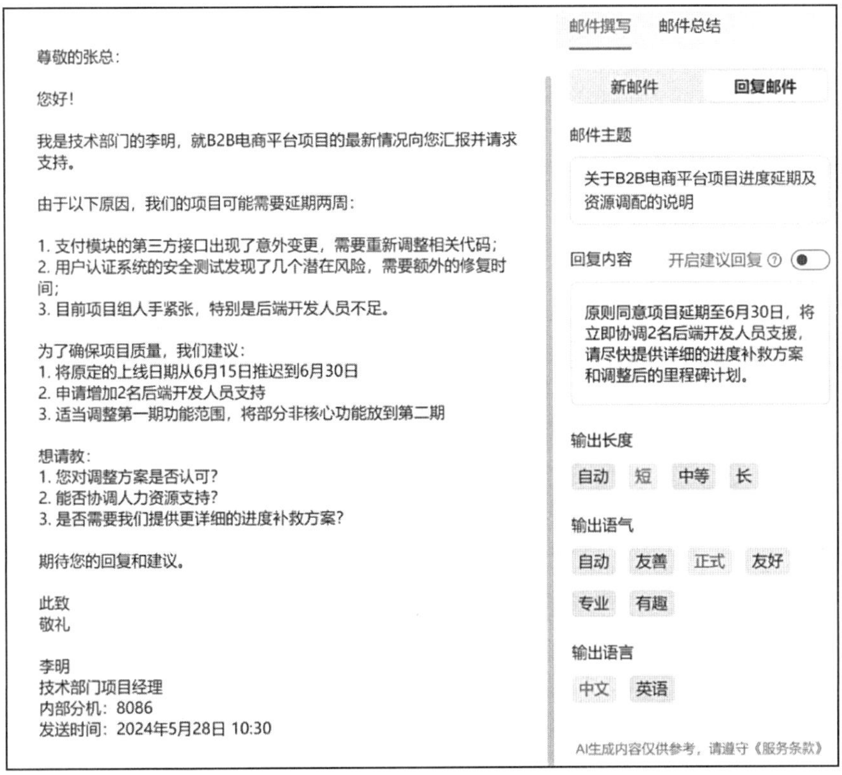

尊敬的张总：

您好！

我是技术部门的李明，就B2B电商平台项目的最新情况向您汇报并请求支持。

由于以下原因，我们的项目可能需要延期两周：

1. 支付模块的第三方接口出现了意外变更，需要重新调整相关代码；
2. 用户认证系统的安全测试发现了几个潜在风险，需要额外的修复时间；
3. 目前项目组人手紧张，特别是后端开发人员不足。

为了确保项目质量，我们建议：
1. 将原定的上线日期从6月15日推迟到6月30日
2. 申请增加2名后端开发人员支持
3. 适当调整第一期功能范围，将部分非核心功能放到第二期

想请教：
1. 您对调整方案是否认可？
2. 能否协调人力资源支持？
3. 是否需要我们提供更详细的进度补救方案？

期待您的回复和建议。

此致
敬礼

李明
技术部门项目经理
内部分机：8086
发送时间：2024年5月28日 10:30

邮件撰写　邮件总结

新邮件　　回复邮件

邮件主题

关于B2B电商平台项目进度延期及资源调配的说明

回复内容　开启建议回复 ⑦ ●

原则同意项目延期至6月30日，将立即协调2名后端开发人员支援，请尽快提供详细的进度补救方案和调整后的里程碑计划。

输出长度

自动　短　中等　长

输出语气

自动　友善　正式　友好

专业　有趣

输出语言

中文　英语

AI生成内容仅供参考，请遵守《服务条款》

图 2-31　AI 邮件回复功能

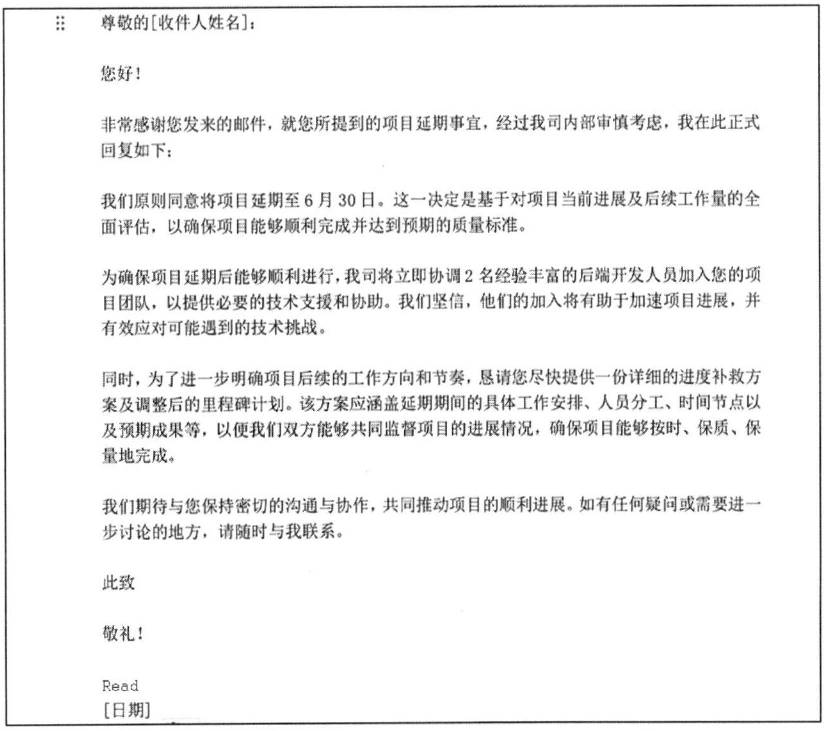

∷　尊敬的[收件人姓名]：

您好！

非常感谢您发来的邮件，就您所提到的项目延期事宜，经过我司内部审慎考虑，我在此正式回复如下：

我们原则同意将项目延期至6月30日。这一决定是基于对项目当前进展及后续工作量的全面评估，以确保项目能够顺利完成并达到预期的质量标准。

为确保项目延期后能够顺利进行，我司将立即协调2名经验丰富的后端开发人员加入您的项目团队，以提供必要的技术支持和协助。我们坚信，他们的加入将有助于加速项目进展，并有效应对可能遇到的技术挑战。

同时，为了进一步明确项目后续的工作方向和节奏，恳请您尽快提供一份详细的进度补救方案及调整后的里程碑计划。该方案应涵盖延期期间的具体工作安排、人员分工、时间节点以及预期成果等，以便我们双方能够共同监督项目的进展情况，确保项目能够按时、保质、保量地完成。

我们期待与您保持密切的沟通与协作，共同推动项目的顺利进展。如有任何疑问或需要进一步讨论的地方，请随时与我联系。

此致

敬礼！

Read
[日期]

图 2-32　AI 生成的回复邮件

（4）使用邮件智能总结功能。

① 选择需要总结的邮件（最多 20 封），如图 2-33 所示。

② 选择 AI 界面的"邮件总结"。

③ 总结类型选择"邮件概要"。

④ 输出格式选择"待办事项"。

⑤ 单击"开始总结"。

⑥ AI 提取出这些邮件的待办事项，如图 2-33 右下角所示。

图 2-33　邮件智能总结

2.4.2　日程安排与提醒功能

1．案例描述

某公司员工小李需要管理繁多的工作任务和日程安排，为了提高工作效率并确保不遗漏重要事项，他决定使用钉钉的 AI 助理功能来协助进行日程管理和任务提醒。

2．操作步骤

（1）打开钉钉，单击左侧栏目的日历选项。

（2）单击右上角的 AI 图标，弹出的界面如图 2-34 所示。

（3）在右下角的输入框输入"待办事项名称：撰写关于 AI 在教育中应用的报告；截止时间：2024 年 12 月 15 日；执行人：XX；提醒时间：截至 1 小时前"，并按下 Enter 键。

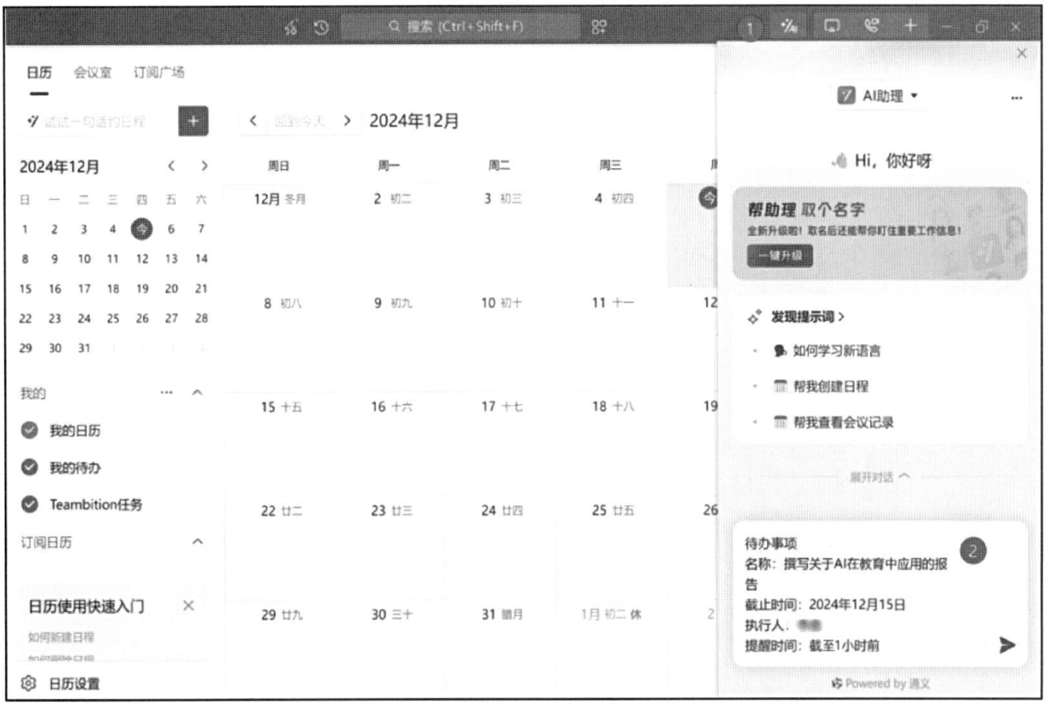

图 2-34　钉钉 AI 助理

（4）AI 助理将创建一个待办事项，详情见图 2-35 所示。

图 2-35　智能生成待办事项

（5）单击"创建待办"按钮后，系统将在钉钉日历的 12 月 15 日位置标记一条待办事项，如图 2-36 所示。系统将提前一小时向用户发送提醒通知。

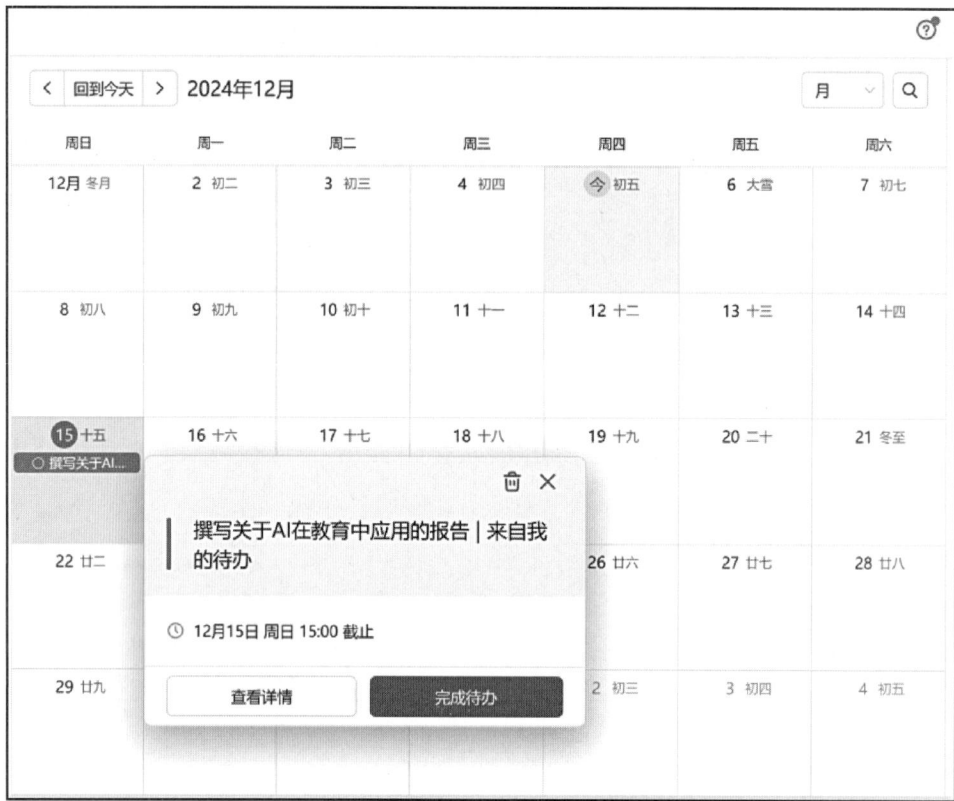

图 2-36　钉钉日历上的待办事项

🔑 2.5　会议管理

2.5.1　智能会议预订系统

1. 案例描述

某公司项目经理小张需要频繁组织团队会议,为了提高会议安排的效率并确保参会人员能够及时收到通知,他选择使用钉钉日历的智能会议预约功能来协助进行会议管理。

2. 操作步骤

(1)打开钉钉,单击左侧栏目的日历选项,进入日历功能界面,如图 2-37 所示。

(2)在图 2-37 标记 1 处输入"明日下午四时至五时,与@XXX@XXX 就 AI 教材编写事宜进行讨论"。

(3)按下 Enter 键。AI 会自动生成相应时间段会议的预约,具体界面如图 2-38 所示。

显而易见,提示信息中所提及的会议名称、会议时间以及参与人员等信息,均已录入至会议预约系统之中。

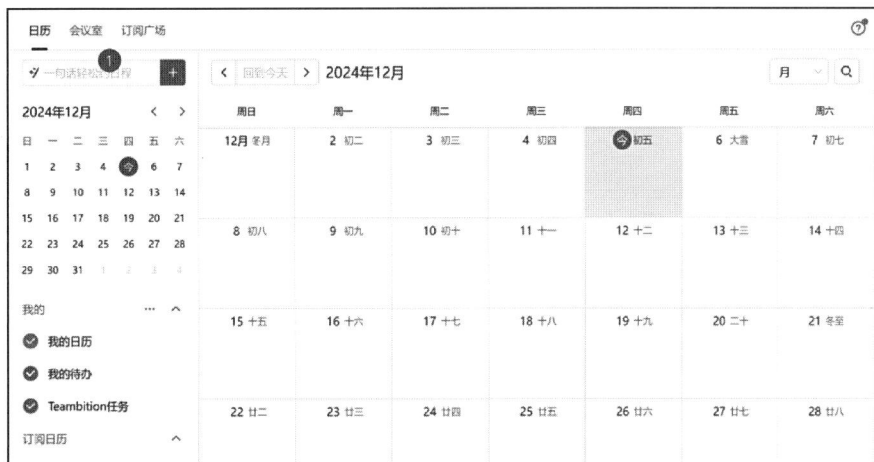

图 2-37　钉钉日历

图 2-38　智能会议预订界面

2.5.2　智能会议内容整理

1. 案例描述

某学校组织了一场 AIGC 培训课程,课程负责人王老师需要对 50 分钟的培训内容进行整理和总结。为了提高工作效率并确保不遗漏重要信息,他选择使用通义听悟平台进行智能会议内容管理。

2. 操作步骤

(1) 打开浏览器,访问通义听悟网站(网址请扫描前言中的二维码获取),如图 2-39 所示。

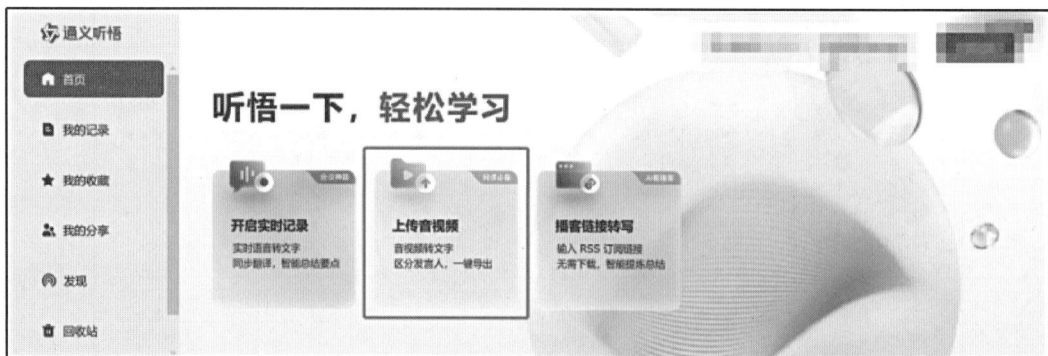

图 2-39　通义听悟网站

（2）完成用户登录。

（3）单击图 2-39 方框处的"上传音视频"，将课程的音频上传到网站。

（4）音频转写成功后，单击图 2-39 左侧的"我的记录"。

（5）单击 AIGC 培训课程的记录，出现如图 2-40 所示的页面，页面有培训课程的关键词、全文摘要、章节速览、发言总结和要点回顾等。

（6）单击图 2-40 下方的进度条，可以定位至特定时间点，查看该时刻的具体会议演讲内容。

习题 2

1. 阐述 WPS AI 在 WPS 写作助手中智能文本生成功能的主要应用场景，以及为文档创作带来的效率提升体现。

2. 在商业报告撰写过程中，如何借助 WPS AI 的智能润色功能提升文档的专业性与规范性？请举例说明具体操作步骤与优化效果。

3. 当使用 WPS AI 进行自定义报告生成时，如何依据报告主题和目标受众需求设置指令参数？分析这对报告内容完整性与精准度的影响。

4. 对比 WPS AI 在 PPT 制作过程中，智能生成与智能美化功能分别从哪些方面提升演示文稿的质量？并阐述在不同演示场景下二者的应用策略。

5. 对于一份专业文献，详述运用 AI 阅读助手的深度理解与问答功能，进行信息提取和要点归纳的操作流程，及其对专业研究的辅助价值。

实训 2

1. 选取一篇商务报告文档，使用 WPS AI 的智能写作和智能润色功能进行优化处理，记录优化前后的文本内容变化、操作流程及优化效果评估指标，如语言流畅度提升比例、专业词汇准确性提升程度等。

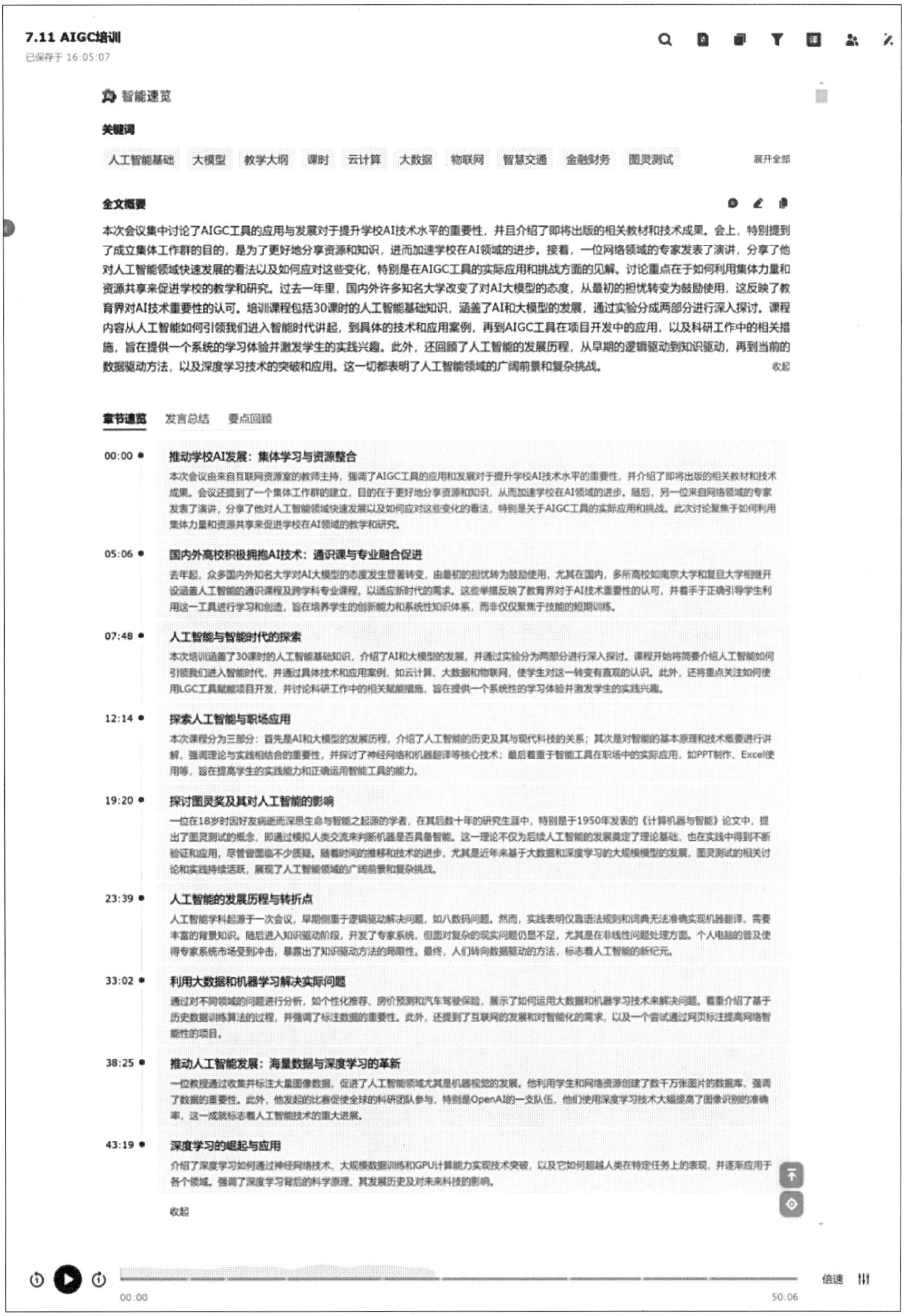

图 2-40　AIGC 培训课程内容整理

2. 收集某公司销售部门的产品销售数据(包括产品名称、销售日期、销售数量、销售地区和客户年龄段等字段),运用 WPS AI 在 WPS 表格中的数据洞察与分析、预测模型与趋势分析功能,挖掘数据中的销售趋势、畅销产品类别、不同地区及年龄段的销售特点,并形成可视化报告。分享数据分析过程中遇到的问题及解决方法、得出的结论及对销售策略的建议。

3. 以"环保主题宣传"为主题,利用 WPS AI 的 PPT 智能生成与智能美化功能制作演示文稿,详细记录从主题输入、模板选择、内容生成到美化调整的每一步操作及效果变化,评估演示文稿在信息传达、视觉吸引力和专业性方面的质量提升程度。

习题 2

第3章

人工智能在多媒体中的应用

CHAPTER **3**

多媒体应用作为人工智能的一个重要应用领域，其使用范围日益扩大。多媒体在生活中无处不在，它使我们能够以更丰富、更直观的方式接收和传递信息，广泛应用于教育、娱乐、广告、会议及新闻报道等多个领域，极大地丰富了我们的数字生活体验。多媒体的应用使信息传递不再单调乏味，而是变得生动多彩、互动性更强。随着人工智能技术的不断进步，人工智能生成内容（Artificial Intelligence Generated Content，AIGC）的应用场景日益增多，对多媒体创作的影响深远且多维。它不仅极大地拓展了创作边界，提升了创作效率，还为创作者提供了前所未有的工具和可能性。随着技术的持续发展，大家有理由期待 AI 在未来多媒体创作领域的创新和发展将带来更加令人瞩目的突破。

视频讲解

思想引领

知识目标

1. 掌握图像类、视频类、音频类 AI 工具的使用。
2. 理解 AIGC 在多媒体领域的主要应用。
3. 熟悉利用 AI 工具进行图片、视频及音频的生成。
4. 掌握提示词的使用和优化方法。

能力目标

1. 能够熟练使用多媒体生成和编辑工具。
2. 能够将 AI 多媒体生成应用在具体场景中。
3. 能够使用 AIGC 工具进行创作，根据需求生成不同风格、不同内容的资源。
4. 能够根据具体场景编写和优化提示词。

1. 培养在多媒体创作中运用 AIGC 技术的创新思维,不断探索新颖的创作方法与手段。

2. 在团队合作中,能够与他人高效协同,共同运用 AIGC 技术进行多媒体内容的创作与编辑。

3. 随着 AIGC 技术的持续发展,积极跟进并深入学习前沿技术,不断提升自身的专业素养和技能储备。

4. 在使用 AIGC 技术进行多媒体创作的过程中,必须严格遵守相应的伦理规范和法律法规,以确保作品的合法性和正当性。

🔍 3.1 图像处理

图像就是用眼睛看到的所有东西的视觉呈现。它就像是大家眼中的世界被捕捉下来的样子,可以是一张风景照、一幅画作,或者是手机屏幕上显示的一张照片。而人工智能图像处理,是一种借助人工智能技术来对图像进行分析、理解、优化以及创造的神奇手段。简单来讲,就是让计算机像拥有聪明的"大脑"一样,去处理各种各样的图像。

图像处理靠的是事先用大量的图像数据"投喂"计算机,让它去学习这些图像里不同物体的特征、颜色规律和结构特点等,这个学习过程就类似大家通过大量的例子去认识世界一样。等它学习得差不多了,再遇到新的图像时,就能运用学到的本领去进行各种处理操作,而且随着不断学习更多的图像数据,它会变得越来越厉害、处理得越来越精准。图像处理已经在我们生活的很多方面发挥着重要作用,从娱乐、艺术创作到工作、安全保障等领域,都能看到它活跃的身影,给我们带来了很多的便利和新奇的体验。

3.1.1 图像处理的特点

1. 高精度与准确性

AI 图像处理在识别和分析图像内容的时候,往往有着很高的精准度。例如,识别图片里的动物种类,只要图像不是特别模糊或者有严重遮挡,它大概率能准确说出这是老虎、熊猫还是长颈鹿,很少会出现张冠李戴的情况。就如同一个知识渊博又很细心的"图像小专家",能把图像里的细节都琢磨透,给出靠谱的判断结果。

2. 高效快速

AI 处理图像的速度那可是相当快。不管是面对单张图片,还是同时处理成百上千张图片,它都能在短时间内完成相应任务。例如,一些电商平台要给海量商品图片添加合适的标签,方便买家搜索,AI 图像处理系统眨眼间就能搞定分类标注的活儿,可比人工一张张去看、去标注快多了,极大地节省了时间成本。

3. 适应性强

能够适应各种各样的图像情况和场景。不管图像是白天拍的还是晚上拍的,是清晰的还是稍微有点模糊的,也不管图像里的物体是正的、斜的还是被部分遮挡的,AI 图像处理都能尽力去分析处理。就好比一个适应能力超强的"多面手",总能在不同的"图像环境"里发挥作用,尝试从中提取出有用的信息。

4. 可学习进化

AI 图像处理最神奇的一点就是,它可以不断学习。你给它越多的图像数据让它"看",它就越能从中总结规律,变得更加聪明厉害。例如,一开始它可能不太能准确识别某种新出现的奇特植物的图片,但随着不断输入更多这类植物的图像样本让它学习,下次再遇到就能轻松识别出来了,就像人通过不断学习新知识来增长本领一样,它一直在进步。

5. 多维度处理

AI 不仅仅能处理图像表面的东西,还可以从多个维度去分析图像。除了识别物体是什么之外,还能判断物体的位置、大小、相互关系,甚至还能推测出图像所展现的场景里接下来可能发生的事。例如,在一段视频图像里,它能分析出行人下一步的行走方向,预测车辆是否会有碰撞风险等,是一种全方位、深层次的图像分析处理方式。

6. 自动化程度高

当你设定好相应的任务和规则,AI 图像处理就能自动运行。例如工厂里对生产线上产品外观图像进行检测,只要启动了 AI 检测系统,它就能自动判断产品外观有没有瑕疵、符不符合标准,自动把不合格的产品筛选出来,减少了人力的投入,提高了整体的工作效率。

3.1.2　图像识别的应用领域

1. 图像分类

图像分类就是给不同的图像或者图像里的内容"贴标签"、定类别。就像读者整理书架上的书一样,把故事书归到一类,科普书归到另一类,图像分类就是这个道理,不过对象换成了各种各样的图像。

例如有很多动物的图片,图像分类技术就能把有猫的图片都归到"猫科动物"这一类,有狗的图片归到"犬科动物"这一类,还有像花朵的图片可以分到"植物花卉"类等。也就是根据图像所呈现出来的主要特征,判断它属于哪个大的种类范畴,给它找到对应的"家"。

1) 图像分类是怎么做的

它主要依靠计算机算法和机器学习等手段来实现。首先需要给计算机"看"大量已经明确分类好的图像,就像是教儿童认识东西,先给他展示很多例子一样。这些图像都带着正确的类别标签,计算机通过分析这些图像里物体的形状、颜色、纹理等各种特征,慢慢去学习不同类别图像的特点和差别。

待计算机把这些规律都掌握了之后,再拿新的图像给它,它就能根据之前学到的知识,去判断这个新图像该分到哪一类了。而且随着看到的图像越来越多,它分类的本事也会越来越厉害、越来越准确。

2）图像分类的应用场景

（1）电商平台。电商网站上有数不清的商品图片，图像分类可以对它们进行处理。先把服装按照男装、女装、童装来分类，再细分，可以根据上衣、裤子、裙子等款式继续分类，还能按照颜色、图案等进一步归类。这样买家在搜索商品的时候，就能更方便、更精准地找到自己想要的东西了。

（2）社交媒体。大家平时发在社交平台上的照片很多，平台利用图像分类技术来管理这些照片。例如，把风景照、人物照、美食照等分别归类，然后根据不同的类别来推荐给其他有类似兴趣爱好的用户，让大家更容易发现有意思的内容，也方便自己回顾自己发过的同类型照片。

（3）安防监控。在安防领域，图像分类可以帮助区分监控画面里不同的人和物体。例如，把进入小区的人分为小区居民、外来访客等类别，对车辆也能按照私家车、出租车、警车等不同类型去区分，这样有助于保安人员快速判断情况，采取相应的安保措施。

（4）生物研究。科学家研究动植物的时候，会收集大量的图片资料。图像分类就能帮忙把不同种类的动植物图片分开，便于他们去分析每种生物的特点、分布情况等，对于了解生物多样性、做物种保护等工作都很有帮助。

2．图像增强

图像增强就是通过一些技术手段，让原本不太理想的图像变得更好看、更清晰，或者让图像里用户想要关注的内容更加突出。简单来说，就像是给图像做了个"美容"或者"优化升级"，让它能更好地满足用户的需求。

例如，有时读者拍的照片可能比较模糊，颜色也黯淡无光，或有很多噪点（那些看起来像小沙子一样影响画面的东西），图像增强就能想办法解决这些问题，让照片变得清晰锐利、色彩鲜艳，整体质量大幅提高。

1）图像增强的目的

（1）改善视觉效果。很多时候，大家拿到手的图像可能由于拍摄条件不好、设备性能有限等原因，看起来不太舒服。像在光线较暗的环境里拍的照片黑乎乎的，通过图像增强，就可以把亮度和对比度调整好，让画面里的物体清楚地展现出来，让读者看的时候感觉更赏心悦目。

（2）突出重要信息。在一些图像里，可能存在很多元素，但读者只想重点关注其中某一部分内容。例如一张医学影像，医生主要想看清某个病变部位，图像增强就可以通过特定的方法，弱化周围正常组织的显示，强化病变区域的特征，使医生能更容易、更准确地发现和分析病情。

（3）便于后续处理。如果要对图像进行进一步的分析、识别等操作，图像增强往往是很必要的前期步骤。因为质量更好、特征更明显的图像，能让后续那些图像相关的技术（如图像识别、图像分类等）发挥出更好的水平，得到更准确的结果。

2）图像增强的常用方法

（1）空域增强。

① 灰度变换。灰度变换主要是针对图像的灰度值（也就是图像颜色从黑到白的不同深浅程度）来进行调整。例如，通过拉伸灰度范围，可以把原本比较集中、暗淡的灰度值变得更

分散、更明亮,让图像的对比度增强,整体看起来更清晰。还有像对数变换、幂次变换等,它们可以根据不同的情况改变灰度的分布,达到增强图像的效果。

② 空间滤波。空间滤波类似用一个小小的"窗口"(其实就是一种数学上的滤波器)在图像上移动,这个窗口里的像素点会根据设定好的规则进行处理。例如,均值滤波就是用窗口内像素的平均值来替换中心像素的值,这样可以减少图像上的噪点,让画面变得更平滑;而锐化滤波则是通过增强像素之间的差异,让图像的边缘部分更清晰,物体看起来更锐利。

(2) 频域增强。频域增强相当于先把图像从空域(也就是用户平常看到的图像的空间表示形式)转换到频域(简单理解就是用频率来表示图像信息的一种形式),有点像给图像换了一种"语言"来描述它。在频域里通过对不同频率成分的调整来实现图像增强。例如,对于一幅模糊的图像,它的高频成分往往比较少,那用户可以在频域里增加高频成分,再转换回空域,图像就会变得清晰起来。常用的频域变换方法有傅里叶变换、离散余弦变换等,它们能帮助用户很好地完成这种从空域到频域的转换以及后续的处理。

3) 图像增强的应用场景

(1) 摄影与图像处理。日常拍照后想对照片进行美化,就可以使用图像增强技术。现在很多手机自带的拍照功能里就融入了图像增强的算法,能自动帮我们把拍出来的照片调得更亮、更鲜艳、更清晰,让照片瞬间变得更加美观。

(2) 医学影像领域。医生需要从 X 光片、CT 扫描图、核磁共振图像等医学影像中精准地发现病症。图像增强可以帮助突出病变区域、改善影像的清晰度等,辅助医生更高效、更准确地做出诊断,这对于患者的病情判断和后续治疗有着非常重要的作用。

(3) 安防监控方面。监控摄像头拍摄的画面可能会因为光线变化、距离远近等因素导致质量不太好。图像增强技术就可以对这些画面进行实时处理,让保安人员或者相关监控人员能更清楚地看到画面里的人、车辆以及各种可疑情况,提高安防监控的效果和效率。

(4) 遥感图像分析。从卫星等遥感设备获取的图像,由于距离远、大气干扰等原因,可能存在清晰度欠佳、细节不够明显的问题。运用图像增强技术可以优化这些遥感图像,便于科研人员更好地分析地球表面的地貌、植被覆盖及城市建设等情况,为地理研究、环境监测以及农业生产等诸多领域提供有力的数据支持。

3. 虚拟现实

1) 基本概念

虚拟现实就像是带你进入了一个完全由计算机创造出来的虚拟世界当中,这个世界里的一切,周围的场景、看到的物体、听到的声音等,都是通过计算机技术模拟生成的,而用户仿佛置身其中,暂时和现实世界"断开连接"了一样。

例如,当戴上一顶虚拟现实的头盔,瞬间就好像来到一个充满奇幻色彩的魔法世界,周围是高耸入云的城堡、飞来飞去的小精灵,脚下是五彩斑斓的魔法阵,用户可以在这个世界里四处走动、探索,虽然你的身体实际上还在现实的房间里,但感觉上已经完全进入那个虚拟的环境里面去了。

2) 实现原理

(1) 实时渲染技术。这是 VR 中极为关键的图像处理技术。要营造出逼真流畅的虚拟世界,需要计算机实时根据用户的视角、动作等快速生成相应的图像画面。例如,当用户在虚拟的游戏场景中转动脑袋,系统需要瞬间计算并渲染出对应方向的场景图像,让用户感觉就像在真实世界里转头看东西一样自然。它依靠强大的图形处理单元(GPU)以及先进的渲染算法(如光线追踪算法),可以精准地模拟光线的传播、反射、折射等物理行为,使得虚拟场景中的物体光影效果更加真实,如模拟阳光照进虚拟房间,墙壁上、地面上的光影变化都栩栩如生,大幅增强了沉浸感。

(2)立体视觉技术。VR为了让用户获得身临其境的立体视觉感受,会用到这项技术。它的原理是基于人眼的视觉差异,给左右眼分别呈现稍有不同的图像,然后通过大脑的处理,让人产生立体的视觉效果。在图像处理上,需要先将虚拟场景的三维模型转换为适合左右眼观看的不同二维图像,并且要精确控制双眼图像之间的视差、角度等参数,确保用户看到的虚拟世界是具有真实立体感的,就好像真的在近距离观察实际的物体一样,而不是平面的图像。

(3)图像畸变校正技术。VR设备(如头戴式显示器)的光学系统可能会导致图像出现畸变。例如,画面边缘部分的直线看起来可能会弯曲变形。为了消除这种影响,就需要运用图像畸变校正技术。通过特定的数学模型和算法,对渲染好的图像进行反向畸变处理,使得最终显示在用户眼前的图像是正常、没有变形的,保证用户看到的虚拟世界里的物体形状等都是符合实际视觉感受的,以提升视觉体验的真实度和舒适度。

(4)抗锯齿技术。在虚拟场景的图像渲染过程中,由于图像是由一个个像素点构成的,物体的边缘部分可能会出现锯齿状的不光滑现象,这种锯齿感会破坏虚拟世界的真实感和沉浸感。抗锯齿技术就是用来解决这个问题的,常见的有多重采样抗锯齿(MSAA)、快速近似抗锯齿(FXAA)等方法。它们通过对物体边缘像素进行不同方式的处理,如增加采样点或者模糊处理等,让边缘变得平滑,使虚拟场景里的物体看起来更加自然、真实,仿佛是现实中存在的实体一样。

另外,要营造出这样的虚拟世界,需要借助好几种设备。首先得有一个能把用户的眼睛和外界隔开,并且在眼前呈现出虚拟画面的头戴式显示设备(如VR头盔),它通过高分辨率的屏幕,快速地切换一幅幅画面,让用户感觉看到的场景是连贯流畅的,产生身临其境的感觉。

同时,还得有追踪用户动作的传感器,这样当用户转动脑袋、抬手或走动的时候,虚拟世界里的视角也会跟着相应变化,就好像用户在真实世界里转头看东西、伸手去触摸东西一样自然。此外,配套的还有能营造出相应环境音效的音响设备,使用户听到的声音也和看到的虚拟场景相匹配,全方位地营造出逼真的虚拟体验。

3)应用场景

(1)游戏娱乐领域。这是VR应用得比较多的地方。想象玩一款恐怖游戏,用户身处一座阴森的废弃医院里,周围时不时传来怪异的声音,还有"鬼魂"突然冒出来,那种身临其境的惊悚感可比在普通屏幕前玩游戏刺激多了。或者玩飞行模拟游戏,用户就好像真的坐在飞机驾驶舱里,操控着飞机翱翔在蓝天之上,体验超酷的飞行感觉。

(2)教育培训方面。在医学教学中,学生可以通过VR技术进入虚拟的人体内部,直观地观察人体各个器官的构造、运作原理,就像自己真的在人体里面"实地考察"一样,比光看书本上的图片和文字描述要生动、好理解得多。在航空飞行培训里,学员们可以模拟真实的飞行场景,进行各种起飞、降落、应对突发状况的操作练习,帮助他们更快地掌握飞行技能。

（3）房地产行业。开发商可以利用 VR 创建出还未建成的楼盘的虚拟样板间,购房者不用到实地,戴上 VR 设备就能全方位地查看房间的布局、装修风格、空间大小等情况,仿佛已经走进了未来的家一样,方便购房者提前了解楼盘信息,做出决策。

4. 增强现实

1）基本概念

增强现实,是把虚拟的信息叠加到真实的世界当中,让用户在看到现实场景的同时,还能看到计算机生成的一些虚拟元素,就像现实世界被"增强"了一样。

例如,用户拿着手机,打开一款具有 AR 功能的应用,对着家里的客厅扫一扫,屏幕上可能就会出现虚拟家具摆放在客厅不同位置的样子。用户可以通过操作手机,改变家具的款式、颜色、摆放角度等,看看哪种搭配更合适,而这些虚拟的家具和用户现实中看到的客厅场景是融合在一起的,就像它们原本就在那里一样。

2）实现原理

（1）图像识别技术。这是 AR 实现的基础之一。AR 要把虚拟信息叠加到现实世界中,首先得知道现实场景里有什么物体、处在什么位置等情况,这就需要通过摄像头捕捉现实画面后,运用图像识别技术来分析。例如识别出画面中的地标建筑、人脸、商品等具体对象,然后根据识别的结果来确定应该在相应位置叠加什么样的虚拟元素。图像识别技术可以基于机器学习算法,先用大量标注好的图像数据进行训练,让系统掌握不同物体的特征,进而能够准确识别新的图像中的物体类别、位置等信息,以便后续精准地进行虚拟与现实的融合。

（2）图像跟踪技术。在 AR 应用中,随着用户的移动、视角的变化,虚拟元素需要实时准确地跟随对应的现实物体或者场景,保持相对位置的稳定和贴合,这就要依靠图像跟踪技术了。它通过对连续的图像帧进行分析,跟踪特定物体或者场景的特征点变化,实时计算出其位置、姿态等信息,然后根据这些信息调整虚拟元素的显示位置和角度,确保虚拟和现实无缝融合。在一些 AR 游戏中,玩家把手机对准地面,虚拟的角色就能在地面这个现实场景上稳定地移动、互动,这就是图像跟踪技术。

（3）图像融合技术。AR 要实现虚拟元素与现实世界的完美融合,关键在于图像融合技术。它涉及色彩匹配、光照协调、透明度调整等多方面。例如,当把一个虚拟的发光物体叠加到现实的室内场景中,图像融合技术需要让虚拟物体的发光颜色、亮度等与现实场景中的灯光环境相适配,同时要调整虚拟物体的透明度等参数,使其看起来就像真实存在于那个场景当中一样,而不是突兀地"贴"在画面上,要营造出一种浑然一体的视觉感受,让用户很难区分出哪里是现实、哪里是虚拟。

（4）图像配准技术。这一技术主要是为了精确地确定虚拟元素在现实图像中的准确位置,确保虚拟和现实能够准确对应。通过提取现实图像和虚拟元素的关键特征点,然后利用算法进行匹配计算,找到它们之间的坐标关系,使得虚拟元素可以精准地叠加到现实场景中相应的位置上,就像给虚拟元素找到了在现实世界中的"坐标定位"一样,可以保障 AR 应用中虚拟与现实融合的准确性和稳定性。

3）应用场景

（1）导航领域。目前很多导航应用融入了 AR 功能。当用户走在城市的街道上,打开导航,除了能看到常规的地图路线指示外,还能通过手机摄像头看到在真实的街道画面,有虚拟的箭头、指示牌等直接指向用户要去的方向,就好像有人在现实世界里给用户现场指路一样,特别直观,不容易走错路。

(2) 文化旅游方面。在参观博物馆的时候,用带有 AR 功能的设备对着文物扫一扫,就会弹出关于这件文物的详细介绍、历史背景和制作工艺等虚拟信息,这些信息就出现在文物旁边的空间里,让用户一边看着真实的文物,一边了解它背后的丰富知识,感觉就像文物在亲自给用户讲述自己的故事一样,让游览变得更有意义。

(3) 零售购物领域。服装店利用 AR 技术,在试衣间镜子上安装 AR 显示设备,顾客照镜子就可以看到自己穿上不同款式、颜色的衣服的虚拟效果,甚至可以搭配上虚拟的配饰,不用实际去换那么多衣服、戴那么多配饰就能看到整体搭配效果,方便顾客挑选到最满意的商品。

3.1.3　图像生成及编辑工具介绍

AIGC 图像创作工具让即使没有深厚绘画功底和专业图像处理知识的普通用户也能通过输入文字描述等简单操作生成高质量的图像作品,使更多人能够参与图像创作中,充分发挥自己的创意和想象力。在短时间内生成大量不同的图像创意,快速为设计师、艺术家等专业人士提供多种创作方向和灵感素材,大幅缩短了从构思到成品的创作周期,提高了工作效率,尤其在需要快速产出大量视觉内容的项目中优势明显。但尽管技术不断进步,生成图像在细节和精度上仍不够完美,如人物手部、面部表情等复杂部位可能出现失真、模糊等问题,难以满足商业广告、电影特效等需要高精度图像领域的需求。虽能模仿多种风格生成图像,但缺乏真正意义上的原创创造力,难以像人类艺术家一样进行深度创新和独特构思,生成作品可能存在模式化、套路化等问题,在需要高度创意和独特艺术价值的项目中,无法完全替代人类创作。另外,如果创作者过度依赖 AIGC 工具,可能导致自身基本艺术技能训练被忽视,如绘画基础、构图能力、色彩搭配等,长期来看不利于创作者艺术素养的全面提升和可持续发展,一旦脱离工具,可能无法独立完成高质量创作。总之,AIGC 图像创作工具利弊兼具,还需要合理进行使用。

AIGC 图像类工具汇总如表 3-1 所示,这些工具展示了 AIGC 在图像生成领域的强大能力和多样化应用,它们正在改变内容创作的方式。

表 3-1　AIGC 图像类工具汇总

工 具 名 称	功 能 介 绍
通义万相	AI 生成图片,人工智能艺术创作大模型
文心一格	百度出品的 AI 绘画工具,文生图像,访问速度快,中文支持友好,操作使用简单,价格不高,有一定的性价比
剪映 AI	一键生成 AI 绘画
腾讯 ARC	腾讯出品的图片处理工具,可以进行人像修复、人像抠图、动漫增强等
360 智绘	风格化 AI 绘画、Lora 训练
无限画	智能图像设计,整合千库网的设计行业知识经验、资源数据
美图设计室	图像智能处理,海报设计……
liblib.ai	AI 模型分享平台,各种风格的图像微调模型
即梦 AI	操作简单,速度快

续表

工 具 名 称	功 能 介 绍
可灵 AI	由快手团队自主研发,性能优异
美图 WHEE	文生图,图生图,文生视频,扩图改图超清……
无界 AI	文生图
佐糖	丰富的图像处理工具,专业的 AI 抠图修图,支持格式转化
Vega AI	文生图,图生图,姿态生图,文生视频,图生视频……
BgSub	抠图,消除或替换图像背景的 AI 工具
阿里 PicCopilot	由阿里巴巴的国际团队开发,AI 驱动图片优化工具,专门为电商领域提供服务
搜狐简单 AI	智能图片生成平台和社区
6pen	AI 生成图片,人工智能艺术创作大模型
Midjourney	目前最强的 AI 绘画工具,用户只需输入简单的文本描述,便可以创建高质量的图像。它通过 Discord 聊天应用程序实现指令输入和生成,适用于市场营销广告、游戏开发、电影和动画等多个领域
Stable Diffusion	较强的开源 AI 绘画工具。具有简单易用的操作界面,同时还提供了 Web 用户界面,用户可以通过浏览器访问
Civitai	AI 艺术共享平台,海量 SD 开源模型
NijiJourney	二次元风格,内容细致
NightCafe	用 AI 生成惊艳的艺术品
Tiamat	国内自研的 AI 作画系统
HuggingFace	开源的 SD 模型下载
DALL·E3	OpenAI 出品的绘画工具基于生成式 AI 帮助用户进行文本到图像生成。能够理解自然语言输入的提示词以生成高质量图像
Dreamup	Deviantart 发布的 AI 绘画工具
堆友 AI 绘画	阿里免费 AI 绘画工具
Adobe Firefly	Adobe 推出的 AI 图片生成工具
BlueWillow	免费的 AI 图像艺术画生成工具
Stockimg AI	AI 图片插画生成工具
dreamlike.art	免费在线插画生成工具
Cilpdrop	SD 母公司在线绘图工具
NVIDIA Canvas	用 AI 将勾勒转化成逼真的图像
Lexica	AI 图像生成＋SD 提示词
Scribble Diffusion	将手绘草图变成精美照片
Artbreeder	在线 AI 图像合成创意工具
Leonardo	AI 绘图社区,训练自己的游戏资产模型
AISEO ART	AISEO ART 的 AI 算法按照分类进行过细致的训练
Bing Image Creator	基于 DALL·E 的 AI 绘画工具,微软于 2023 年 3 月推出的 AI 文本创建图像的工具,由 OpenAI 提供的高级版 DALL·E 模型提供支持。用户只需输入描述性的文本,便可以快速创建想要的图片
DreamStudio	SD 兄弟产品!AI 图像生成器
Booltool	多合一 AI 图像处理网站
WaifuLabs	一键生成动漫二次元头像
Change Style AI	人工智能多风格肖像生成器
Bigjpg	AI 图片在线无损放大

工 具 名 称	功 能 介 绍
Palette	用 AI 为黑白照片着色
Restorephoto	用 AI 修复旧的人像照片
美图 AI	美图推出的 AI 人脸图像处理平台
Vectorizer. AI	一键将图片变矢量图
MagicStudio	为用户的图片提供神奇魔法
CG Faces	免费的 AI 人像生成图片素材网站
jpgHD	一键修复,让用户的老照片变新照片
RestorePhotos	AI 修复面容模糊的照片
Hama	一键无痕抹除画面内容
Tusi. Art	AI 模型分享平台
标小智 Logo 生成	在线 Logo 设计,生成企业 VI(视觉识别)设计

3.1.4　图像处理提示词的编写

在进行图像生成及处理时,提示词的设计非常重要,它决定着生成的图像是否精准符合用户的要求。编写时应注意以下几方面。

1. 明确画面主体与细节

(1)确定主体内容。明确想要生成图像的核心主体,如人物、动物、物体、场景等,用具体的词汇描述出来。例如,若要生成一幅人物画像,需明确人物的年龄、性别、外貌特征等,提示词可以设计为:"一位 20 岁左右的年轻女孩,黑色长发,大眼睛"。

(2)添加细节描述。为使生成的图像更丰富、生动,需添加细节,包括主体的服饰、配饰、姿态、表情等,以及背景环境中的元素。例如,"女孩穿着白色连衣裙,戴着红色蝴蝶结,站在海边,面带微笑,海风轻拂着她的头发,远处有帆船和海鸥"。

2. 确定画面风格与质量

(1)选择艺术风格。根据创作需求选择特定的艺术风格,如写实、卡通、油画、水墨画、赛博朋克、古风等,让生成的图像具有相应风格特点。例如"一幅油画风格的森林风景画,色彩浓郁,笔触明显"。

(2)设定画面质量。用"高分辨率""4K""8K""超高清"等词汇来限制图像的清晰度和细节程度,用"低画质""模糊"等词来营造特定效果,如"一张高分辨率的城市夜景照片,灯光璀璨,细节清晰可见"。

3. 构思画面构图与视角

(1)确定构图方式。描述主体在画面中的位置和布局,如"中心构图""三分法构图""对称构图"等,描述主体与背景元素的关系。例如"采用中心构图,一只老虎站在画面中央,周围是茂密的丛林"。

(2)选择视角。通过不同视角来创造独特视觉效果,如"俯视视角""仰视视角""侧面视角""全景视角"等。例如"以俯视视角拍摄的城市街道,车辆和行人川流不息"。

4. 描述光线与色彩

(1) 光线效果。描述光线的类型、方向和强度,如"自然光""聚光灯""逆光""侧光""柔和的光线""强烈的光线"等,说明光线产生的明暗对比和阴影效果。例如"在强烈的逆光下,人物的轮廓被勾勒出来,形成鲜明的光影对比"。

(2) 色彩搭配。指定画面的主要色彩或色彩组合,以及色彩的饱和度、明度等属性,如"以蓝色和绿色为主色调的山水画卷,色彩清新淡雅""一幅色彩鲜艳、饱和度高的花卉油画"。

5. 运用分隔符

不同提示词之间用英文逗号分隔,便于 AI 清晰地识别每个单词或短语的主体,使生成的图像更符合预期。例如"美丽的花园,盛开的花朵,绿色的草地,蓝色的天空,白色的云朵"。

6. 考虑反向提示词

除了正向提示词描述希望出现的画面元素和特征外,还可使用反向提示词排除不希望在画面中出现的元素或属性,如"低质量、模糊、变形、丑陋、水印、文字"等,以提高生成图像的准确性和质量。

3.1.5　案例——文生图:使用文心一格完成绘制打铁花图像

打铁花,作为一项流传于豫晋地区的民间传统烟火技艺,不仅承载着丰富的历史文化内涵,更是国家级非物质文化遗产瑰宝。打铁花的历史可以追溯到春秋战国时期,但作为一种民俗文化表演技艺,始于北宋,盛于明清,至今已有千余年历史。最初,打铁花是工匠们在铸造器皿过程中发现的一种技艺,后来逐渐发展成为具有表演性质的活动。打铁花是一种大型民间传统焰火活动,将酷炫的铁花与冶铁技术结合在一起,制造出民间最美的烟花。其技艺并不复杂,但十分危险且传承困难。打铁花涵容了商贸习俗、民间工艺等内容,丰富了中华民族的民间艺术宝库。同时,它也体现了古人对火与铁的敬畏以及一种放荡不羁的生活态度。非遗打铁花是一项具有深厚历史文化底蕴和独特艺术魅力的传统技艺。通过加强保护和传承工作以及创新发展策略的实施,相信这项古老的技艺将会焕发出更加绚丽的光彩。

使用文心一格绘制打铁花图像的详细步骤如下。

1. 登录平台

打开文心一格的官网,如图 3-1 所示。

若之前已有百度账号,则使用百度账号登录,若无账号则先注册后再登录,如图 3-2 所示。

图 3-1　文心一格官网

图 3-2　百度账号登录界面

2. 输入提示词

在网页中选择 AI 创作,并在左侧栏的文本框中输入与打铁花相关的提示词,如图 3-3 所示。打铁花图像创作提示词应包含以下关键要素,以确保作品能够准确传达打铁花的精髓和美感。

1) 场景设定

(1) 时间与地点。描述打铁花表演的时间(如夜晚、节日)和地点(如古街、广场),营造特定的氛围和背景。

(2) 环境细节。描绘周围的环境元素,如观众、建筑、装饰等,增强画面的真实感和沉浸感。

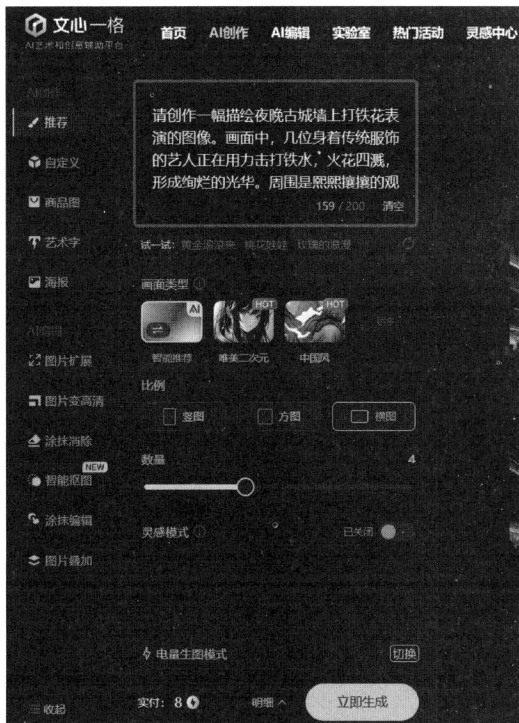

图 3-3　打铁花 AI 绘图提示词

2）人物动作

（1）表演者姿态。详细描述打铁花艺人的动作、神态和服饰，展现他们的技艺和精神风貌。

（2）观众反应。描绘观众的表情和行为，体现打铁花表演对观众的吸引力和影响力。

3）色彩与光影

（1）色彩搭配。说明画面中的主要色彩及其搭配方式，如暖色调营造热烈氛围，冷色调则可能带来神秘感。

（2）光影效果。强调打铁花产生的火花、光晕和烟雾等光影效果，以及它们如何与周围环境相互作用。

4）情感与氛围

（1）情感表达。通过图像传达打铁花所蕴含的情感，如激情、震撼、传承等。

（2）氛围营造。利用色彩、光影、构图等手段营造出特定的氛围，如热闹、庄重、神秘等。

5）文化元素

（1）传统符号。融入具有地方特色的文化符号或图案，如剪纸、年画等，增加作品的文化内涵。

（2）民俗活动。结合当地的民俗活动或节日庆典，使打铁花表演更具文化意义和历史价值。

6）创意与想象

（1）视角创新。尝试从不同的视角来观察和描绘打铁花表演，如鸟瞰、特写等。

（2）元素融合。将现代元素或抽象概念融入传统打铁花表演中，创造出新颖独特的视觉效果。

7）技术要求

（1）分辨率与格式。明确图像的分辨率和文件格式要求，以确保作品在展示时具有良好的清晰度和兼容性。

（2）后期处理。如有需要，可以提及对图像进行后期处理的要求，如调色、修图等。

8）版权与授权

（1）原创声明。要求作品必须为原创，不得侵犯他人版权或知识产权。

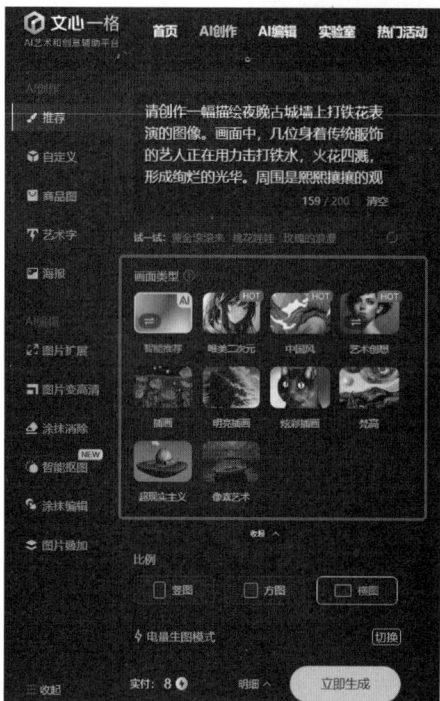

图 3-4　画面风格选择

（2）授权使用。明确作品的授权范围和使用方式，如仅限个人学习、研究或非商业性使用等。

以下是一个简单的示例。

"请创作一幅描绘夜晚古城墙上打铁花表演的图像。画面中，几位身着传统服饰的艺人正在用力击打铁水，火花四溅，形成绚烂的光华。周围是熙熙攘攘的观众，他们或站或坐，脸上洋溢着惊叹和喜悦。整个场景在月光下显得既神秘又热闹。请注意色彩搭配要鲜明且富有层次感，光影效果要突出火花的璀璨和动态美。同时，请确保作品为原创且未侵犯他人版权。"

3. 选择风格

在风格选项中选择合适的风格，如图 3-4 所示。文心一格提供了多种风格供选择，如智能推荐、艺术创想、怀旧漫画风、中国风等。考虑到打铁花是中国传统技艺，可以选择中国风或其他与打铁花主题相符的风格。

4. 选择画幅比例

根据个人喜好或图像用途，选择画幅比例，如竖图、方图或横图，如图 3-5 所示。

5. 设定生成数量

通过拖动滑杆选择生成的图像数量，如图 3-6 所示。请注意，每次生成需要消耗"电量"，因此不要选择过多的数量。

图 3-5　选择画幅比例

图 3-6　设定生成数量

6. 生成图像

单击"立即生成"按钮，平台将开始使用 AI 技术进行图像创作，如图 3-7 所示。

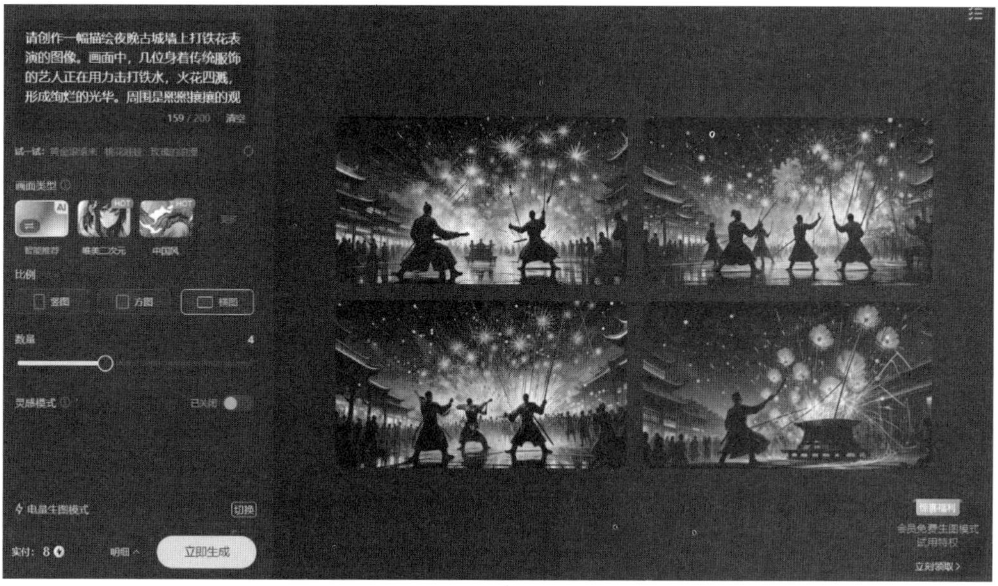

图 3-7　生成图像

7. 查看与调整

生成的图像将显示在右侧栏。单击一幅图像,可以对其进行打分、下载、分享、加入收藏夹、公开或删除等操作。

如果生成的图像不符合预期,可以返回左侧栏,修改关键词或风格,再次单击"立即生成"按钮来生成新的图像。

8. 优化与创作

根据需要,可以多次尝试不同的关键词、风格和画幅比例,以生成最满意的打铁花图像。

9. 保存与使用

当找到满意的打铁花图像后,可以选择下载并保存到本地计算机或其他设备中。

10. 查看

可以在个人页面(单击右上角的"创意管理"按钮进入)查看所有作品和公开状态,管理自己的创作。

3.1.6　案例——图生图:使用文心一格完成绘制彩色喷雾图像

彩烟又名日景彩烟,可以喷射各种彩色的烟雾效果,五彩缤纷炮适合白天燃放,能构成5 种不同颜色的图。喷射的高度大约为 30 m,所以又称为高空庆典彩烟。其燃放效果具有红、黄、蓝、绿、橙等多种艳丽色彩,还可以做成伴有清脆悦耳的笛声效果。彩烟适合白天燃放,能喷出各种彩色的烟雾效果。

使用文心一格以图生图的详细步骤如下:

1. 访问并登录

访问并登录"文心一格"官网。

2. 进入创作页面

登录成功后,单击"AI创作"或"立即创作"按钮,进入智能生成页面。

3. 选择创作模式

在创作页面中,选择"自定义",该模式允许用户上传任意一张照片,并通过文字描述想要修改或增加的部分,如图3-8所示。

4. 上传参考图

在自定义模式下,单击"上传"按钮,选择想要作为基础的图片进行上传,设置影响比重,数值越大参考图影响越大。

5. 输入描述文字

在左侧的输入框中,输入想要修改或增加的图片内容的描述,具体、详细地描述想要扩展的画面内容和细节,以便 AI 或设计师能够准确地理解并创作出符合期望的作品,如图3-9所示。

图 3-8　自定义模式

图 3-9　以图生图提示词

以下是一些撰写图生图提示词的基本步骤和要点。

① 明确主题。确定想要的主题或场景,如运动会彩烟。

② 描述场景。详细描绘场景中的元素,包括时间、地点、环境等。

③ 突出重点。指出画面中的焦点或主要元素,如彩烟的颜色、形状、动态等。

④ 添加细节。描述场景中的细节,如观众的反应、运动员的状态、背景的建筑或自然景观等。

⑤ 指定风格。如果有特定的艺术风格或视觉偏好,可以在提示词中提及。

⑥ 注意光线和色彩。描述光线如何影响场景,以及希望看到的色彩搭配和饱和度。

⑦ 其他要求。如果有其他特殊的要求或注意事项,也可以在提示词中说明。

综合以上要点,一个完整的扩图提示词可能如下:

"请生成一张展现学校运动会开幕式上彩烟绽放瞬间的图像。在一个阳光明媚的上午,学校的操场上正在举行盛大的运动会开幕式。画面中心是五彩斑斓的烟雾从发射器中腾空而起。观众席上人头攒动,运动员们身着各色队服,阳光洒在场地和人群中,为整个场景增添了一抹温暖的光辉。请注意调整色彩饱和度和对比度,使彩烟效果更加突出和生动。"

6. 选择画作风格和画幅比例

根据个人喜好,选择你希望的画作风格,如国风、油画、水彩、动漫或写实等。

7. 调整其他设置

输入或选择希望的画面风格、艺术家、修饰词以及不希望出现的内容,最后拖动滑杆或选择相应的数量。注意,每生成一幅画作可能需要消耗一定的"电量",如图 3-10 所示。

8. 决定是否开启灵感模式

灵感模式有助于提升画作风格的多样性,但可能会使生成的画面与原始关键词不完全一致。

9. 生成画作

完成上述设置后,单击"立即生成"按钮。

稍等片刻,就可以在右侧创作页面看到 AI 根据输入的创意文字、选择的风格和画幅生成的独特画作,如图 3-11 所示。

10. 后续操作

生成画作后,可以对画作进行打分、下载、分享、加入收藏夹、公开或删除等操作。

图 3-10　图像设置

如果需要二次编辑,可以单击"进行编辑"按钮,继续修改画面。在编辑页面,输入想要修改的内容描述,并根据修改范围调整图片变化度,最后单击"开始生成"按钮即可得到修改后的画作。

图 3-11　生成 AI 画作

3.2　视频处理

AI视频分析与处理,是利用人工智能技术对视频内容进行深入分析和处理的方法。下面从以下两方面来介绍视频分析与处理:视频内容理解和AI视频编辑。

1. 视频内容理解

AI视频内容理解是指利用人工智能技术,特别是计算机视觉和机器学习算法,来分析和解释视频内容的过程。这项技术旨在使计算机能够像人类一样"理解"视频内容,包括识别视频中的对象、场景、动作和情感等,并从中提取有意义的信息。以下是AI视频内容理解的几个关键组成部分。

① 对象识别。识别视频中的物体、人物及车辆等,并对其进行分类和标记。

② 场景识别。确定视频发生的环境和背景,如室内、室外、城市及自然等。

③ 动作识别。分析视频中的动作和活动,如走路、跑步和跳舞等。

④ 情感分析。评估视频中人物的情感状态,如快乐、悲伤和愤怒等。

⑤ 语音识别。将视频中的语音转换成文本,进行进一步的分析和理解。

⑥ 自然语言处理。分析视频中的文本信息,如字幕、标签和描述等。

⑦ 行为分析。识别和分析视频中人物的行为模式和交互。

⑧ 事件检测。在视频中识别特定的事件或场景,如交通事故和犯罪行为等。

⑨ 视频摘要。自动生成视频的摘要,突出关键事件和高光时刻。

⑩ 视频检索。根据用户查询,从大量视频中检索出相关内容。

⑪视频内容生成。基于视频内容的理解,生成新的视频内容或对现有视频进行编辑和增强。

2．AI视频编辑

AI视频编辑是指利用人工智能技术，特别是机器学习和计算机视觉，来自动化或辅助视频编辑的过程。这种技术可以提高视频编辑的效率，降低成本，并为非专业用户提供更易于使用的编辑工具。AI进行视频编辑主要有以下几种方式。

（1）自动化视频编辑。AI可以智能分析视频情感与内容，自动剪辑成逻辑流畅的片段。这意味着AI能够识别视频中的关键帧、人物和场景等信息，并根据预设的编辑规则或用户的个性化指令执行剪辑、裁切、排序和特效添加等操作。

（2）关键帧精准提取。AI能够标记视频中的高光瞬间，简化用户编辑流程。这有助于快速定位到视频中的重要部分，提高编辑效率。

（3）特效智能添加。AI可以根据用户指令，无缝融入过渡、滤镜和音乐等，提升视频品质与观赏性。

（4）智能配音系统。AI能够根据视频内容自动生成解说或配乐，增强表达效果。

（5）视频合成技术。AI可以一键整合多个片段，轻松创作出完整的视频作品。

（6）视频AI检索。AI通过对视频中影像、音频和文字等信息进行多模态特征分析，理解视频内容，并筛选出与用户搜索信息有关联的素材内容。

（7）自动化颜色校正和音频同步。AI视频编辑软件可以自动分析视频画面，并调整色彩平衡、对比度和亮度等，以达到理想的视觉效果。同时，AI可以自动同步视频中的对话和背景音乐，减少手动调整的时间。

（8）使用AI进行语音转字幕。AI视频编辑软件具备语音识别技术，可以自动将视频中的对话转换成字幕，节省手动打字的时间，并提高字幕的准确性。

（9）批量处理和模板应用。AI视频编辑软件提供批量处理功能和模板，可以极大地提高工作效率。用户可以利用批量处理功能同时编辑多个视频片段，应用预设的编辑模板，快速生成风格一致的视频内容。

3.2.1 视频处理的特点

1．高精度与准确性

AI视频处理在分析和识别视频内容时，往往有着相当高的精准度。例如，识别视频里的人脸，它能准确分辨出不同的人，哪怕画面里人比较多、角度不太正或者有部分遮挡，也很少会认错。分析视频中物体的动作及行为时，也能精准判断出是在跑步、跳跃还是做其他动作，就像一个有着"火眼金睛"的智能助手，能把视频里的各种细节都看得清清楚楚，给出可靠又准确的判断结果。

2．高效快速

它处理视频的速度也非常快，不管是对一段几分钟的短视频，还是对长时间的监控视频进行处理，都能在较短时间内完成相应任务。例如，在一些大型活动的安保工作中，需要快速分析大量监控视频来排查可疑情况，AI视频处理系统能迅速把视频内容过一遍，快速提取出关键信息，比人工一帧一帧去查看、分析快得多，极大地节省了时间成本，让人们能及时掌握情况并采取行动。

3. 自动化程度高

一个非常典型的应用就是,工厂里对生产线上产品组装过程的视频监控,AI视频处理可以自动检测产品组装是否符合标准、有没有零部件遗漏等情况,自动把有问题的环节标记出来,减少了人力投入,提高了整体工作效率,人们只需要查看最终的处理结果即可。

4. 可学习进化

AI视频处理最神奇的一点就是它可以不断学习。例如,一开始它可能不太能准确识别某种新出现的物品,但随着不断输入更多包含这类物品的视频样本让它学习,下次再遇到就能轻松识别出来了,就像人通过不断学习新知识来增长本领一样,它一直在进步,处理视频的能力也会越来越强。

5. 多维度处理

它不仅仅能处理视频表面的东西,还可以从多个维度去分析视频。除了识别画面里有什么物体、人物在做什么动作,还能判断物体之间的位置关系、动作的先后顺序,甚至还能推测出接下来可能发生的事情。例如,在交通监控视频里,它能分析出车辆与行人的相对位置、行驶和行走的方向,预测会不会出现碰撞危险等情况,是一种全方位、深层次的视频分析处理方式,给人们提供更全面的信息参考。

6. 适应性强

能够适应各种各样的视频情况和场景。不管视频是白天拍的还是晚上拍的,是清晰的还是稍微有点模糊的,也不管画面里的人物、物体的动作是常规的还是比较奇特的,AI视频处理都能尽力去分析处理。就好比一个适应能力超强的"多面手",总能在不同的"视频环境"里发挥作用,尝试从中提取出有用的信息,帮助人们达成相应的目的,安防、交通、娱乐等不同领域的视频处理需求它都能满足。

7. 丰富的创意生成

在视频处理方面,AI还能发挥创意,帮助人们创造出很多独特的视觉效果。例如,通过分析视频画面风格、内容等,可以自动给视频添加各种炫酷的特效,模拟出科幻电影里的光影效果、让现实场景瞬间变成卡通风格等,还能根据视频的节奏自动生成合适的背景音乐或者音效,让视频变得更加吸引人、富有艺术感,给创作者带来更多的灵感和创作思路。

3.2.2　视频处理应用领域

AI视频处理技术在多个领域都有广泛的应用,以下是一些主要的应用领域。

1. 安全监控

(1)实时监控。通过摄像头捕捉实时视频流,并使用AI算法进行实时分析,以检测异常行为或潜在的安全威胁。

（2）入侵检测。识别未经授权的人员进入受限区域，并触发警报。

（3）人群管理。监测人群密度，预防过度拥挤和可能的踩踏事件。

（4）交通监控。分析交通流量，优化信号灯控制，减少拥堵。

2．零售分析

（1）顾客行为分析。追踪顾客在商店内的移动路径，分析购物习惯。

（2）货架监控。监测商品库存，自动检测缺货情况。

（3）防盗防损。识别可疑行为，如盗窃或破坏商品。

3．医疗健康

（1）患者监护。通过视频监控患者的活动和生理状态，提供远程医疗服务。

（2）手术辅助。在手术过程中提供实时图像分析，帮助医生做出决策。

（3）康复训练。监测患者的康复过程，提供个性化的训练建议。

4．体育分析

（1）运动员表现分析。评估运动员的技术动作，提供改进建议。

（2）比赛策略分析。分析比赛录像，制定战术和策略。

（3）伤病预防。通过监测运动员的动作，预防潜在的运动损伤。

5．娱乐媒体

（1）电影和电视制作。自动化编辑和后期制作，提高制作效率。

（2）广告投放。根据视频内容分析，精准投放广告。

（3）社交媒体监控。分析用户生成的视频内容，了解公众情绪和趋势。

6．交通管理

（1）车辆识别。自动识别车牌号码，用于交通执法和停车管理。

（2）交通事故分析。分析事故现场视频，确定责任方。

（3）自动驾驶辅助。为自动驾驶汽车提供环境感知和决策支持。

7．工业制造

（1）生产线监控。监测生产过程，确保产品质量。

（2）设备维护。通过视频分析预测设备故障，提前进行维护。

（3）工人安全。监测工作环境，预防工伤事故。

8．教育

（1）学生行为分析。监测学生的学习状态和行为模式。

（2）远程教学。通过视频分析提高在线教学的互动性和参与度。

（3）校园安全。监控校园内的安全状况，预防欺凌和其他不良行为。

9. 农业

（1）作物生长监测。通过无人机或地面摄像头监测作物生长情况。
（2）病虫害检测。自动识别农作物上的病虫害，及时采取措施。
（3）畜牧管理。监控牲畜的行为和健康状况，优化养殖策略。

10. 环境监测

（1）野生动物保护。通过视频监控保护野生动物免受盗猎和栖息地破坏。
（2）自然灾害预警。监测天气变化和地质活动，提前发出灾害预警。
（3）污染检测。分析水体和空气质量，监测环境污染。

3.2.3 视频分析与处理工具介绍

AI 视频分析与处理工具是利用人工智能技术来增强、编辑和处理视频内容的应用程序或工具。随着人工智能技术的不断进步和社交媒体、短视频平台的兴起，AI 视频分析与处理工具市场呈现出快速增长的态势。市场上涌现出了众多优秀的 AI 视频分析与处理工具，如 Adobe Premiere Pro、腾讯视频分析 AI 等。深度学习、机器学习等 AI 技术的不断进步将推动 AI 视频分析与处理工具在视频识别、编辑和优化等方面的能力不断提升。云计算技术的普及将推动 AI 视频分析与处理工具向云端迁移，提高处理效率和可扩展性。AI 视频分析与处理工具将实现更高程度的自动化和智能化，降低视频制作的门槛。随着移动设备的普及，AI 视频分析与处理工具将不断提升跨平台兼容性，以适应不同设备的使用需求。但同时也存在一些机遇和挑战，包括：①技术门槛。某些高端功能可能仍然需要一定的技术知识，使得普通用户在使用上感到困难。②数据隐私和安全。视频处理软件往往需要访问和存储用户的个人视频数据，这可能引发用户对隐私和安全的担忧。③高昂的开发和维护成本。开发高质量的 AI 视频处理软件需要巨大的投资。④市场竞争。市场上已有多种成熟的视频处理软件，新的 AI 产品可能面临激烈的竞争。但也有着一些机遇，包括内容创作的规模化。社交媒体和短视频平台的兴起推动了对高效视频处理工具的需求。⑤在线教育和远程工作的兴起。企业和教育机构需要创建大量教学和宣传视频，AI 视频处理软件能够简化这一流程。⑥增强现实和虚拟现实应用。AR 和 VR 技术的发展为视频处理软件提供了新的市场机会。⑦快速发展的云技术。云计算的普及降低了视频处理的成本和门槛。AI 视频工具汇总见表 3-2。

表 3-2　AI 视频工具汇总

工 具 名 称	功 能 介 绍
Sora	由 OpenAI 开发的 AI 视频生成模型，能够根据文本描述生成长达 60 s 的视频，具有复杂场景和角色生成能力，支持多镜头生成，并模拟真实物理世界的运动
一帧秒创	智能视频创作平台，支持图文转视频，通过快速识别语意、划分镜头与匹配素材，1 min 左右便可生成视频
PixVerse	文生视频
绘影字幕	AI 字幕、翻译、配音……
万彩微影	真人手绘视频、翻转文字视频、文章转视频、相册视频工具……

工 具 名 称	功 能 介 绍
芦笋 AI 提词器	支持 AI 写稿、隐形提词效果、支持智能跟读
360 快剪辑	专业视频剪辑
万彩 AI	高效、好用的 AI 写作和短视频创作平台
腾讯智影	一站式云端智能视频创作工具
Runway	最强的 AI 视频内容生成工具
Wonder Studio	真人表演自动转换为 CG
即梦 AI	操作简单、速度快
可灵 AI	由快手团队自主研发、性能优异
Movio	AI 生成真人营销视频
BibiGPT	一键总结 B 站音视频内容
HeyGen	AI 在线视频翻译
剪映	支持 AI 智能生成字幕和配音
Vega AI	文生图、图生图、姿态生图、文生视频、图生视频……
Fliki	高效帮用户创建视频、音频
Unscreen	智能 AI 去除视频背景在线神器
D-ID	AI 真人视频创作工具
Clipchamp	将文本转为视频旁白
leiaPix	AI 图片转视频工具,它能够帮助用户轻松地将静态图片转换为具有动态效果的 3D 视频
Stable Video	提供"图生视频"和"文生视频"功能,支持与生成视频的参数编辑
来画	动画、数字人智能制作
万兴播爆	数字人、真人营销视频
Make-A-Video AI	由 Meta AI(前身为 Facebook AI Research,FAIR)推出的最新文本到视频生成模型
Invideo AI	提供了一系列强大且易用的功能,使得视频创作变得更加高效和直观
Haiper AI	Haiper AI 是一款功能强大、易于使用且完全免费的 AI 视频生成工具

3.2.4　视频处理提示词的编写

目前多数 AIGC 视频工具都具备了智能生成提示词的功能。在提示词的优化方面,可以从以下几个角度来进行。

1. 明确主体与场景

（1）主体清晰呈现。确定视频中的核心主体是谁或者是什么,如人、动物、物体或某种虚拟角色等;然后用具体且细致的词汇描述其关键特征。若主体是一个人物,要说明性别、年龄、外貌特点（像"一位二十多岁有着灵动大眼睛和披肩长发的年轻女性"）、穿着风格（"穿着复古风的碎花连衣裙,搭配着一双白色帆布鞋"）以及神态表情（"面带微笑,眼神中透着好奇"）等。

如果主体是动物,要描述种类、毛色和体型大小等,像"一只浑身雪白、毛茸茸的小猫咪,眼睛像两颗蓝宝石,圆滚滚的很是可爱"。要是物体的话,则需讲清楚形状、颜色、质地等属性,比如"一个晶莹剔透的玻璃花瓶,瓶身有着精美的雕花,在灯光下折射出迷人的光芒"。

(2)场景细致描绘。详细描述主体所处的场景环境,包括空间位置(室内还是室外、具体地点如"在海边沙滩上""位于古老城堡的大厅里")、时间("清晨时分""黄昏时刻")、天气状况("阳光明媚的晴天""飘着细雨的阴天")等基础元素。

进一步丰富场景细节,添加一些场景里的其他元素,像"沙滩上散落着五颜六色的贝壳,海浪轻轻拍打着岸边,远处还有几艘帆船在海面上缓缓行驶",或者"城堡大厅里摆放着高大的烛台,墙壁上挂着古老的油画,地面是光洁的大理石,反射着烛火的微光",让整个场景栩栩如生,为视频营造出具体的时空背景。

2. 确定视频风格与氛围

(1)风格指定。从艺术风格角度出发,选择想要的视频呈现风格,例如写实风格("以写实手法拍摄,画面真实还原每个细节")、卡通风格("采用可爱的卡通风格,色彩鲜艳,线条简洁流畅")、油画风格("有着油画质感的视频画面,色彩浓郁,笔触纹理清晰可见")、赛博朋克风格("充满赛博朋克风格,城市夜景中霓虹灯闪烁,科技感十足的建筑林立")、古风风格("古风韵味浓厚,亭台楼阁、小桥流水,人物身着古装,尽显古典之美")等。

也可以从影视类型风格来确定,如纪录片风格("类似自然纪录片的风格,真实客观地记录下眼前的景象")、电影大片风格("具备好莱坞电影大片的质感,画面宏大,特效炫酷")、短视频风格("符合当下流行的短视频风格,节奏明快,镜头切换简洁")等,使生成的视频带有相应风格特点。

(2)氛围营造。通过描述来传达期望的视频氛围,是轻松愉快的("营造出轻松愉悦的氛围,让人看了心生欢喜")、神秘诡异的("充满神秘诡异的气息,光线昏暗,隐隐约约透着让人捉摸不透的感觉")、浪漫温馨的("散发着浪漫温馨的氛围,柔和的光线洒在主体上,仿佛时间都变得温柔起来"),还是紧张刺激的("营造紧张刺激的氛围,节奏紧凑,让人不禁屏住呼吸")等,让观众能从视频中感受到相应的情绪氛围。

3. 规划视频动作与情节

(1)动作描述。详细说明主体的动作行为以及动作的先后顺序,让视频有动态感和连贯性。例如,对于前面提到的年轻女性,可以描述为"她先是慢慢沿着沙滩散步,时而弯腰捡起贝壳,然后迎着海风张开双臂,享受着海边的惬意时光";要是小猫咪的话,"小猫咪先是慵懒地趴在沙发上伸着懒腰,接着跳下来,围着毛线球好奇地转了几圈,最后伸出爪子开始拨弄毛线球,玩得不亦乐乎"。

还可以添加主体之间的互动动作,例如"年轻女性看到沙滩上有只小螃蟹在爬,便蹲下来,伸出手指轻轻触碰它,小螃蟹快速横着爬走了,她不禁笑出声来",使视频内容更加丰富生动。

(2)情节构思(如有需要)。如果希望生成有一定情节故事的视频,可以按照故事的起承转合来构思提示词。例如,开头是"在一个宁静的小镇上,住着一位热爱绘画的小女孩,这天她背着画板来到了小镇边的森林里,想要寻找绘画的灵感",中间描述遇到的情况"在森林里,她发现了一只受伤的小鸟,心生怜悯,决定先帮小鸟包扎伤口,然后坐在树下细心地照顾它",结尾是"小鸟的伤渐渐好了,小女孩看着小鸟飞走,脸上露出欣慰的笑容,她拿起画板,把这温馨的一幕画了下来",像这样构建一个完整的小故事,让视频更具吸引力和观赏性。

4．把控视频画面与技术细节

（1）画面构图与视角。描述主体在画面中的位置和构图方式，例如"采用中心构图，年轻女性站在画面正中央，周围的沙滩和大海作为背景，衬托出她的悠闲姿态"，或者"运用三分法构图，小猫咪位于画面左下方的交叉点位置，毛线球在右下方，让画面更显平衡与美感"。

确定视频的拍摄视角，像是"以低角度仰拍，展现出城堡的高大雄伟""从高空俯瞰整个城市的繁华景象，车水马龙尽收眼底""侧面拍摄人物的动作，清晰呈现面部表情和肢体语言"等，通过不同视角为视频带来独特的视觉效果。

（2）画质与时长等要求。可以对视频的画质提出要求，如"生成高清画质的视频，画面清晰锐利，色彩鲜艳逼真""超高清 4K 分辨率的视频，细节丰富，质感十足"；也可以指定视频的时长范围，"生成一段时长约为 30 s 的短视频，节奏明快"或者"制作一个时长 2～3 min 的视频，能完整展现故事内容"等，让生成的视频符合预期的质量和长度标准。

5．合理运用特殊指令

根据 AIGC 工具支持的功能，添加一些特殊指令。例如，有的工具能实现慢动作效果，可以写"在小女孩放飞小鸟的那一刻，切换到慢动作镜头，让这个温馨的瞬间更加动人"；若支持添加特效，可写"当城堡大厅的大门打开时，出现一道闪耀的光芒特效，增添神秘氛围"等，充分利用工具的特色功能来丰富视频内容。

6．参考借鉴与反复测试

（1）借鉴优秀案例。多去看看其他人用 AIGC 生成的优秀视频对应的提示词，或者参考一些经典影视作品、广告等的文案描述，学习它们的创意表达、描述手法以及对画面、情节等的构思方式，从中获取灵感，然后运用到自己编写提示词的过程中。

（2）反复测试优化。由于 AIGC 生成结果具有一定的随机性，很难一次就达到理想的视频效果。所以需要多次尝试，根据每次生成的视频情况，对提示词进行调整和优化，如补充描述不够清晰的地方、改变风格或氛围的表述、调整动作和情节等，逐步让生成的视频越来越接近自己心中所想。

AIGC 视频生成提示词的编写与优化需要综合考虑多个方面，尽可能详细、准确且富有创意地描述你期望的视频内容，通过不断实践和优化，就能更好地驾驭 AIGC 工具，生成满意的视频。

3.2.5　案例——文字生成视频：使用剪映制作视频 "传统爆米花制作"

爆米花作为一种传统小吃，不仅承载着许多人的童年记忆，还蕴含着丰富的非物质文化遗产价值。爆米花的历史悠久，其起源可以追溯到古代。在多个地区，如湖南桃江、江西婺源等地，爆米花都是当地流传已久的传统小吃。这些地区的爆米花制作技艺经过世代传承，形成了独特的文化特色。爆米花的主要原材料是大米和玉米（俗称苞谷）。这些原材料易于获取，使得爆米花成为一种普及度极高的小吃。传统爆米花制作工具主要包括爆米花机（也称炮筒子）、风箱炉子、长布口袋等。爆米花机内部有一个密封的空间，通过加热使内部的大米或玉米膨化。风箱炉子则用于提供加热所需的火力。长布口袋用于接住从爆米花机中弹出的爆米花。制作时,将一定量的大米或玉米放入爆米花机中,通过高温高压使其膨化。待大米或玉米粒受热到一定程度后,打开爆米花机的炉盖,伴随着"砰"的一声巨响,爆米花就会从机器中弹出并落入长布口袋中。随着时代的变迁,爆米花制作技艺也在不断创新和发展。一些传统的爆米花制作艺人通过开设店铺、参加文化展览等方式,将这一技艺传承给更多的人。同时,他们也在口味上进行了创新,如加入蜂蜜、黄油等调料,使得爆米花的色香味都得到了提升。

爆米花制作技艺作为非物质文化遗产,具有极高的历史、文化和艺术价值。它不仅是中华民族传统饮食文化的重要组成部分,也是当地民众智慧和创造力的结晶。通过保护和传承这一技艺,不仅可以弘扬中华优秀传统文化,还可以促进当地经济的发展和文化的交流。尽管爆米花制作技艺具有极高的非物质文化遗产价值,但其在现代社会中的传承和发展仍面临一些挑战。一方面,随着现代化进程的加速,人们的生活方式和饮食习惯发生了巨大变化,传统爆米花的市场需求逐渐减少;另一方面,一些年轻的传承人缺乏对传统技艺的认同感和责任感,导致技艺传承出现断层。因此,需要采取一系列措施来保护和传承这一技艺,如加强宣传和推广、提供资金和技术支持、培养新的传承人等。总之,非遗爆米花作为一种传统小吃和文化遗产,具有极高的历史、文化和艺术价值。通过加强保护和传承工作,我们可以让更多的人了解和欣赏这一技艺,为中华优秀传统文化的传承和发展贡献一份力量。

使用剪映生成视频步骤如下。

1. 打开剪映并进入文字生成视频入口

打开剪映软件,在主界面找到相应的"图文成片"或类似表述的功能入口(不同版本位置可能稍有不同,但一般都比较醒目),进入文字输入页面,如图 3-12 所示。

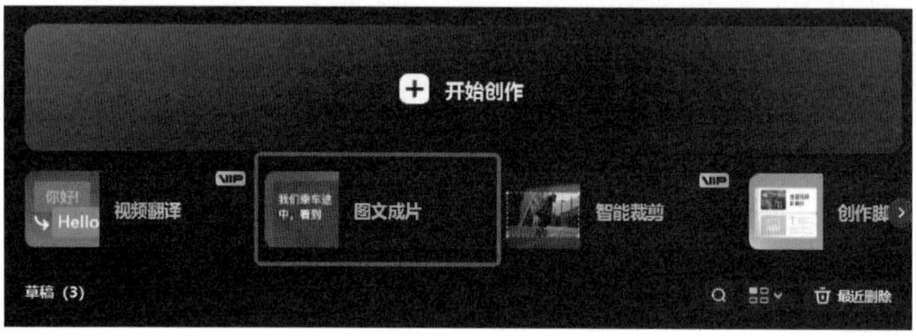

图 3-12　图文成片入口

2. 撰写描述脚本

剪映新增了智能写文案的功能,只需要选择文案类型,并添加相关的提示关键字即可生成文案,如图 3-13 所示。

文案会默认生成三个,选择合适的进行使用或修改使用即可,如图 3-14～图 3-16 所示。若已有文案,则可以在文字输入框中,输入用户的内容。

为 AI 生成传统非遗爆米花制作视频撰写提示词时,需要确保内容既详细又富有吸引力,同时能够准确传达非物质文化遗产的独特魅力。以下是一个示例提示词框架,用户可以根据需要进行调整。

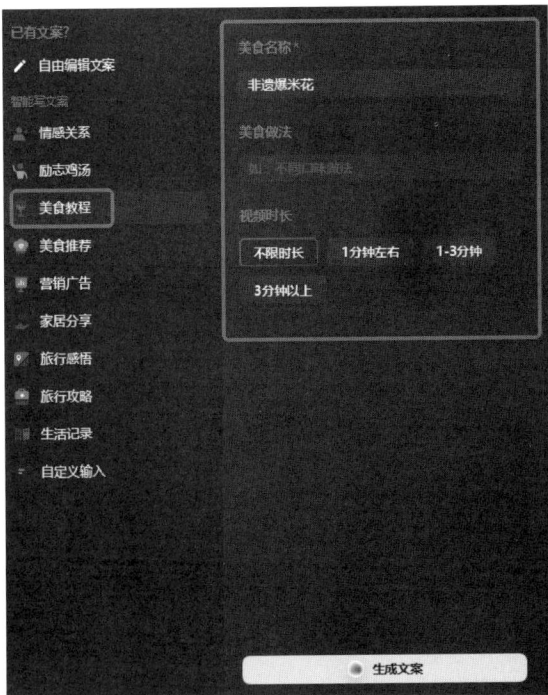

图 3-13　剪映智能写文案

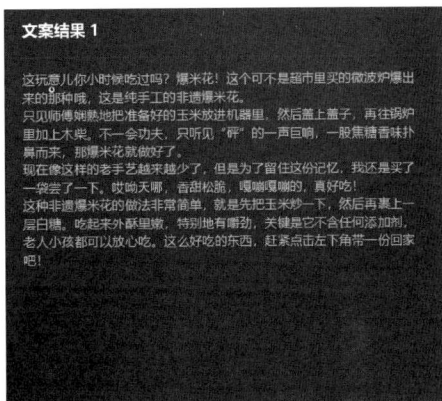

图 3-14　剪映智能写文案结果 1

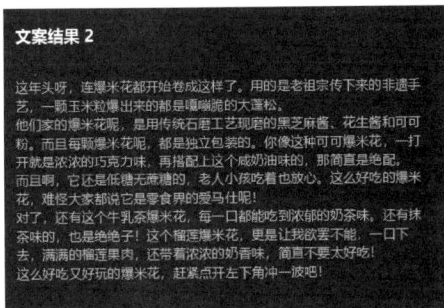

图 3-15　剪映智能写文案结果 2

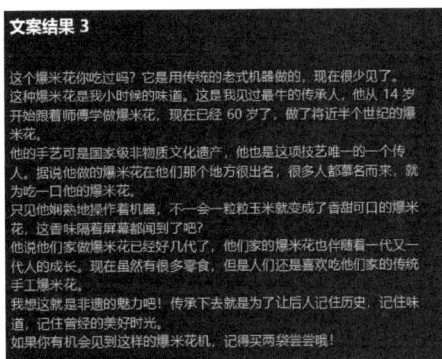

图 3-16　剪映智能写文案结果 3

【视频开头：引入非遗爆米花文化】

开场画面：温暖的阳光下，古老的街巷中，一位老师傅正忙碌地准备着他的传统爆米花机。

旁白："在中国丰富多彩的非物质文化遗产中，有一种小吃，它不仅承载着几代人的童年记忆，更是中华民族智慧与勤劳的结晶——那就是传统非遗爆米花。"

【制作过程：展示传统技艺】

（1）准备材料。

画面：展示精选的大米或玉米粒，以及爆米花机、风箱炉子、长布口袋等工具。

旁白："每一粒爆米花，都精选自当季的新鲜谷物，搭配传承百年的爆米花机，这是制作美味的关键。"

（2）加热与膨化。

画面：老师傅熟练地操作风箱炉子，火焰跳跃，爆米花机内的谷物逐渐升温。

旁白："随着炉火的升温，谷物在密封的空间内经历着奇妙的变化，等待着那一刻的爆发。"

（3）爆米花出炉。

画面：突然，爆米花机发出"砰"的一声巨响，爆米花如雪花般洒落进长布口袋。

旁白："听，那是爆米花的声音，是童年的欢笑，是技艺的传承。每一声巨响，都是对古老智慧的致敬。"

【文化解读：传递非遗价值】

画面：老师傅手持爆米花，与围观的孩子们分享，脸上洋溢着满足的笑容。

旁白："传统非遗爆米花，不仅是一种小吃，它更是一种文化的传承，一种情感的连接。它让我们在品尝美味的同时，也能感受到那份来自祖辈的温暖与智慧。"

【结尾：呼吁保护与传承】

画面：夕阳下，老师傅与孩子们一起品尝爆米花，画面温馨而美好。

旁白："在这个快速发展的时代，让我们不忘初心，珍惜并传承这份宝贵的非物质文化遗产。让传统非遗爆米花，成为连接过去与未来的桥梁，让更多人感受到它的魅力与价值。"

这个提示词框架旨在通过生动的画面描述和富有情感的旁白，引导 AI 生成一个既展示传统非遗爆米花制作过程，又传递其文化价值的视频。用户可以根据实际需要，调整细节或添加更多元素，以更好地呈现这一主题。

3. 设置视频生成参数

部分版本的剪映文字生成视频功能可能允许用户提前设置一些参数，如视频音色的选择、成片方式的选择、视频的时长范围、画面风格偏好（例如写实风格、卡通风格等）、画面比例（常见的如 16：9．9：16）等，根据用户的喜好和预期对这些参数进行相应选择和设置，让生成的视频更符合设想，如图 3-17 和图 3-18 所示。

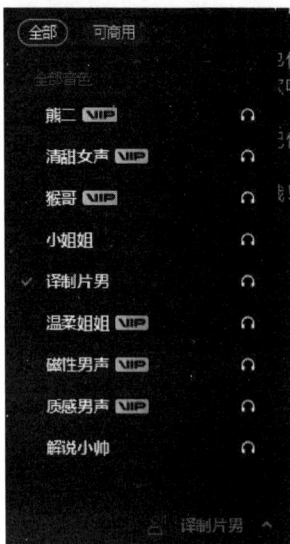

图 3-17　视频音色的选择

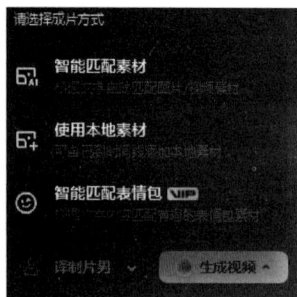

图 3-18　成片方式的选择

4．生成视频初稿

完成脚本输入和参数设置后，单击"生成视频"或类似的按钮，软件就会依据输入的文字内容，通过智能算法开始生成相应的视频内容，这个过程可能需要等待一小会儿，具体时长取决于文字篇幅以及软件处理速度等因素，如图 3-19 所示。

图 3-19　智能匹配素材生成视频效果

5．对生成的视频初稿进行审核与调整

（1）画面内容审核。查看生成的视频画面是否准确传达了用户所描述的传统爆米花制作步骤，如果存在画面与描述不符的情况，如某个步骤顺序颠倒了、画面展示不清楚等，可以记录下来准备后续修改。例如，本来应该先展示倒入玉米粒，结果画面先出现了加热爆米花机的场景，那就需要调整。

（2）画面风格调整。如果生成视频的画面风格不符合心意，如用户期望的是偏复古写实风格，但生成的偏卡通化了，则可以查找软件中是否有更改画面风格的功能选项。如果有更改画面风格的功能选项，则可以尝试切换风格，再次生成或者调整现有画面风格呈现效果，使其更符合用户的预期。

6．剪辑优化

如果对生成视频中的某些画面素材不满意，用户可以利用剪映自身的素材库或者导入自己拍摄/收集的相关图片、视频素材进行替换。例如，软件生成的玉米粒特写画面不太清晰，用户可以从自己的素材中找一个清晰的玉米粒图片或视频片段，通过"替换素材"功能将其替换掉，让视频画面质量更高。根据实际观看感受，对视频的剪辑节奏进行优化。例如，某些步骤展示得太快或者太慢，可通过拖动时间轴上视频片段的边缘来调整其时长，让整个传统爆米花制作过程的展示更自然流畅，符合正常的逻辑节奏。如展示倒入玉米粒的步骤可以稍微放慢一点,让观众看清楚操作细节,而等待加热的过程相对可以适当加快节奏。为了使不同的视频片段之间过渡更自然,还可以添加转场效果。单击"转场"按钮,选择合适的转场样式,如"淡入淡出""闪白"等较为自然简洁的转场,调节转场时长(通常设置在 0.5～1 s 比较合适),然后将转场添加到相邻的两个视频片段之间,提升视频整体的连贯性,如图 3-20 所示。

图 3-20　添加转场

7. 音频处理

单击"音频"按钮,从剪映自带的音乐库中挑选一段合适的背景音乐,如节奏轻快、带有传统韵味的纯音乐(像《市集》这类曲子就很契合),将其添加到时间轴的音频轨道上。拖动音频条边缘来调整背景音乐的时长,使其与整个视频时长相匹配,同时利用音量调节按钮适当调节背景音乐的音量大小,避免音量过大掩盖了爆米花制作过程的声音(如玉米粒倒入的声音、爆米花爆开的声音等),确保整体音频效果和谐。同样在"音频"中选择"音效",搜索与传统爆米花制作相关的关键词,例如"玉米粒倒入""爆米花爆开"等,找到对应的音效素材并添加到时间轴合适的位置上,在展示倒入玉米粒的视频片段处添加"沙沙"的音效,在模拟爆米花爆开阶段添加"噼里啪啦"的音效等。调整好每个音效的音量和时长,使其与画面配合得恰到好处,增强视频的真实感和趣味性,如图 3-21 所示。

8. 添加字幕

自动生成字幕(若有语音旁白)时,如果生成的视频带有语音旁白,可以单击"文本"功能区的"识别字幕"按钮,选择相应的语言(一般是中文),剪映会自动根据语音内容生成字幕,然后对字幕的字体、字号、颜色及位置等进行调整,使其清晰美观且不遮挡视频画面的关键内容,通常将字幕放置在画面下方,选择白色或浅黄色等醒目颜色并搭配黑色描边效果较

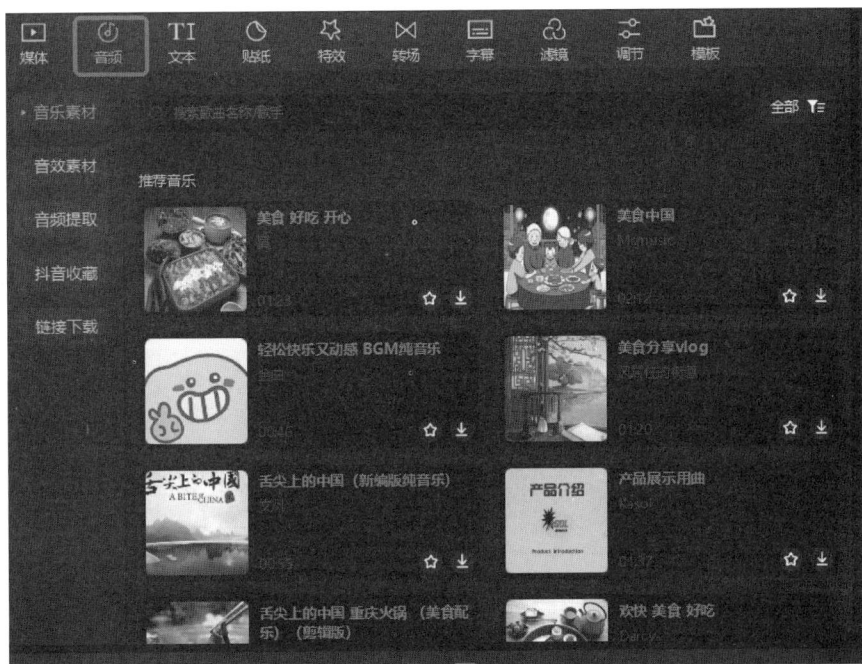

图 3-21　音频设置

好。要是视频没有语音旁白,那就需要手动添加字幕来描述传统爆米花制作步骤。单击"新建文本"按钮,在弹出的文本框中输入相应步骤的文字内容,如"第一步:准备玉米粒"等,然后按照上述调整字幕样式的方法进行设置,根据视频画面展示的节奏,将字幕拖动到时间轴合适的位置,控制好字幕出现和消失的时间,确保与画面同步,如图 3-22 所示。

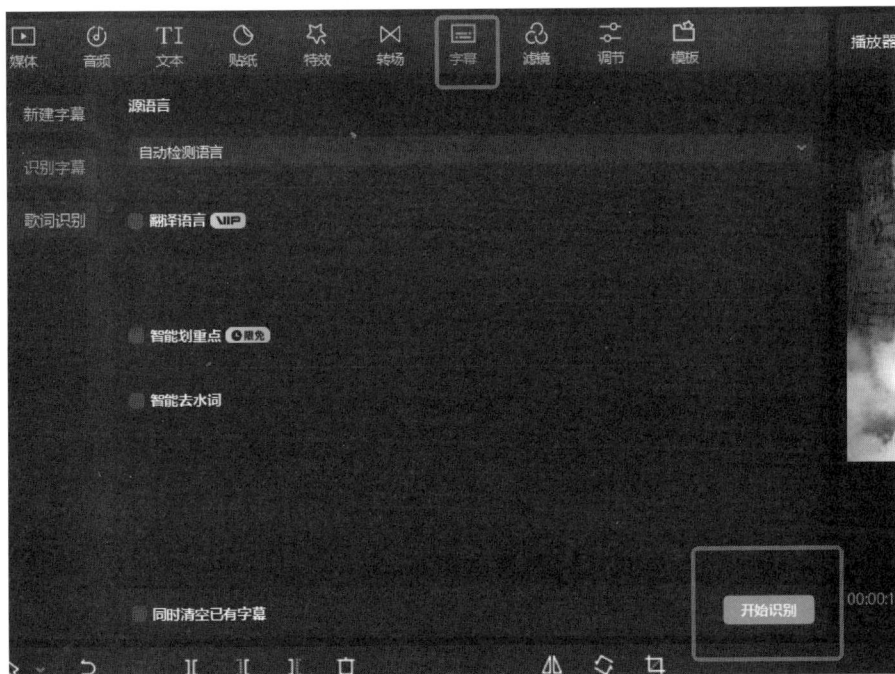

图 3-22　添加字幕

9. 特效与滤镜应用

添加特效时,单击"特效"按钮,根据想要营造的氛围和效果,选择合适的特效添加到视频中。例如,在爆米花爆开的关键画面处,添加"闪耀""粒子特效"等特效来增强视觉冲击力,营造出爆米花炸开时热烈欢快的氛围,调节特效的时长和强度等参数,使其适配画面展示效果,更好地突出重点环节。选择"滤镜",挑选适合美食主题、能营造出传统氛围的滤镜,如"暖食"滤镜,可使整个画面看起来更有温度、更诱人,调节好滤镜强度后应用到整个视频上,让画面色调风格更统一,提升视频的整体观赏性,如图 3-23 和图 3-24 所示。

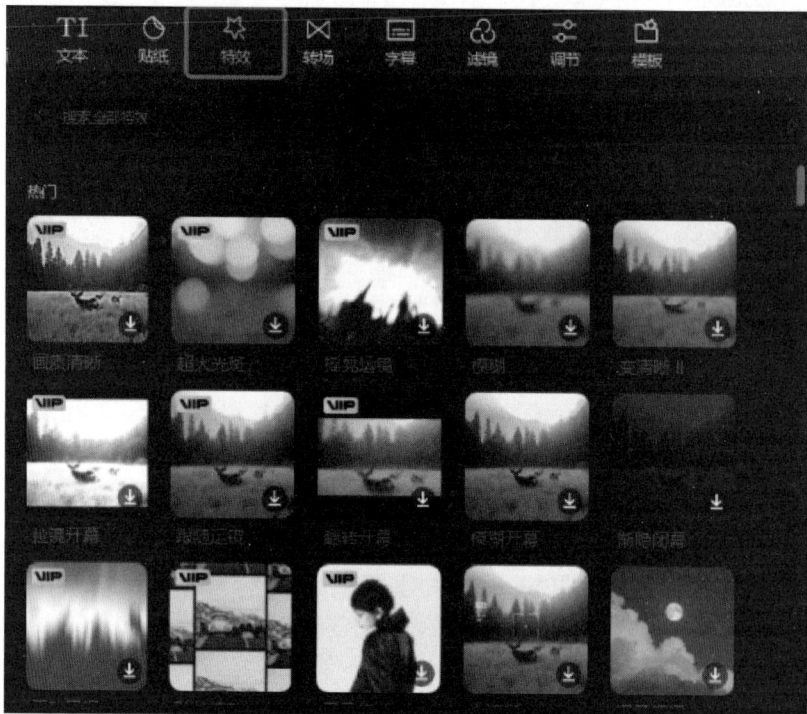

图 3-23　添加特效

10. 设置封面

单击"设置封面"按钮,从视频中的画面里选择一张最具代表性的,如满满一锅金黄酥脆的爆米花的特写画面作为封面,还可以通过"添加文字"功能在封面上添加标题"传统爆米花制作",并对标题文字进行样式设置,如字体加粗、字号加大、颜色突出等,让封面更吸引人,方便观众快速了解视频主题,如图 3-25 所示。

11. 导出视频

完成上述所有编辑操作后,单击右上角的"导出"按钮,如图 3-26 所示,在导出设置中选择合适的分辨率(如 1080P 及以上可保证较高清晰度,按需选择)、帧率(通常 25 帧或 30 帧常用)等参数,然后单击"导出"按钮,等待视频导出完成,之后就可以分享到各个平台或者保存备用了。

图 3-24　添加滤镜

图 3-25　设置封面

图 3-26　导出视频

3.2.6　案例——图片生成视频：使用即梦制作视频"打铁花"

使用即梦制作视频"打铁花"详细步骤如下。

1．注册与登录

打开即梦平台的官网或者单击剪映的"AI 视频生成"按钮，如图 3-27 所示。

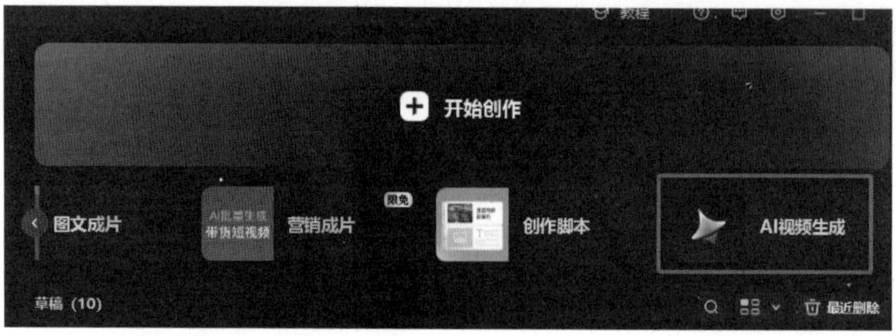

图 3-27　通过剪映进入即梦

2．进入图片生视频功能模块

在平台首页或者菜单选项中，查找并单击进入"图片生视频"相关的功能入口，一般会有明显的标识引导用户进入该特定功能区域。

3．上传打铁花相关图片素材

单击"上传图片"按钮，在弹出的文件选择窗口中，选中用户准备好的打铁花图片，可以一次性选择多张符合要求的图片，然后单击"确定"按钮，等待图片上传完成。

4. 输入视频生成提示词

在指定的提示词输入框中,围绕"打铁花"主题精心编写描述视频的提示词,以下是一些参考示例及要点。

(1) 主体与场景描述。"画面展现传统民俗打铁花表演现场,夜空中,艺人们用力将滚烫的铁水抛洒向空中,铁水瞬间绽放成璀璨绚丽的火花,照亮了整个场地。场地周围围满了兴致勃勃观看的人群,人们脸上满是惊叹与喜悦的神情。"

(2) 画面风格与质量要求。"生成高清画质的视频,采用写实风格,真实还原打铁花时铁水飞溅、火花绚烂的每个细节,色彩要鲜艳夺目,对比度强烈,让画面充满视觉冲击力。"

(3) 画面构图与视角建议。"运用多角度拍摄的感觉,有从远处全景展现整个打铁花场地热闹场景的镜头,也有近距离聚焦铁水飞溅瞬间的特写镜头,采用三分法构图等方式,让画面更具美感和平衡感,通过不同视角切换增强视觉效果和观赏性。"

(4) 时长与特殊效果要求。"生成一段时长约为 1 min 的短视频,在铁水绽放最绚烂的时刻,添加一些微光闪烁的特效,增强画面的梦幻感,使打铁花看起来更加夺目耀眼。"

确保提示词准确、详细且全面,尽量具体地描绘出脑海中想要呈现的视频画面,这样有助于平台生成更贴合用户心意的视频。

5. 选择视频参数

根据需求选择视频的分辨率,常见的有 720P、1080P、4K 等,分辨率越高视频越清晰,但生成时间可能也会相应变长。若想获得较好的视觉效果且对清晰度要求较高,可以选择 1080P 或更高的分辨率选项(前提是平台支持相应生成能力)。

设定视频的帧率,一般每秒 24 帧、25 帧、30 帧较为常用,帧率越高视频播放起来越流畅,通常选择 25 帧或 30 帧能满足大多数观看体验需求。

若还有其他一些参数,如音频相关设置(是否添加默认背景音乐、音频音量大小等),根据个人喜好进行相应选中或调整。

6. 发起视频生成任务

在确认图片素材已上传、提示词填写完整以及视频参数选择好之后,单击"生成视频"按钮,并等待一段时间,这个时间长短取决于视频的复杂程度、平台服务器负载以及网络速度等因素。

7. 查看与下载生成的视频

当视频生成任务完成后,平台会给出相应提示,如提示"视频已生成成功",如果对视频满意,单击"下载"按钮,将视频下载保存到本地计算机、手机等设备的指定存储位置,方便后续进行分享、编辑或者观看等操作。

如果觉得视频不太符合心意,可以根据情况返回前面的步骤,对提示词、图片素材或者视频参数等进行调整修改,直至得到满意的"打铁花"视频为止,本次笔者生成的打铁花视频如图 3-28 所示。

图 3-28　生成的视频

8. 配乐

对于生成的视频还可以单击右下方的"AI 配乐",自动分析视频内容,并为视频匹配合适的音乐,如图 3-29 所示。

图 3-29　AI 配乐

9. 选择配乐

智能生成的音乐一般为三个,从中选择合适的音乐,如图 3-30 所示。

图 3-30　配乐选择

3.2.7　案例——数字人:使用剪映数字人功能完成售卖京剧脸谱挂件视频制作

京剧脸谱是中国传统戏曲中演员面部化妆的一种独特艺术形式,具有丰富的文化内涵和独特的艺术价值。京剧脸谱的起源可以追溯到古代的面具艺术,据史料记载,脸谱最初源于唐代乐舞大面所戴的面具和参军戏副净的涂面。随着中国戏曲的发展,脸谱艺术逐渐演变为戏曲演员面部的化妆程式,经历了从简单粗糙到精致复杂的演变过程。到了明清时期,随着京剧的逐渐形成,脸谱艺术也日趋完善,形成了具有鲜明民族特色的化妆艺术。京剧脸谱以其独特的艺术特色而著称,脸谱的色彩丰富多样,每种颜色都代表着不同的性格寓意。脸谱的图案设计精巧细腻,富有装饰性,往往来源于生活,如蝙蝠、蝴蝶、燕子等自然形象。京剧脸谱还注重线条的运用和构图的布局,线条的粗细、曲直、疏密等变化,以及构图的对称、均衡等原则,都使得脸谱呈现出一种和谐统一的美感。京剧脸谱是中国传统戏曲中不可或缺的一部分,它不仅是一种视觉艺术,更是一种文化的载体。通过对脸谱的研究和欣赏,人们可以更好地了解中国传统文化和历史。

方法一:使用剪映 AI 口播创作。

1. 下载与安装剪映

确保用户的设备(手机端或计算机端)已经下载并安装了最新版本的剪映应用程序。

2. 注册与登录账号

使用手机号、微信、抖音等方式注册并登录剪映账号。

3. 进入创作界面

（1）手机端操作。打开剪映应用后，单击屏幕中间的"AI 口播创作"按钮，进入素材导入页面。可以从手机相册中选择想要添加的视频、图片等素材用于后续搭配口播内容，若只是单纯创作 AI 口播，也可暂不添加素材直接进行下一步。

（2）计算机端操作。启动剪映软件后，在主界面单击"AI 口播创作"按钮，同样可以从本地文件夹中挑选合适的素材导入项目中，或者直接开启 AI 口播创作流程，如图 3-31 所示。

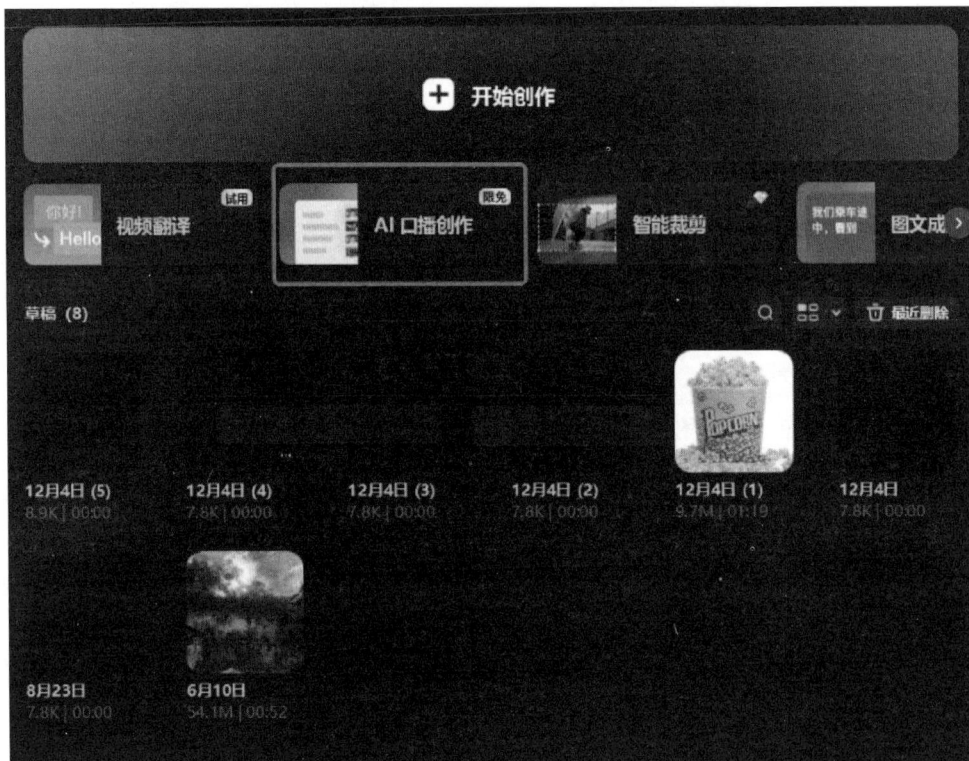

图 3-31   选择"AI 口播创作"

4. 开启 AI 口播创作

1）添加文案

（1）手机端。在创作界面下方的菜单栏中，单击"文案"按钮，然后在文本编辑框中输入想要作为口播内容的文案（售卖京剧脸谱挂件）。输入完成后，选中这段文案，在弹出的编辑菜单中会看到"朗读"按钮，单击它就可以进入 AI 口播相关设置页面。

（2）计算机端。在编辑界面的左侧找到"文案"功能区，可以选择智能文案，输入"文案主题""内容要点""预估字数"及其他要求（例如，抖音口播风格，语气活泼。方言风格等）。除此之外，还可以从现有视频中提取文案进行插入，如图 3-32 所示。

本例智能生成文案如下：

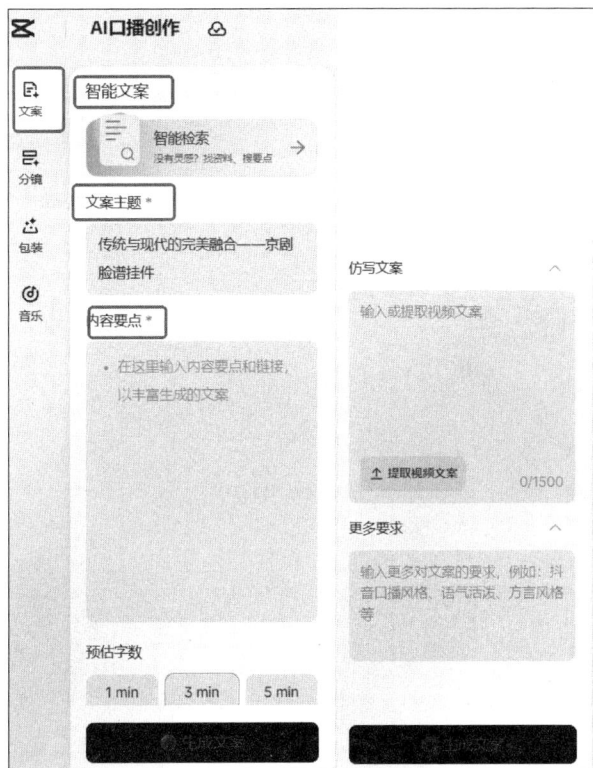

图 3-32　智能生成文案

> 　　强烈推荐京剧脸谱挂件给大家,传统与现代融合得太妙了!这谁能不爱呢?我们的京剧脸谱挂件将古老的戏曲文化与现代生活巧妙结合,为您带来别具一格的艺术体验。从经典的红蓝绿脸谱,到创新的现代风格,每一款挂件都有其独特的故事和寓意,在欣赏的同时,更能感受到深厚的文化底蕴。不管是送给亲朋好友,还是作为商务礼品,这款富有中国特色的京剧脸谱挂件都是你的不二之选,因为它不仅是礼物,更是一种文化的传递,一种心意的表达。你看,不同的颜色代表着不同的人物性格,红色代表忠勇,白色代表奸诈,黑色代表正直刚毅,蓝色和绿色则象征粗鲁莽撞。这些或抽象或写实的脸谱图案,不仅让人一眼难忘,而且极具观赏性。当这份充满东方美学韵味的礼物送到对方手上时,相信一定能够瞬间抓住他的心。精致小巧的外观,无论是挂在家中客厅、卧室,还是办公室桌面上都非常合适。喜欢的朋友赶紧单击下方链接选购吧!为自己挑选一个专属的京剧脸谱挂件,为平淡的生活增添一份独特的艺术气息。快去拥有它吧!

　　2)添加分镜

　　通过添加分镜功能,可以选择用户的数字人形象,可以是系统内置的 AI 形象、实拍形象,或者自己的"定制形象"(笔者操作时是限免阶段,后续可能会进行收费)。选择完成之后,单击全部替换,如图 3-33 所示。

　　若为纯配音,则剪映提供了多种不同风格、不同音色的 AI 语音供用户选择,例如温柔的女声、沉稳的男声、活泼的童声等,可根据口播内容的风格和目标受众来挑选合适的音色。在音色列表中试听各个音色效果,确定后选中相应的音色即可,也可以克隆自己的声音,如

图 3-34 所示。

图 3-33 分镜设置

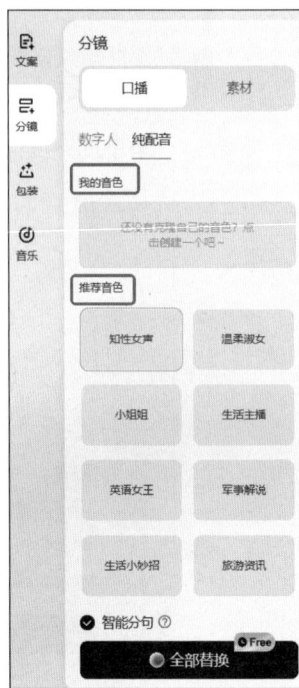

图 3-34 纯配音功能

3）对口播内容进行编辑

（1）直接拖动口播内容来调整顺序，如图 3-35 所示。

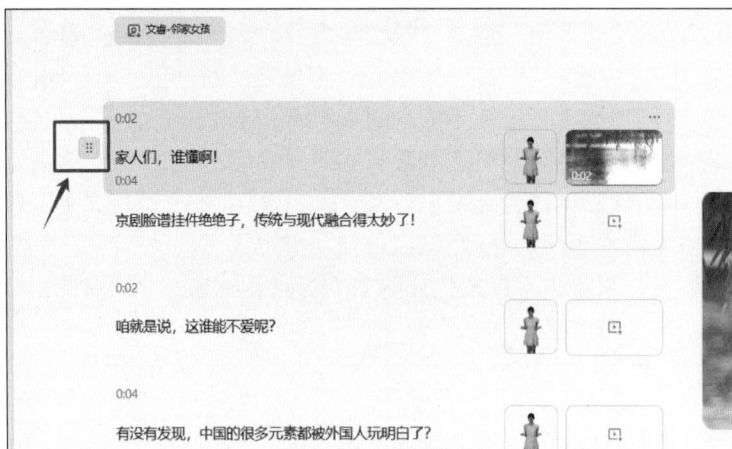

图 3-35 调整口播内容顺序

（2）单击"…"对内容进行删除和复制，如图 3-36 所示。

（3）单击人物后的方块，进行素材的添加，如图 3-37 所示。

（4）对于已经添加的素材可以进行替换、裁剪及删除，如图 3-38 所示。

图 3-36　删除和复制

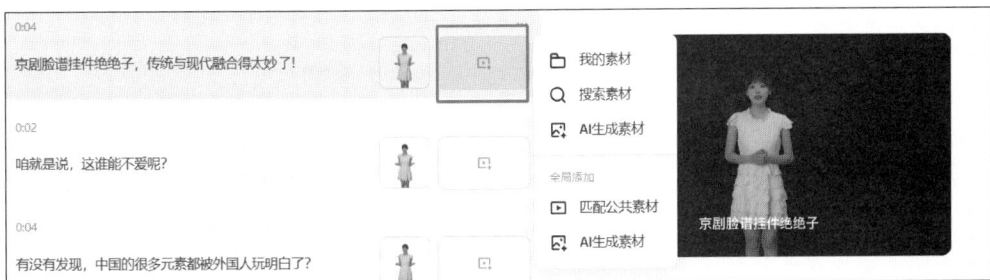

图 3-37　添加素材

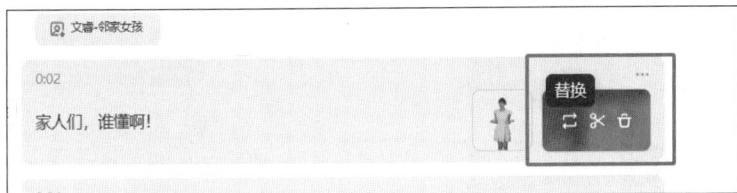

图 3-38　替换、裁剪及删除素材

（5）还可以对口播显示的比例进行调整，如图 3-39 所示。

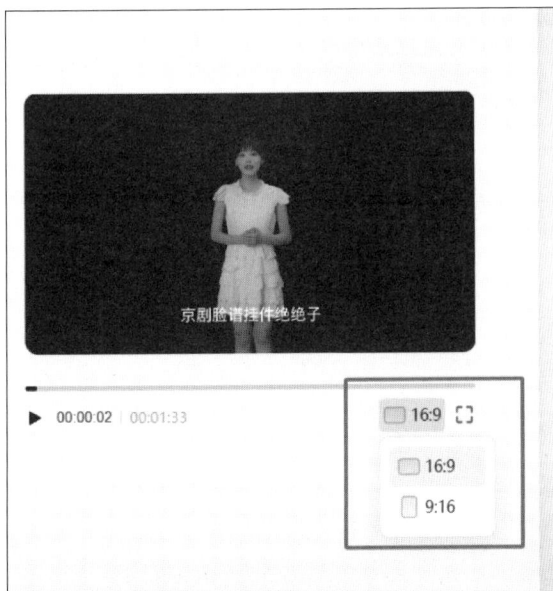

图 3-39　显示比例

4）对口播内容包装

可以对口播内容进行智能包装或添加字幕模板，如图 3-40 所示。

5）添加背景音乐与音效（可选）

在剪映中可以从软件自带的海量音乐库中挑选合适的背景音乐（BGM），音乐类型涵盖了各种风格，如舒缓的轻音乐、激昂的节奏音乐等，根据口播内容的氛围和主题来选择。通过搜索关键词或者浏览分类来找到心仪的音乐，添加到音频轨道上，如图 3-41 所示。

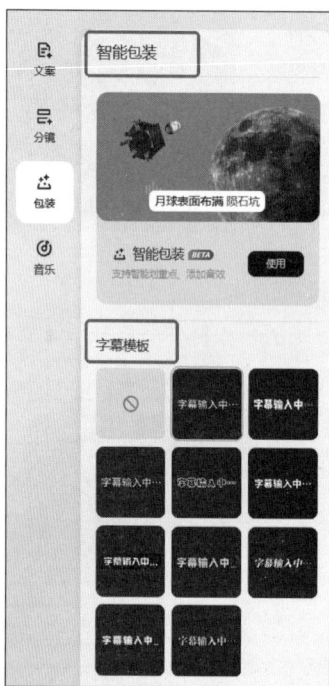

图 3-40　包装

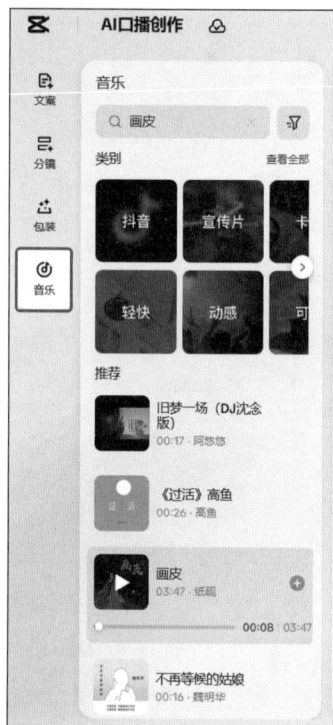

图 3-41　添加音乐

6）预览与导出

（1）预览作品。在创作过程中，随时可以单击"播放"按钮对整体视频进行预览，查看效果是否达到预期。如果发现哪里有问题，如口播与画面不同步、音频不协调等，及时返回相应步骤进行修改调整。

（2）导出作品。当确认作品无误后，便可以进行导出操作，如图 3-42 所示。

方法二：使用数字人功能完成上述案例。

1. 添加数字人并设置相关属性

（1）手机端。在编辑界面下方的菜单栏中，单击"数字人"按钮，进入数字人素材页面，这里会展示多种不同风格、形象的数字人可供选择。

（2）计算机端。在编辑界面左侧找到"数字人"选项，同样能看到数字人相关素材列表，如图 3-43 所示。

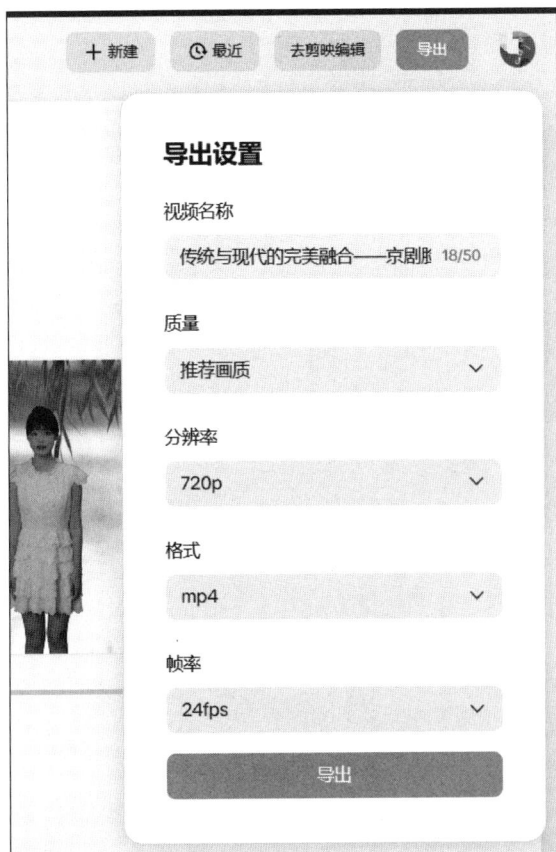

图 3-42　导出设置

图 3-43　数字人选项

2. 选择合适的数字人形象

根据售卖京剧脸谱挂件的风格以及目标受众的喜好等因素,挑选一个合适的数字人形象。如果面向年轻群体、风格偏时尚活泼,则可以选择外观青春靓丽、形象现代的数字人;若想凸显传统文化韵味,可选择带有古典气质、服饰风格较传统的数字人形象。选中该数字人后,它会出现在视频画面的默认位置,可通过双指缩放、拖动等操作在手机端或者鼠标拖动、缩放等操作来调整数字人在画面中的大小、位置,使其布局合理、美观,如图 3-44 所示。

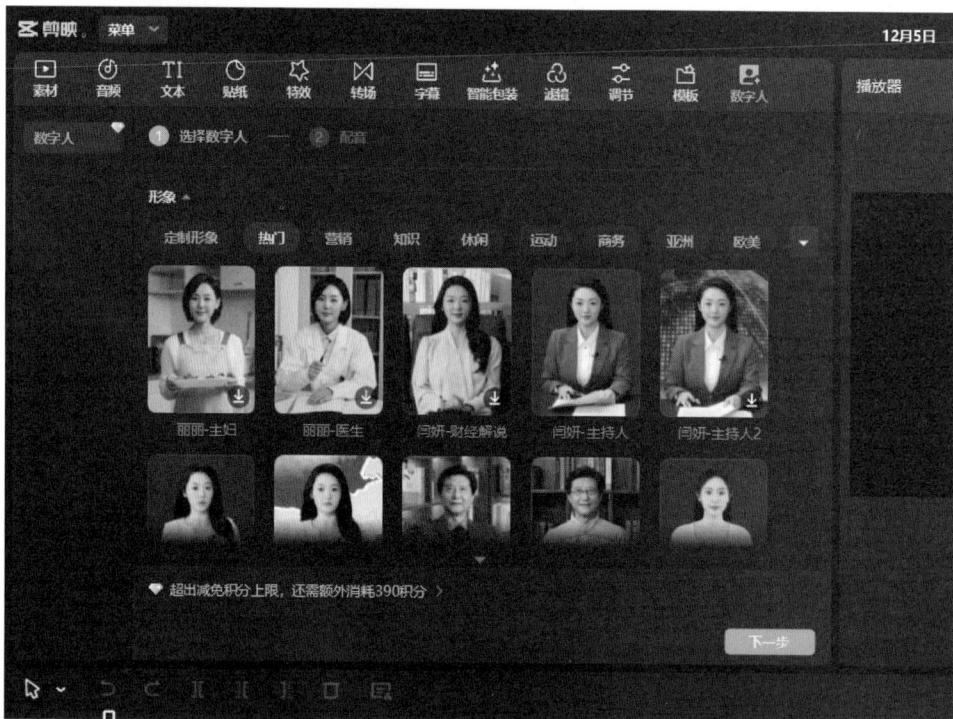

图 3-44　选择数字人

也可以定制自己的形象,并添加景别和相应的背景,如图 3-45 所示。

3. 设置数字人口播

(1)添加口播文案。选中数字人后,一般会出现对应的编辑功能按钮(不同版本可能略有差异),进入设置口播的界面,将之前准备好的京剧脸谱挂件介绍文案粘贴或输入进去。

(2)选择音色和语音风格。剪映数字人支持多种音色选择,挑选一种清晰、富有感染力且与售卖场景相匹配的音色,例如温和亲切的音色会让顾客感觉更舒服、更愿意倾听介绍内容。

(3)部分还可以调节语速、语调等参数,可根据实际情况适当调整语速,确保口播节奏既能把信息完整传达又不会让观众觉得太快或太慢,调整好后确认应用设置,如图 3-46所示。

图 3-45　定制形象

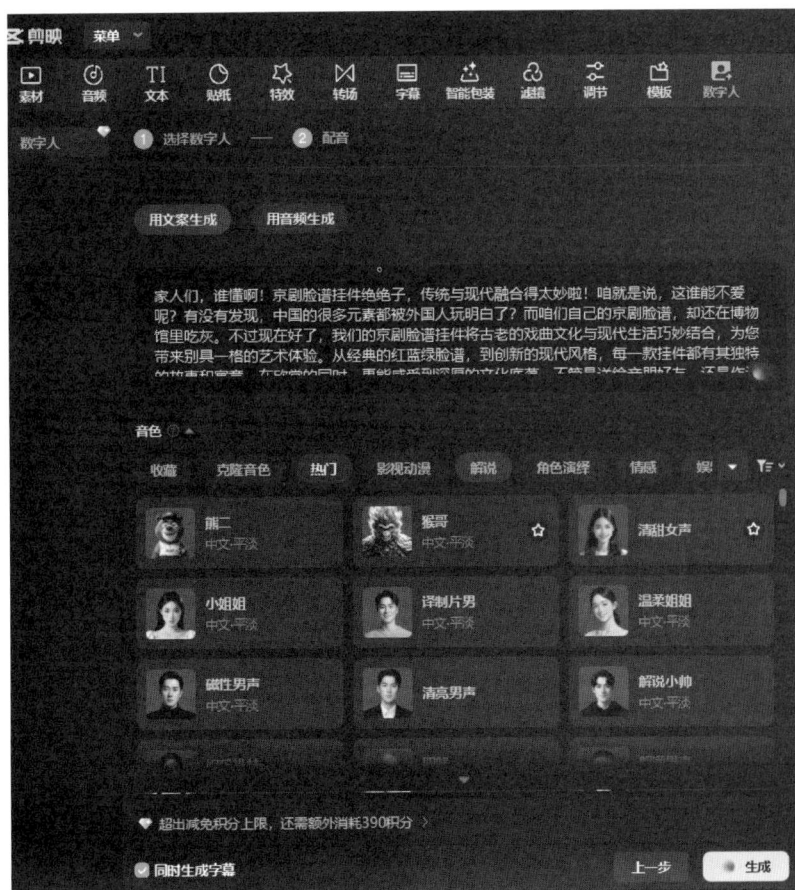

图 3-46　配音

4．预览视频

在整个视频创作过程中，要经常单击播放按钮对视频进行预览，查看数字人口播、画面展示、音频配合等各方面是否达到预期效果。如果发现有不协调、信息传达不清晰或者其他问题，及时返回相应步骤进行修改完善。

5．导出视频

当确认视频无误后，单击右上角的"导出"按钮，选择合适的分辨率、帧率和画质等导出参数（通常默认参数就能满足常规的网络发布需求），然后等待导出进度完成，导出的视频会自动保存到手机相册中，之后就可以将视频发布到各大电商平台、社交媒体等渠道用于售卖京剧脸谱挂件的宣传推广了。

🔑 3.3　音频处理

音频是指我们平常听的歌曲、广播，还有录制的演讲、会议的声音等。音频处理就是通过相关的算法和模型，去仔细研究这些音频里包含的内容，然后按照我们的需求，对它们进行调整和改造，让音频达到期望的效果。借助人工智能的强大本领，可以对各种各样的音频文件进行分析、加工以及优化等一系列操作。就好比我们有个超智能的"音频小助手"，它能帮我们把音频变得更好听、更有用，或者从音频里挖掘出我们想要的重要信息。

除此之外，利用人工智能生成内容（AIGC）技术还可以创作音乐。只要给它一些想法和要求，它就能帮你创作出一首完整的乐曲，或者对已有的音乐进行各种有趣的加工改造。以前，创作音乐大多是专业的音乐家、作曲家们凭借自己深厚的音乐知识、高超的演奏技巧以及丰富的创作灵感来完成的。但现在有了 AIGC 音乐制作技术，就算不是专业出身，也能轻松参与到音乐创作的世界里，体验一次当"音乐制作人"的感觉。

音频处理的常见操作。

1．音频内容识别

音频内容识别就像是给音频文件装上了一双"能听会认"的耳朵。把一段演讲音频放进去，AI 音频处理技术就能把演讲者讲的每句话准确地转写成文字，方便我们查看和整理。而且，它还能分辨出音频里出现的各种声音，能区分出是人的说话声、汽车的喇叭声，还是鸟儿的鸣叫声等。

2．音频降噪处理

有时候我们录制的音频会有很多杂音，例如，在嘈杂的大街上录的一段采访音频，背景里可能有汽车的轰鸣声、行人的吵闹声，这些杂音混在我们真正想听的声音里面，特别影响效果。这时候 AI 音频处理就能发挥大作用，它可以通过分析声音的特征，把那些不需要的杂音去掉，只留下清晰干净的人声或者我们想保留的主体声音，就像给音频做了一场"大扫除"，让声音变得纯净又好听。

3. 音频增强

如果音频听起来声音太小、太模糊,或者音色不够饱满,AI 音频处理也可以把声音的音量适当调大,让我们能听得更清楚;还能让模糊的声音变得清晰起来,把声音里原本含含糊糊的部分都变得明朗;并且,它还能对音色进行优化,让声音听起来更加悦耳动听,让它从平平无奇变得充满魅力。

4. 音频特效添加

这个功能可以给音频增加各种好玩的、炫酷的特效。例如,给一段音乐添加回声效果,让音乐听起来仿佛是在山谷里演奏一样,余音袅袅;或者给人的说话声加上变声特效,让一个成年人的声音瞬间变成小孩子的稚嫩声音,或者变成搞怪的卡通声音。电影、动画片里那些千奇百怪的声音效果,很多都是通过添加特效做出来的。

5. 音频风格转换

想过把一首流行歌曲的风格转变成古典音乐风格吗? AI 音频处理就能做到。它可以根据我们的需求,把一种音频的风格转换成另一种风格。例如,把一段摇滚音乐变成悠扬的民谣风格,或者把一段普通的朗读音频变成带有播音腔的专业播报风格,让音频展现出不一样的风貌,给人全新的听觉感受。

另外,有时候我们听一首歌,如果觉得某首歌曲的前奏特别好听,但后面的旋律有些平淡,则可以把这首歌曲导入 AIGC 工具里,让它按照期望的方向续写后面的旋律,让整首歌曲变得更加精彩。或者对整首歌曲进行改编,调整它的节奏快慢、增减一些乐器的演奏部分等,让它焕发出不一样的光彩。

6. 音频生成

AI 音频处理还能直接生成音频。只要告诉它"生成一段海浪拍岸的自然声音"或者"创作一首节奏轻快的钢琴曲",它就能按照我们的要求创造出相应的音频来。

7. 音乐创作

音乐创作主要靠计算机学习大量的音乐数据来实现。想象一下,这个智能系统就像一个特别爱学习的"音乐学霸",它先把从古至今各种各样的乐曲(古典音乐里的贝多芬、莫扎特的作品,流行音乐里周杰伦、泰勒·斯威夫特的歌曲等)通通拿来"听"和分析,学习这些音乐里的旋律、节奏、和声、乐器搭配等方方面面的特点和规律。等它把这些都掌握得差不多了,只要给它输入一些提示词或者设定一些具体的要求,如"创作一首节奏轻快、旋律优美的钢琴曲,适合在午后放松时听",它就能依据之前学到的知识,运用算法和模型开始"构思",然后生成符合我们要求的音乐了,就如同它在大脑里把各种音符组合起来,编织出一首全新的曲子。不管你是想要一首激昂的摇滚乐曲、舒缓的古典旋律,还是欢快的民谣小调,只要告诉 AIGC 音乐制作工具你的想法,它就能为你创作出相应风格的音乐作品。例如,使用提示词"我想要一首带有热带风情、节奏强烈的打击乐作品",它就能快速生成一段用沙锤、手鼓等乐器演奏,充满热情活力,让人仿佛置身于热带海滩派对的音乐。

8. 音乐素材定制

在制作音乐的过程中,常常需要一些特定的音乐素材。例如,一段独特的旋律片段用来作手机铃声,或者一段有创意的背景音乐用在短视频里。AIGC 音乐制作可以根据设定的时长、风格及情绪氛围等要求,专门定制这些音乐素材,让用户能精准地找到适合自己用途的音乐小片段。

3.3.1 视频处理的特点

1. 创作效率高

(1) 快速生成音频内容。AIGC 能够在短时间内生成大量的音频素材或完整的音乐作品,大幅缩短了创作周期。例如,谷歌的 Lyria 模型可以根据用户输入的旋律快速生成包含器乐伴奏和人声演唱的完整音乐作品,为创作者节省了大量时间和精力。

(2) 自动化流程。可自动化完成一些烦琐的音频制作环节,如编曲、混音等,减少了人工操作的时间和工作量,提高了整体制作效率,使创作者能够更专注于创意和艺术表达等核心环节。

2. 提供创作灵感

(1) 风格多样的生成。通过学习大量不同风格的音频数据,AIGC 可以生成各种风格的音乐和音频效果,为创作者带来新的创作思路和灵感。例如,可以融合多种音乐风格创造出独特的“新曲风”,激发创作者的创新思维。

(2) 个性化定制生成。能根据用户输入的特定参数,如情感、氛围、节奏等,生成符合个性化需求的音频内容,帮助创作者更好地表达自己的创意和情感,满足不同用户在不同场景下的多样化需求。

3. 降低创作门槛

(1) 不需要专业技能。可使没有深厚音乐专业背景或音频处理技术的人也能够参与到音频创作和音乐制作中来。例如,一些 AIGC 音乐创作工具通过直观的界面和简单的操作,让普通用户只需输入一些基本信息或选择相应的风格、元素,就能生成自己想要的音乐作品,降低了音乐创作的技术门槛,使音乐创作更加普及化。

(2) 成本降低。传统的音乐制作往往需要专业的设备、场地以及大量的资金投入,而 AIGC 音频处理及音乐制作则大幅降低了制作成本。创作者不需要购买昂贵的乐器、录音设备和专业软件,也无须支付高昂的录音棚租赁费用等,通过在线的 AIGC 工具就能实现音频创作和制作,节省了大量资金和资源,使更多的人有机会进行音乐创作。

4. 作品质量稳定

(1) 基于数据和模型的精准生成。凭借对大量音频数据的学习和分析,AIGC 能够生成质量相对稳定的音频作品。它可以准确地把握音乐的基本要素,如旋律、节奏、和声等的搭配和协调,使生成的音乐在整体上具有较高的质量和可听性,减少了因人为因素导致的作品质量参差不齐的情况。

（2）一致性和规范性。在生成系列音频或对同一音频进行修改和扩展时，AIGC 能够保持较好的一致性和规范性，确保整个音频项目在风格、情感表达等方面的连贯性和统一性，有助于打造具有专业水准的音频作品。

5．拓展创意空间

（1）突破传统规则限制。不受传统音乐创作规则和模式的束缚，能够创造出一些独特的音乐元素和表现形式，为音频作品带来全新的听觉体验。例如在和声编排、旋律走向等方面进行创新，打破常规的音乐创作思路，开拓了音乐创作的新领域。

（2）融合多种元素。可以轻松地将不同类型的音频元素进行融合，如将自然声音、电子音效与传统乐器声音相结合，创造出更加丰富多样、富有创意的音频效果，为音频创作提供了更广阔的创意空间，满足了现代人们对于新奇和独特音乐体验的需求。

6．存在一定局限性

（1）情感表达不够细腻。虽然 AIGC 能够生成具有一定情感色彩的音频，但在情感表达的细腻程度和深度上，与人类创作者相比仍有差距。它难以完全捕捉和传达人类复杂的情感变化以及文化背景所蕴含的情感内涵，导致生成的音乐在情感共鸣方面可能稍显不足。

（2）缺乏真正的创造力和艺术个性。AIGC 基于已有的数据和模型进行学习和生成，其创作过程相对较为模式化，难以像人类创作者那样具有独特的创造力和艺术个性。生成的作品可能在一定程度上缺乏独特的艺术价值和文化意义，较难产生具有深远影响力的经典之作。

（3）版权和伦理问题待解决。由于 AIGC 生成的音乐作品是通过对大量现有音乐作品的学习和模仿而创作的，其版权归属和原创性界定存在争议。同时，也引发了一系列关于艺术创作伦理、就业影响等方面的讨论，如是否会对传统音乐人的就业机会造成冲击，以及如何确保 AIGC 创作过程符合伦理道德和法律法规等问题。

3.3.2　音频处理应用领域

1．语音识别与智能语音助手领域

如同我们手机里的语音助手，当我们对着它说话的时候，它就是靠 AI 音频处理技术来准确识别我们说的话，然后根据我们的指令去执行相应的操作。例如，帮我们打电话、查天气、播放音乐等。还有在一些会议记录、法庭庭审记录等场合，通过音频转文字的功能，可以快速又准确地把人们说的话整理成文字文档，大幅提高了工作效率。

2．娱乐影视及广告行业

在电影、电视剧、动画片的制作过程中，AI 音频处理就太重要了。它可以给角色配上合适的声音，还能制作出各种逼真的环境音效、特效音效，让影视作品的声音更加生动、丰富，营造出逼真的场景氛围，给观众带来更好的视听享受。而且歌手在录制歌曲的时候，也可以

用它来优化歌声,让歌曲的质量更高。

在影视行业中,配乐是非常重要的一环,好的配乐能烘托气氛、推动剧情发展。AIGC音乐制作可以快速生成符合影视作品特定场景的音乐。例如,为紧张刺激的追逐戏创作节奏紧凑、充满动感的音乐,或者为浪漫的爱情场景打造舒缓温柔的旋律。

在广告制作方面,也能根据广告的主题、产品特点以及目标受众,制作出吸引人的背景音乐,提高广告的吸引力和传播效果。

3．通信领域

我们在打电话或者进行视频通话的时候,如果网络不好,声音可能会断断续续或者有杂音,AI音频处理技术可以实时对通话的音频进行优化,去除杂音、增强声音,让通话的质量变得更好,双方都能听得更清楚。

4．教育领域

老师录制的教学音频可以通过 AI 音频处理进行降噪、增强等操作,让学生们听得更清楚明白。而且还可以把一些学习资料里的文字内容自动转变成音频,方便学生们在不方便看文字的时候,如走路、做家务的时候听一听,帮助学习。

在音乐教学中,AIGC 音乐制作可以作为一种辅助工具,帮助老师给学生展示不同风格、不同变化的音乐示例,让学生更直观地理解音乐理论知识。同时,对于那些想要自学音乐创作的人来说,它也是一个很好的实践平台,能让大家在不断尝试中学习和掌握音乐创作的技巧。

5．智能家居领域

家里的智能音箱等设备也是依靠 AI 音频处理技术来和我们互动的。我们只要说出指令,它就能识别并执行,像控制灯光的开关、调节电器的运行状态等,让我们的家居生活变得更加智能、便捷。

6．个人创作与娱乐

对于那些热爱音乐但没有经过专业训练的普通人来说,AIGC 音乐制作是个特别好玩的工具。大家可以根据自己的心情、喜好随时创作出属于自己的音乐,用来记录生活、表达情感,或者只是单纯享受创作音乐的乐趣。例如,在旅行途中看到了美丽的风景,心情格外舒畅,就可以用 AIGC 工具创作一首轻快的曲子来搭配这份美好,还可以分享给亲朋好友听。

7．游戏开发

游戏里的音乐也是不可或缺的,不同的游戏场景需要搭配不同风格的音乐来增强玩家的沉浸感。AIGC 音乐制作可以为游戏中的战斗场景生成激昂热血的音乐,为解谜场景创作神秘幽静的旋律,为休闲场景打造轻松愉快的曲调,让玩家在玩游戏的过程中更好地融入游戏世界里。

3.3.3　音频处理工具

根据 AIGC 音频工具的使用途径,可以分为以下几类。

(1) 基于云端的在线工具。如 Amper Music、Jukedeck 等,用户通过网页浏览器即可使用,无须安装额外软件,操作简单便捷,适合没有专业音乐制作背景的普通用户和创意人员,能够快速生成适用于各种场景的音乐素材。

(2) 专业音乐制作软件中的 AIGC 插件。一些专业音乐制作软件(如 Ableton Live、Logic Pro 等)开始引入 AIGC 插件,将人工智能技术与传统的音乐制作流程相结合,为专业音乐创作者提供更强大的创作工具,帮助他们在创作过程中更高效地获取灵感、生成音乐元素和进行音频处理。

(3) 开源的 AIGC 工具包。如 InspireMusic 等,开源的特点使得开发者和研究人员可以深入了解其内部的代码、算法和模型结构,进行二次开发和改进,以满足特定需求或探索新的音乐生成技术和应用场景。

同时,这类工具还存在着一些优势与不足。

1) 优势

(1) 提高创作效率。能够在短时间内生成大量的音频内容,节省了人工创作的时间和精力,尤其适用于需要快速出片的项目。

(2) 降低创作门槛。不需要专业的音乐知识和技能,普通用户也能轻松上手,参与到音乐创作中来,促进了音乐创作的普及化和大众化。

(3) 提供创意灵感。通过生成各种不同风格和类型的音乐素材,为创作者提供丰富的创意灵感,激发他们的想象力和创造力,帮助他们突破传统思维的限制,创作出更具个性和创新性的作品。

(4) 保证内容质量。基于大量的数据训练和先进的算法模型,AIGC 工具生成的音乐在质量上具有一定的稳定性和专业性,能够满足大多数普通用户和商业项目的基本需求。

2) 不足

(1) 缺乏情感深度。虽然能够模拟出不同的情感表达,但与人类创作者相比,生成的音乐在情感深度和细腻度上往往有所欠缺,难以传达出复杂、深刻的情感体验。

(2) 版权问题复杂。由于 AIGC 工具是基于大量的数据训练而成,可能会涉及版权纠纷,如生成的音乐与已有的作品相似度过高,或者使用了未经授权的素材等,这给版权的归属和保护带来了一定的挑战。

(3) 艺术规范性争议。在一些专业的艺术规范和处理方式上,AIGC 生成的音频音乐可能存在不符合要求的情况。例如在播音主持领域,AI 配音可能无法根据具体语境准确地表达语气、情感、停连和重音等,影响了艺术表达的准确性和专业性。

(4) 同质化风险。基于相似的训练数据和算法,不同的 AIGC 工具可能会生成风格和内容较为相似的音乐作品,导致音乐市场上出现一定程度的同质化现象,影响了音乐作品的多样性和独特性。AI 音频工具汇总如表 3-3 所示。

表 3-3　AI 音频工具汇总

工 具 名 称	功 能 介 绍
度加创作工具	热搜一键成稿,文稿一键成片
魔音工坊	AI 配音工具
网易天音	智能编曲,海量风格
TME Studio	腾讯音乐智能音乐生成工具
讯飞智作	配音、声音定制、虚拟主播、音视频处理……
BibiGPT	一键总结 B 站音视频内容
BeatBot	Splash 的 AI 音乐生成器
Mubert	1 min 内生成 AI 背景音乐
Play	根据文本生成多种逼真的语音
Soundraw	用 AI 制作免费的音乐
Fliki	高效帮用户创建视频、音频
Audo Studio	AI 一键清除音频背景杂音
uberduck	开源的 AI 语音生成平台

3.3.4　音频处理提示词

编写合适的提示词,可以让用户更容易生成符合需求的音频,接下来介绍音频提示词的书写方法。

1. 明确基础音频特征描述

(1)主体音色确定。首先要明确音频里主要的声音是什么样的音色,如清脆的钢琴声、醇厚的大提琴声、温暖的人声等。例如,"生成一段以明亮清澈的长笛音色为主的音乐"或者"处理这段音频,让其中的人声音色变得更加圆润饱满,有磁性"。

(2)辅助音色添加(如有需要)。如果希望添加其他音色来丰富音频,也要具体描述清楚。像"在这段舒缓的钢琴曲基础上,添加轻柔的小提琴音色作为点缀,营造出浪漫的氛围",或者"给这个故事音频配上一些灵动的鸟鸣声作为背景音色,让场景更生动"。

2. 节奏描述

(1)整体节奏风格。说明想要的节奏是快节奏的,如节奏强烈、充满动感的,适合用于舞蹈、运动场景;还是慢节奏的,如舒缓、平稳,营造出放松、宁静的感觉。例如,"创作一段节奏轻快、富有跳跃感的打击乐音频,类似非洲鼓那种热烈的节奏风格",或者"把这段音频处理成慢节奏的,就像夜晚的摇篮曲一样轻柔缓慢"。

(2)节奏变化细节。如果对节奏有更具体的变化要求,要详细指出,如节奏的快慢交替、渐强渐弱等情况。像"让音乐的节奏从开头的缓慢逐渐加快,到中间部分达到一个强烈的节奏高峰,然后再慢慢舒缓下来",或者"处理这段语音音频,使说话的节奏有一些适当的停顿和快慢变化,更有节奏感和表现力"。

3. 旋律描述

(1) 旋律风格。确定旋律是优美抒情的、激昂向上的、诙谐幽默的,还是其他风格特点。例如,"生成一条旋律优美、婉转的音乐旋律,仿佛能带领听众走进一片宁静的山林",或者"创作一段激昂振奋、充满力量感的旋律,适合作为体育比赛的助威曲"。

(2) 旋律走向与轮廓。可以简单描述一下旋律是上行、下行,还是起伏较大等大致走向,让生成或处理后的音频更符合预期。如"旋律从低音区开始逐渐上行,到高音区后再缓缓下行,形成一个流畅的波浪形走势,增强旋律的流畅性和美感"。

4. 设定情感与氛围营造

(1) 情感基调。传达出希望音频所承载的情感,是欢快喜悦的、悲伤忧郁的、宁静祥和的,还是紧张刺激的等。例如,"制作一段充满喜悦之情的音乐,让人一听就忍不住跟着开心起来",或者"处理这个有声故事的音频,让它整体呈现出悲伤忧郁的情感氛围,更能打动听众"。

(2) 氛围营造。通过描述相关元素来营造出特定的氛围,如神秘的、梦幻的、复古的、现代科技感的等。例如"生成一段带有神秘氛围的音频,加入一些空灵的音效,仿佛身处神秘的古堡之中",或者"把这段广告音频处理成具有现代科技感的氛围,运用一些电子音效和有节奏感的合成音,凸显产品的高科技属性"。

5. 规划时长与结构安排

(1) 时长要求。明确音频的大致时长,例如"生成一段时长约为 30 s 的手机铃声音频",或者"制作一个时长两三分钟的背景音乐,能够完整地烘托视频的情节发展"。

(2) 结构规划。如果有对音频结构的设想,如开头、中间、结尾分别要有怎样的特点,也可以写出来。例如,"音乐开头用轻柔的钢琴声引入,营造出安静的氛围;中间部分加入弦乐和打击乐,让节奏逐渐加快,情感变得激昂;结尾再回归到安静的钢琴声,慢慢收尾,给人留下余味悠长的感觉",或者"处理这个演讲音频,在开头部分适当增强音量,吸引听众注意力,中间保持平稳清晰,结尾处稍微放慢语速,让重点内容更突出"。

6. 考虑应用场景适配

(1) 适配具体项目。说明音频适用于什么具体的场景,这有助于让生成或处理后的音频更贴合实际需求。例如"为一个古风题材的短视频生成背景音乐,要符合古代宫廷的氛围,能展现出优雅华贵的感觉",或者"处理这个游戏战斗场景的音频,增强音效的冲击力和紧张感,让玩家更有身临其境的战斗体验"。

(2) 受众特点考虑(如有需要)。根据目标受众的特点来编写提示词,例如针对儿童的音频,可以说"创作一首简单易懂、旋律活泼的儿歌音频,歌词要充满童趣,方便小朋友学唱";若是面向老年人的养生讲座音频,"处理这个音频,让声音更加清晰、语速适中,营造出亲切温和的氛围,便于老年人收听理解"。

7. 融入特殊要求与效果添加

(1) 特效添加描述。如果希望添加一些特殊的音频特效,要详细说明是什么特效以及如何呈现。例如"给这段音乐添加回声效果,回声的延迟时间设置为 1 s 左右,营造出在空旷山谷演奏的感觉",或者"在这个故事音频里,给一些关键的情节部分添加风声、雨声等环境音效特效,增强故事的氛围感和真实感"。

(2) 风格转换需求(若有)。想要把音频从一种风格转变成另一种风格时,要清晰表达出来。例如,"将这段古典音乐风格的旋律转换成流行音乐风格,加入电吉他、贝斯和架子鼓等乐器,改变节奏特点,使其更适合年轻人传唱",或者"把这个普通的朗读音频处理成带有播音腔的专业播报风格,在语调、语速和音色等方面进行相应调整"。

8. 排除性描述(若工具支持)

排除性描述即写明不希望出现的音频特征或效果,进一步保障音频质量。如"避免出现尖锐刺耳的声音、杂音、过度嘈杂的音效",或者"不要有节奏混乱、旋律不连贯的情况出现"等。

9. 参考借鉴与反复测试

(1) 借鉴优秀案例。多去看看其他人成功的音频作品对应的提示词,或者参考一些经典音乐、广播剧等的创作思路和描述方式,从中获取灵感,然后运用到自己编写提示词的过程中。

(2) 反复测试优化。由于 AIGC 等工具生成或处理音频的结果具有一定的随机性,很难一次就达到理想的音频效果。所以需要多次尝试,根据每次生成或处理后的音频情况,对提示词进行调整和优化,如补充描述不够清晰的地方、改变情感或氛围的表述、调整节奏和旋律等,逐步让音频越来越符合自己心中所想。

🔑 3.4 多媒体搜索与推荐

3.4.1 多媒体搜索

我们还可以借助人工智能技术来查找各种多媒体资源,如图片、音频、视频等。它是更加智能的搜索方式,它能够理解自然语言:AI 能够像人一样理解我们说的话或输入的文字。以前搜索图片或视频时,得输入准确的关键词,现在只要用平常说话的方式描述想要的内容,AI 就能明白。例如,输入"海边日出的视频",AI 多媒体搜索就能找到相关的视频资源。

AI 还可以进行跨模态搜索:不仅可以通过文字搜索多媒体,还能以图搜图、以音频搜音频或视频等。如果你有一张风景照片,用它作为搜索条件,那么 AI 就能帮你找到相似的风景图片,或者是拍摄这个风景的视频。它可以让搜索结果更准确,通过内容识别与分析 AI 可以自动识别多媒体文件中的各种内容。对于图片,它能知道图片里有什么物体、是什么场景；对于视频，能分析出场景的变化、人物的动作等；对于音频，能判断出音乐的风格、语音的内容等。这样一来，搜索结果就更符合我们的需求。例如，搜索"含有熊猫的图片"，AI 就能精准地找出有熊猫的图片，甚至还能区分熊猫的不同姿态。它可以考虑用户意图和偏好，AI 会根据你的搜索历史、浏览习惯等，了解你的兴趣爱好，然后给你推荐更符合你品位的多媒体资源。如果你经常看搞笑视频，它就会多给你推荐一些有趣的视频内容。它应用场景广泛，创作者在找灵感素材时，能更快速地找到合适的图片、视频、音频等资源，提高创作效率。如果设计师要设计一个海边主题的海报，则可以通过 AI 多媒体搜索找到相关的高质量图片素材。它可以运用到教育教学中，老师在备课或教学过程中，能方便地搜索到各种教学视频、图片等资料，让教学内容更加丰富生动，帮助学生更好地理解知识。在娱乐休闲时，当我们在找电影、音乐、搞笑视频等娱乐资源时，AI 多媒体搜索能更精准地推荐我们可能喜欢的内容，让我们更快地找到感兴趣的多媒体资源来放松身心。在商业与广告方面，企业在做市场调研、广告创意等工作时，可以通过 AI 多媒体搜索了解市场动态、竞争对手的广告宣传等，还能找到适合用于广告制作的素材，提升广告效果。

3.4.2　AI 搜索工具介绍

AI 搜索工具就像是一个超级智能的信息小助手，它有以下一些特点。

1. 更聪明的理解能力

AI 搜索工具不像传统搜索引擎那样只单纯匹配关键词，它能像人一样理解用户说的话、用户输入的问题的意思和背后的意图。例如，用户问"怎么减肥效果好"，它能明白用户是在寻求减肥的有效方法，而不只是找包含"减肥"这两个字的网页。

2. 更精准的搜索结果

（1）语义分析。通过分析用户输入内容的语义，找到与用户问题最相关、最准确的答案。例如，用户问"天空为什么是蓝色的"，它会给用户科学准确的解释，而不是一些无关紧要的网页链接。

（2）多模态搜索。不仅能搜索文字信息，还能搜索图片、音频、视频等多种形式的内容。如果用户想找大海的图片，直接输入描述，它就能找到相关的图片资源。

3. 个性化的搜索体验

AI 搜索工具会根据用户的搜索历史、浏览习惯等，了解用户的兴趣爱好和需求，然后给用户推荐符合个人品位的搜索结果。如果用户经常看科技类的内容，那么它之后就会更多地给用户推荐科技相关的信息。

4. 知识图谱整合

它可以把相关的知识都联系起来，形成一个完整的知识体系。例如，用户搜索某个历史事件，它不仅能给用户这个事件的基本信息，还能把相关的人物、背景和影响等一系列知识都整合起来呈现给用户，让用户更全面地了解这个主题。

5. 广泛的应用场景

（1）学习与研究。帮助学生和学者快速找到各种学习资料、学术文献等，提高学习和研究的效率。

（2）生活娱乐。找旅游攻略、美食推荐、电影音乐等都变得更轻松，它能根据用户的需求给出详细又合适的建议。

（3）工作办公。为职场人士提供专业知识、市场动态和行业报告等信息，助力工作决策和业务开展。

6. 方便的交互方式

用户可以像和人聊天一样与 AI 搜索工具交流，它会根据用户的问题进行回答和交流，甚至还能预测用户可能会继续问的问题，让用户更深入地探索某个话题。

常用的 AI 搜索工具如表 3-4 所示。

表 3-4　AI 搜索工具

工 具 名 称	功 能 介 绍
天工 AI 搜索	找资料、查信息、搜答案、搜文件，还会对海量搜索结果做 AI 智能聚合
秘塔 AI 搜索	没有广告，直达结果
perplexity.ai	黄仁勋带货的 AI 搜索引擎
sciphi.ai	AI 搜索引擎
devv.ai	为开发人员打造的人工智能驱动的搜索引擎

3.4.3　AI 推荐

AI 推荐就像是一个特别懂用户的朋友，它会根据用户平时的各种喜好和行为，给用户推荐可能感兴趣的东西，以下是关于 AI 推荐的简单介绍。

1. 了解用户的喜好

AI 会先收集关于用户的各种信息，如用户在网上看了哪些文章、买了哪些东西、听了什么音乐、看了什么电影等。然后通过分析这些信息，知道用户对哪些方面感兴趣，是喜欢搞笑的视频、浪漫的爱情电影，还是科技类的文章等。

2. 分析用户的喜好

AI 不只是了解用户一个人的喜好，它还会分析很多人的行为和喜好。例如，它发现很多和用户年龄、性别和地域等差不多的人都喜欢某部电视剧，那它就会觉得用户也可能会喜欢这部剧，然后推荐给用户。

3. 找到相似的内容

当 AI 知道用户喜欢的东西后，它会在海量的信息中找到和这些东西相似的内容。例如，用户喜欢一部科幻电影，它就会去找同类型的其他科幻电影、科幻小说和科幻游戏等推荐给用户,让用户发现更多符合自己品位的好东西。

4. 实时调整推荐

AI 推荐不是一成不变的,它会根据用户最新的行为和喜好实时调整推荐的内容。如果用户最近开始喜欢上了历史纪录片,那它之后就会给用户推荐更多的历史纪录片和相关的历史书籍和文章等,让推荐越来越符合用户当下的兴趣。

5. 应用场景广泛

(1) 购物方面。它会根据用户之前买过的东西,给用户推荐类似的商品或者相关的配套产品。例如,用户买了一部手机,它可能会推荐手机壳、充电器、耳机等配件给用户。

(2) 娱乐方面。例如,在视频网站上,AI 会根据用户观看的视频记录,给用户推荐同类型的影视作品、综艺节目等;在音乐平台上,会给用户推荐风格相似的歌曲和歌手。

(3) 学习方面。如果用户经常查找某类学习资料,AI 就会给用户推荐更多相关的优质学习资源。例如,相关的课程、书籍及论文等,帮助用户更好地学习和深入研究。

(4) 新闻资讯方面。它会根据用户平时关注的新闻类型和话题,为用户推送可能感兴趣的最新新闻,让用户及时了解到自己关心领域的动态。

AI 推荐的实现主要包括以下几个步骤。

1) 数据收集

AI 会收集大量与用户相关的信息。例如,用户在某个平台上的浏览历史,包括看了哪些商品、文章或视频等;购买记录,即用户买过什么东西;搜索关键词,用户经常搜索的词汇;评分和评价,用户对看过的内容或买过的商品的打分和评论;还有用户的年龄、性别、地域等基本信息,以及用户的社交网络关系等。

2) 数据预处理

收集到的数据比较杂乱,需要进行预处理。就像是整理一堆乱七八糟的东西,把错误和没用的数据去掉,这叫数据清洗;然后把不同类型的数据变成统一的格式和范围。例如,把年龄、价格等数据都调整到合适的区间,这是数据归一化;还把连续的数据分成不同的区间,让数据更规范,方便后续使用。

3) 用户建模

AI 会根据收集到的数据来构建用户的画像,了解用户的兴趣和偏好。画像包括长期兴趣和短期兴趣,长期兴趣比较稳定。例如,用户一直喜欢运动,经常买运动装备、看体育赛事,AI 通过分析用户长期的购买记录和浏览历史就能知道;短期兴趣则会变化,如夏天用户可能对游泳装备感兴趣,冬天则对滑雪装备感兴趣,AI 通过分析用户近期的搜索和浏览行为就能捕捉到这些变化。除了行为数据,用户的年龄、性别和地域等基本信息也会被用来更全面地构建用户的画像。

4) 物品建模

对物品也需要进行建模,以便更好地理解它们的特征。例如,对于文本类物品(如新闻文章)AI 会用自然语言处理技术提取关键词、主题等特征;对于图像和视频类物品,会用计算机视觉技术提取图像特征、视频关键帧等;对于商品类物品,则根据商品的属性、描述信息等来构建特征向量。同时,物品的流行度、评分和评价等信息也会被用来完善物品的特征。

　　5）推荐算法

　　（1）协同过滤算法。基于"物以类聚，人以群分"的思想。如果两个用户对某些物品的偏好相似，那么他们对其他物品的偏好也可能相似。基于用户的协同过滤会先找到与用户兴趣相似的其他用户，然后根据他们的行为来给用户推荐物品；基于物品的协同过滤则是先找到与用户已经喜欢的物品相似的其他物品，再推荐给用户。

　　（2）内容推荐算法。根据物品的内容特征来推荐。例如，用户喜欢科幻电影，AI会分析科幻电影的特征，如科幻元素、特效等，然后给用户推荐具有类似特征的其他科幻电影。

　　（3）混合推荐算法。将多种推荐算法结合起来，既能捕捉用户的兴趣偏好，又能提高推荐的准确性和多样性，让推荐结果更好。

　　6）评估与优化

　　AI会用准确率、召回率、多样性及新颖性等指标来评估推荐系统的性能。准确率是指推荐的物品中用户真正感兴趣的物品所占的比例；召回率是指用户真正感兴趣的物品中被推荐给用户的物品所占的比例；多样性是指推荐的物品丰富不单一；新颖性是指推荐给用户的新物品的比例。为了让推荐更精准，AI会根据这些评估结果，调整推荐算法的参数、改进数据预处理方法、增加新的数据源等，还会通过用户反馈来不断优化推荐策略。

🔑 3.5　用户交互与增强体验

3.5.1　用户交互

用户交互就好比你在和一个特别聪明的机器人朋友聊天、打交道。

1. 理解用户说的话

　　AI有个厉害的"本领"，就是能听懂我们说的话或者看懂我们输入的文字内容。不管用户是用很随意的日常口语，还是稍微严谨一点的书面语去跟它交流，它都能尽力弄明白用户的意思。

　　例如，用户跟它说"我想看部有意思的电影，最好是喜剧片，最近有什么推荐呀"，它不会只盯"电影""喜剧片"这些词，而是能理解用户是想让它帮忙推荐几部当下好看的喜剧电影。

2. 给出合适的回应

　　在弄明白用户的意思后，AI就会根据它所知道的知识和信息，给用户一个比较合适的回应。同样是上面那个推荐电影的例子，它可能就会回复用户几部比较受欢迎的喜剧电影名字，还会大概说说这些电影为什么有意思，如内容风趣幽默、剧情很新颖等。

　　而且它回应的方式也比较像我们平时聊天，不会特别生硬，会尽量让用户觉得亲切自然，就好像朋友之间在互相分享好东西一样。

3. 多种交互方式

（1）文字聊天。这是最常见的，就像我们平时用微信、QQ 聊天那样，在对应的界面上输入文字，然后 AI 就会回复用户。例如，在智能客服那里，用户打字描述问题，它就会用文字回答帮用户解决疑惑。

（2）语音交流。现在很多 AI 设备都支持语音交互，用户只要对着它说出想说的话，不用动手打字。像智能音箱，用户喊一声它的名字，然后说"帮我放首轻松的歌"，它就能识别用户的语音指令，马上给用户播放合适的音乐，特别方便。尤其是在你腾不出手来打字，例如做饭或开车时。

4. 不断学习和进步

AI 并不是一开始就什么都懂、什么都会回应得特别好。它会通过不断收集大量的数据，分析人们和它交流的情况，来学习怎么更好地理解用户的意思，怎么给出更让人满意的回答。

例如，刚开始它可能不太明白某个新流行起来的网络用语，但随着越来越多人用，它慢慢就学会了，下次再有人用这个词跟它交流的时候，它就能准确回应了。而且它也会根据每次和用户交流完之后，用户满不满意这个反馈，来调整自己后面的表现，争取下次让用户更开心。

5. 应用场景多

（1）生活中。像智能家居系统，可以通过和 AI 交互来控制家里的灯光开关、调节空调温度、打开窗帘等，让生活变得特别方便。还有智能手表，用户可以问它自己的运动数据、健康情况。

（2）学习上。有些学习软件里的 AI 助手，问它学习中遇到的难题，它会给用户讲解知识点、提供解题思路，就像身边有个随时能请教的老师一样。

（3）工作中。办公软件里的 AI 功能可以帮用户整理文档、生成报告、修改文案等。只要告诉它用户的需求，它就能按要求工作。

3.5.2　用户增强体验

用户增强体验就是利用人工智能技术，让我们在使用各种产品和服务时，获得更好、更贴心、更个性化的感受，以下是一些具体的方面。

1. 更加个性化

AI 能够通过分析我们的行为数据，如浏览历史、购买记录、搜索关键词等，了解我们的兴趣爱好和习惯，然后给我们提供符合个人口味的内容推荐。例如，电商平台会根据用户之前的购物情况，推荐可能喜欢的商品；视频网站会推荐用户感兴趣的视频，让用户更容易找到自己想看的东西。

2．提高效率

（1）智能预测。AI 可以预测我们接下来可能需要什么，提前为我们做好准备。例如，智能家居系统能根据用户的日常作息，自动在用户到家前调节好室内温度、打开灯光等，让用户一回家就能享受舒适的环境。

（2）简化流程。AI 会优化交互流程，减少不必要的步骤。例如在一些办公软件中，AI 能自动识别文档中的内容并进行格式调整、生成摘要等，让用户不用再烦琐地手动操作，节省时间和精力。

3．提供更贴心的服务

（1）情感分析。通过情感分析技术，AI 能够理解我们的情绪和语气。当用户开心时，它可以用更欢快的方式回应用户；当用户不开心或遇到问题时，它会用更温和、安慰的语气与用户交流，并尽力为用户解决问题，给用户一种被关心、被理解的感觉。

（2）多语言支持。对于不同语言背景的用户，AI 可以轻松地进行多语言交流和翻译，打破语言障碍，让世界各地的人们都能方便地使用各种产品和服务。

4．让体验更加丰富有趣

（1）内容生成。AI 能够生成各种新的内容，如文本、图像、音乐等，为用户带来更多新鲜和有趣的体验。

（2）虚拟体验。借助虚拟现实（VR）和增强现实（AR）技术与 AI 的结合，为用户提供更加沉浸式的虚拟体验。

5．提升可访问性

AI 在提高产品可访问性方面也有应用。例如，开发语音控制功能帮助视觉障碍用户；使用图像识别技术辅助听力障碍用户理解视觉信息；通过预测文本和自动完成功能，帮助运动障碍用户更轻松地进行文本输入。

习题 3

1．图像识别与计算机视觉可以应用在哪些方向？请具体举出几个案例。
2．常用的 AI 制图工具有哪些？
3．请列举出几个视频分析与处理的应用领域。
4．请描述 AI 音乐生成提示词撰写的步骤。

实训 3

1．设计一个原创动漫角色，包括其外貌、服装和性格特点。使用 AI 生成该角色的插画或海报。

　　2. 请使用 AI 视频类工具和技术,从零开始创作一段具有完整故事情节的短视频:使用 AI 生成故事梗概和角色设定。根据故事梗概,自动生成或选择相应的视频素材(如动画、实拍片段等)。利用 AI 剪辑、特效、配音和字幕生成技术,完成视频的后期制作,并导出视频。

　　3. 请使用 AI 音频类工具,生成一首具有特定情感和风格的完整音乐作品。音乐时长 3～5 min。该歌曲应具有完整的音乐结构,包括明确的歌词内容、旋律主题和音乐风格。导出生成的歌曲为常用的音频格式(如 MP3、WAV 等),分享此作品,并邀请他人进行评价和反馈。

习题 3

第**4**章

人工智能开发与工具

CHAPTER **4**

视频讲解

思想引领

随着人工智能技术的蓬勃发展,其对科技进步和产业结构产生了根本性的影响,同时也催生了深远的社会效应。在这样一个日新月异的时期,精通人工智能开发俨然已成为当代科技从业者的关键能力。本项目探讨人工智能开发的核心编程语言、框架、工具及其相关数据集与资源,旨在为读者构建一个连贯的知识体系并提供实用的操作指南。在研习此类技术的过程中,个体不仅需致力于技术能力的精进,更需秉持正确的价值导向和强烈的社会责任感。鉴于人工智能如同"达摩克利斯之剑"一般,既驱动创新也催生了隐私安全、伦理道德等复杂议题,因此,在阐述 AI 技术时,将适时融入思政教育的视角,以引导学习者理解和评估人工智能的应用及演进,推崇技术的良性应用,矢志促进社会前行与人类福利。通过这种理论与实践相结合的方式,旨在培育出兼备专业知识与社会责任感的全方位科技专才。

知识目标

1. 了解人工智能开发所需的核心编程语言及其特点,掌握常用的 AI 编程语言(如 Python)的基本语法和应用。

2. 掌握 TensorFlow、PyTorch、PaddlePaddle 等主流框架的安装及基础应用。

3. 了解 AI 开发中常用的数据集与资源,掌握如何选择和使用适合项目的数据集。

4. 了解 AI 项目的开发流程,包括从需求分析到模型部署的各个环节。

能力目标

1. 够独立安装和配置常用的 AI 编程语言及开发框架,并解决基本的环境配置问题。

2. 能够根据项目需求选择合适的数据集并进行初步处理,为后续的 AI 模型开发做准备。

3. 能够根据 AI 项目开发流程进行有效的任务规划,完成从数据准备到初步模型验证的基本验证任务。

4. 能够在实践中运用所学的 AI 开发知识,分析和解决实际问题。

职业素养目标

1. 培养学生应树立创新意识和社会责任感,关注人工智能技术的最新发展,积极思考如何将人工智能应用于解决社会问题,推动技术创新与社会进步相结合,确保技术向善服务人类。

2. 培养学生应具备人工智能伦理与道德意识,认识到人工智能技术可能带来的隐私泄露、数据滥用等问题,在开发和应用过程中始终遵守职业道德,确保人工智能的开发与应用符合伦理规范,推动技术的健康发展。

3. 培养学生应增强全球视野和国家认同感,了解人工智能技术在全球科技竞争中的重要地位,关注国家对人工智能的政策支持与发展战略,增强自豪感和责任感,为推动国家科技创新和国际竞争力作出贡献。

🔑 4.1　常用 AI 编程语言

在人工智能领域,编程语言的挑选显得尤为关键,它直接关联到研发效率以及项目的最终成就。面对人工智能领域中对大量数据加工、模型培育及算法实施的需求,合适的编程语言成为不可或缺的要素。当前,以 Python 与 R 语言为首的编程工具,在人工智能的开发中占据主流地位。这两种语言各具特点,分别适用于不同的开发场合。

4.1.1　Python 与人工智能

Python 作为一种编程语言,其动态解释的特性、简洁的语法结构以及功能的多样性,赢得了众多开发者的青睐。在数据科学和人工智能这两个快速发展的领域,Python 的适应性和广泛的应用潜力使其成为不可或缺的工具。下面,将探讨 Python 在人工智能开发领域中所展现的核心优势。

1. 广泛的库和框架支持

Python 语言背后拥有一个包罗万象的软件生态,其中不乏专为智能计算与数据分析而生的众多库和框架。举例来说,NumPy 与 Pandas 成为数据整理与操纵的得力助手,而 Matplotlib 和 Seaborn 则担起了数据形象化展示的重任。在机器学习的算法库中,Scikit-Learn 占据一席之地;至于深度学习的舞台,TensorFlow、Keras 和 PyTorch 这三大框架则各领风骚。这些高效的工具为研发流程减负不少,使得研发者能够将更多的精力投入算法的创新与模型的精细调优之中。

2．易学易用

Python 语言以其清晰易懂的语法结构，成为入门级编程学习者理想的选择。在编码的可读性方面，Python 表现卓越，这在很大程度上降低了编程实践中的失误率。另外，得益于其背后庞大的开发社群支持，Python 用户能够轻松获取海量的教学资料、技术文档以及各类资源，这极大地便利了学习过程和问题解答。

3．跨平台性

Python 作为一种编程语言，具备了卓越的跨平台特性，能够在多种操作系统之间流畅切换，包括 Windows、macOS 以及 Linux 等。这种灵活性为开发者提供了极大的便利，使得他们能够在多样化的开发环境之间自如切换，同时也能轻松实现应用程序的广泛部署。

4．强大的第三方库

在 Python 的丰富生态中，众多第三方库如繁星点缀，它们不仅扩展了语言的功能，还极大地促进了 AI 领域的多样化任务实施。诸如 NLTK 与 spaCy，它们在自然语言处理领域大展身手；OpenCV 则是在计算机视觉方面独树一帜；至于 Web 应用程序的构筑，Django 与 Flask 亦各领风骚。得益于这些库的辅助，Python 得以蜕变为一柄多能的瑞士军刀，应对各种挑战游刃有余。

4.1.2 R 语言与人工智能

作为一门深受青睐的编程语言，在统计分析和数据处理的广泛应用奠定了 R 语言在学术与数据科学界的不凡地位，其内蕴的多种统计功能以及卓越的数据图形化展现能力是核心优势。伴随人工智能技术的进步，R 语言的应用范畴亦扩展至这一前沿领域，特别在数据的预处理、特征提取、模型性能评估以及结果的可视化等方面表现出色。该语言还内置了诸如 caret、mlr 以及 keras 等众多机器学习与深度学习库，极大地便利了用户对于分类、回归及聚类等机器学习算法的实施。以下则是探讨 Python 在人工智能开发中的几大显著优势。

1．强大的统计分析功能

R 语言以其强大的统计分析功能而闻名，是数据科学家、统计学家和研究人员的首选工具之一。R 语言内置了广泛的统计函数和方法，涵盖了从简单的描述性统计到复杂的多变量分析。这些功能不仅使得数据分析过程变得高效，还确保了分析结果的准确性和可靠性。

2．高级数据可视化

R 语言在数据呈现的可视化方面展现了非凡的才能，它凭借卓越的图形绘制功能和多样化的定制选择，已然变成数据研究者与分析人士探究数据深层次含义的关键器物。该语言内嵌的图形系统基础,让使用者能够轻易绘制包括柱形、折线、散点以及直方图等基本图形,并提供了一系列细致的参数设置,以便用户对图形的视觉呈现和布局进行精细调整。进一步说,R 语言中的 ggplot2 库亦获得了广泛推崇,被视作高级数据视觉化的强有力工具。ggplot2 引入了"图形语法"的概念,用户得以通过叠加多种图层与组件,构筑出精致且复杂的图像,进而更为精准地揭示数据间的规律与联系。

3. 丰富的包资源

R 语言拥有一个丰富的软件包资源库,称为 CRAN,其中包含了成千上万的软件包,它们专门用于多样化的数据分析工作。无论是经典的统计方法,抑或当前流行的机器学习技术,R 语言均能提供相应的软件包和工具以供研究者使用。

4.2　AI 开发框架

在智能技术的研发过程中,选取合适的开发框架对于模型架构的搭建及其训练速度具有不容忽视的作用。这些框架提供了众多便捷的工具与接口,极大地简化了编程过程中算法的落实和数据操作的复杂性,从而让研发者能够更集中精力于模型架构的设计与性能的提升。现阶段,TensorFlow 与 PyTorch 这两种框架在人工智能领域内备受青睐。二者均拥有独特的优势,能够满足各异的应用场合及研发者不同的需求。

4.2.1　TensorFlow

TensorFlow 是一个由谷歌开发的开源工具,旨在帮助用户构建和训练机器学习和深度学习模型。它允许用户创建复杂的数学模型,通过分析大量数据来完成各种任务,如识别图片中的物体或翻译语言。TensorFlow 提供了许多现成的功能,使得模型搭建变得更加快捷和简单。访问 TensorFlow 官网,如图 4-1 所示。无论是在强大的服务器、手机还是网页

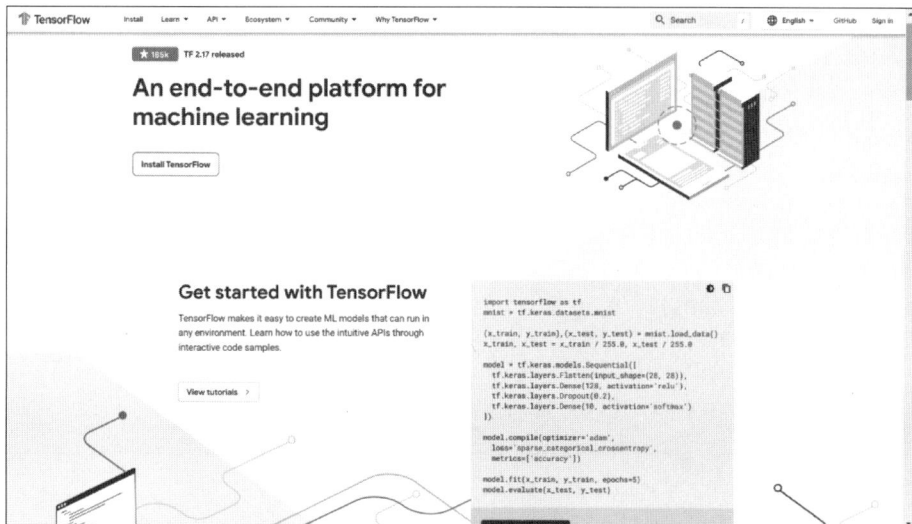

图 4-1　TensorFlow 官网

上,TensorFlow 都支持将训练好的模型部署到不同的设备上,使得模型可以在多种环境中使用。总体来说,TensorFlow 降低了机器学习的入门难度,让更多人能够尝试并应用这些先进的技术。

1. TensorFlow 的优势

TensorFlow 这一工具,对于图像识别、自然语言处理以及预测分析等领域的任务,无论使用者的经验深浅,均能提供有力的技术支撑。其优势之处可概括如下。

(1) TensorFlow 架构的核心在于提升用户操作的便捷性与调试验证的效率。能让使用者如同在通用编程语境中般逐步观察每项操作的影响。此举不仅令代码的撰写与解读过程变得更为清晰易懂,而且在很大程度上减轻了调试工作的复杂性。开发者能够即时观察到每一步操作的结果,这极大地促进了错误检测与修正的速度。

(2) TensorFlow 在灵活性与扩展性方面表现出色,能够兼容各式各样的机器学习和深度学习模型,覆盖了从基础的线性回归到高级的神经网络等不同级别的任务需求。用户得以根据具体的应用场景,对模型进行个性化的定制与优化,无论是面对图像、文本还是结构化数据,均能寻觅到适宜的处理策略。同时,得益于其模块化的架构设计,对模型进行延伸和优化也变得相对简便。

(3) TensorFlow 凭借其庞大的社区基础和丰富的资源支持而显著优势明显。遍布全球的用户群体积极互动,形成了涵盖众多教程、示例代码以及讨论论坛的全面体系。仅需访问 TensorFlow 的 GitHub 地址便可目睹社区活跃景象,如图 4-2 所示。无论对于初学者还是资深专业人士,此处均能挖掘到极具价值的资讯与帮助。社区的高度活跃确保了问题迅速得到解答,同时也能紧跟最新的研究进展和技术动态,这无疑为研发工作增添了加速度。

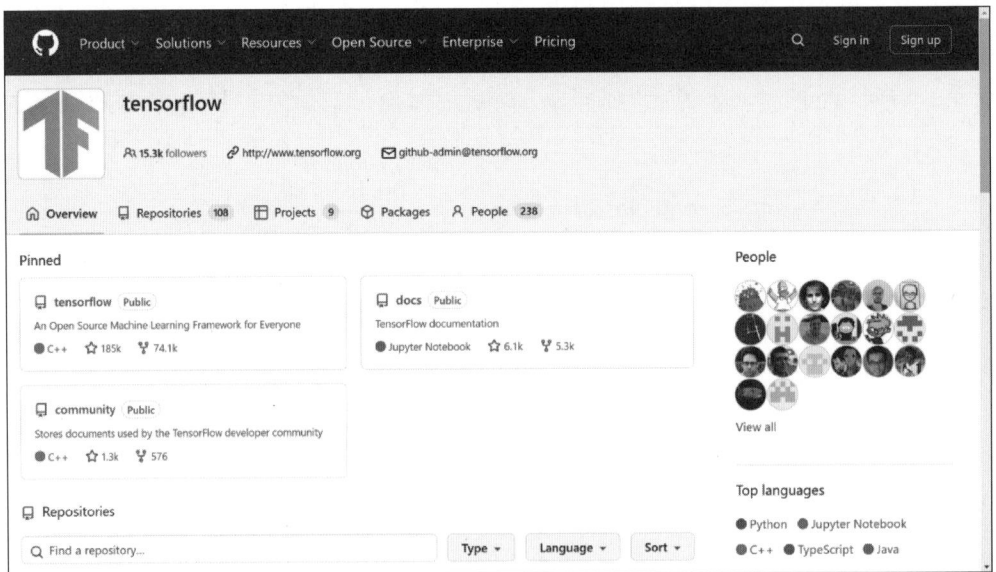

图 4-2　GitHub 的 TensorFlow 社区

（4）TensorFlow 的一大显著特长体现在其广泛的多平台部署功能。它具备卓越的兼容性，能够确保经过训练的模型在众多不同设备上流畅运行，这些设备涵盖了云端服务器、便携式移动设备，甚至是网络浏览器。这种能力让其能够无缝对接多样化的应用环境，进而为实际操作项目带来了极大的灵活性和操作的便捷性。

2. Python 版本选择与 Anaconda 安装

在适配 TensorFlow 的过程中，需注意不同发行版对 Python 版本有着特定的依赖。为确保系统运行的顺畅与兼容性，建议采纳 Python 3.8、3.10 或 3.12 这三个版本之一。在挑选合适的 Python 版本时，官方的安装教程是获取最新兼容信息的优选途径，详情可查看 TensorFlow 官网中构建配置部分。

本书将以 Python 3.10 为例进行说明，具体步骤如下。

（1）打开网页浏览器，前往 Anaconda 官方网站，如图 4-3 所示。接着在页面右上角单击 Free Download 按钮，将跳转到对应的下载页面，随后在页面的右侧填写自己的邮箱地址，待填写好邮箱地址后单击 Submit 按钮就会跳转到 Anaconda 的下载页面，如图 4-4 所示。最后根据自己计算机的系统类型（Windows 或 Mac 或 Linux）选择相应的安装程序。

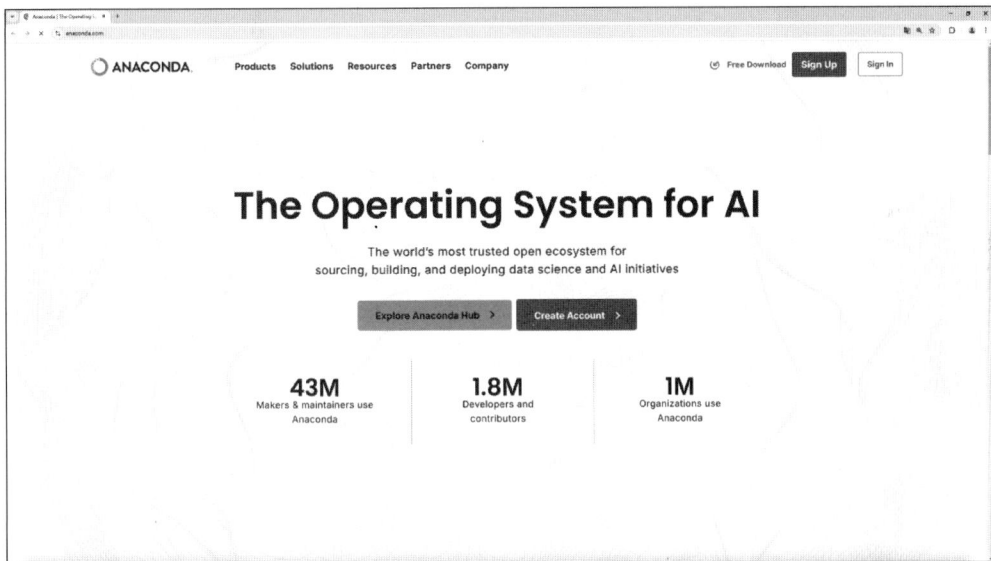

图 4-3　Anaconda 官方网站

（2）运行 Anaconda 安装程序。双击下载的安装文件启动安装程序，并单击 Next 按钮，如图 4-5 所示。

（3）在 License Agreement 页面中单击 I Agree 按钮并进入下一步，如图 4-6 所示。

（4）选择安装路径页面中，把 Anaconda 软件的路径修改为 D 盘并确保 D 盘的空间足够，单击 Next 按钮并进入下一步，如图 4-7 所示。

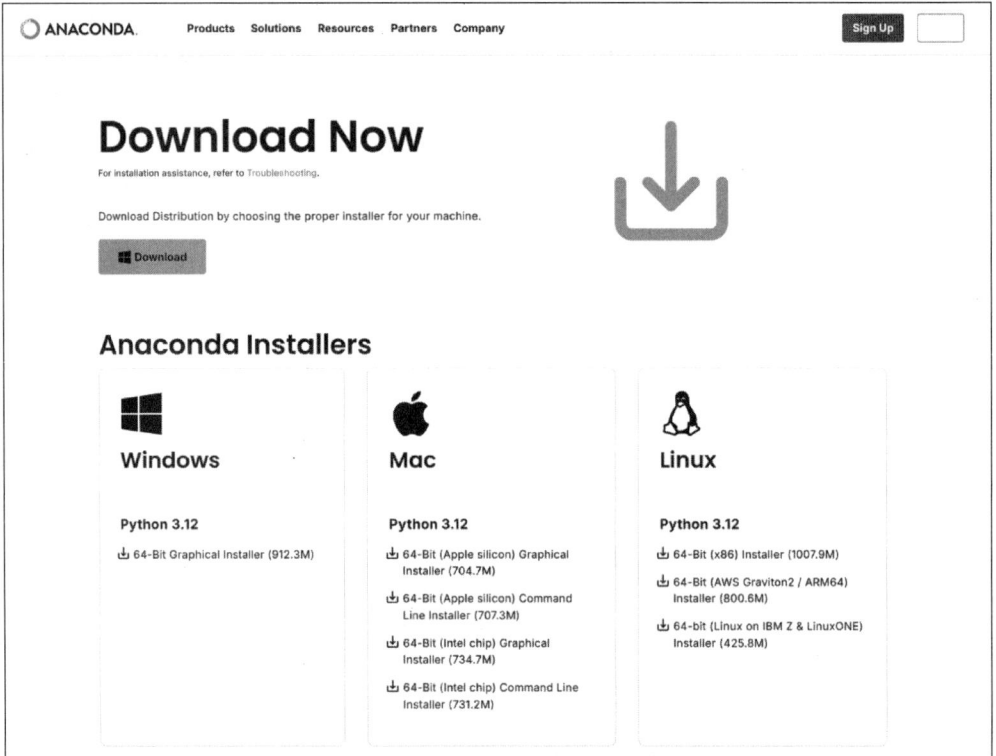

图 4-4　Anaconda 的下载页面

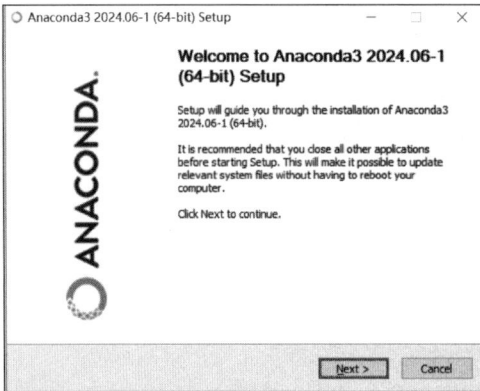

图 4-5　安装程序

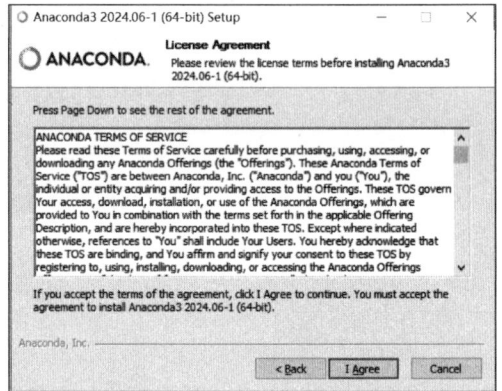

图 4-6　License Agreement 页面

　　(5) 在 Advanced Installation Options 界面,需对三处选项框进行选中操作。首项选中表示安装过程中将在桌面生成该软件的快速访问图标。此项一旦选中则表示安装向导便会自动设置相关的环境变量,确保 Anaconda 的命令行接口得以在系统全局范围内被调用。至于第三项的选择,则是授权 Anaconda 成为其他应用默认的 Python 执行环境。一切选项设定完毕,便可单击 Install 按钮,启动安装过程,具体界面展示如图 4-8 所示。

　　之所以要安装 Anaconda,是因为构建独立运行空间的过程中,虚拟环境发挥着至关重要的作用,它能够将项目所需的依赖项隔离开来,确保每个项目都能享用专属的 Python 版

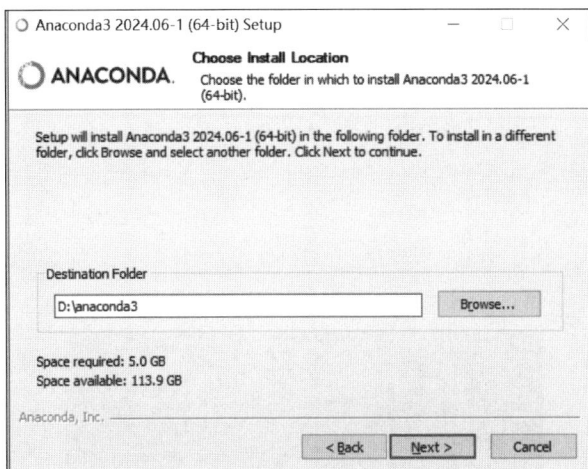

图 4-7　安装路径页面

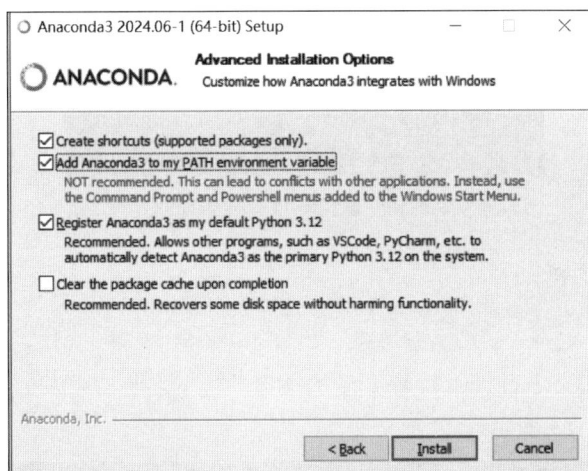

图 4-8　高级安装选项页面

本以及相应的包集合,有效遏制了项目间潜在的冲突问题。这一机制在多项目并发开发中显得尤为关键,尤其是在一台机器上,不同项目对于包或库的版本要求各异,虚拟环境恰恰能够保障各项目之间的兼容性与稳定性。例如,考虑两个独立的项目,一是机器翻译的项目 A,二是情感分析的项目 B,A 依赖 TensorFlow 2.5,而 B 则依赖于老旧的 TensorFlow 1.15。若在系统全局安装这些库,新版本可能覆盖旧版,导致 B 项目受挫。但若采用虚拟环境,A 项目环境仅容纳 TensorFlow 2.5,B 项目环境独立安装 1.15,两项目并行不悖,依赖项各得其所。此举不仅维护了项目的兼容性与可靠性,也极大简化了开发与维护的复杂性。以下即为虚拟环境构建的具体实施步骤详述。

(1) 在 Windows 10 操作系统中,选择"开始"菜单,搜索 Anaconda Prompt,然后单击打开。Anaconda Prompt 是一个命令行工具,专门用于 Anaconda 的环境管理和包管理,如图 4-9 所示。

(2) 在 Anaconda Prompt 中输入以下命令创建一个新的虚拟环境。将环境命名为 tf24_env,并指定 Python 版本为 3.10。

图 4-9 打开 Anaconda Prompt

```
conda create -- name tf24_env python = 3.10
```

这条命令会创建一个 Python 版本为 3.10 的名为 tf24_env 的虚拟环境,同时指定在某个特定的路径上,安装结果如图 4-10 所示。

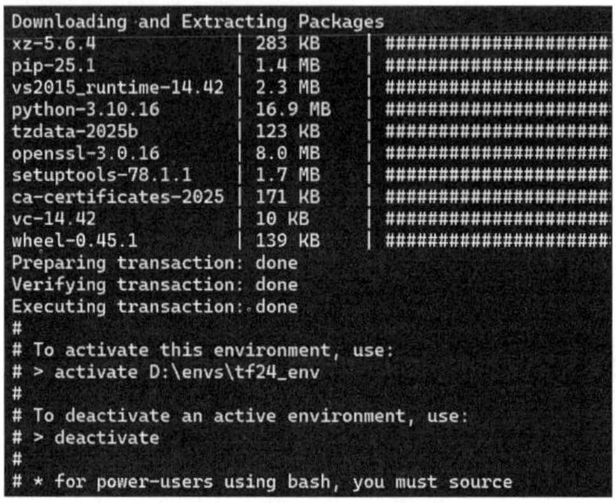

图 4-10 虚拟环境安装结果图

(3) 使用以下命令激活刚刚创建的虚拟环境。

```
conda activate tf24_env
```

激活虚拟环境后,命令行提示符将会显示虚拟环境的名称(例 tf24_env),表示用户现在处于该环境中,如图 4-11 所示。

图 4-11 激活虚拟环境

3. 安装 NumPy 和 Pandas

在搭建好的虚拟环境之下,对 NumPy 与 Pandas 这两大 Python 模块进行安装,可以作为一个检验环境配置是否到位的有效手段,以下将详述其步骤。

(1) 确保虚拟环境处于激活状态,然后输入以下命令安装 NumPy。

```
pip install numpy == 1.22.0 - i https://mirrors.aliyun.com/pypi/simple/
```

(2) 输入以下命令安装 Pandas。

```
pip install pandas == 1.3.5 - i https://mirrors.aliyun.com/pypi/simple/
```

(3) 首先需在命令提示符界面输入 Python 指令并执行,以此方式进入 Python 的交互式界面。继而,在该交互式环境中,代码如例 4-1 代码样例,进行相应的代码输入。

【例 4-1】　验证 NumPy 与 Pandas。

```
import numpy as np
print(np._ _version_ _)
import pandas as pd
print(pd._ _version_ _)
```

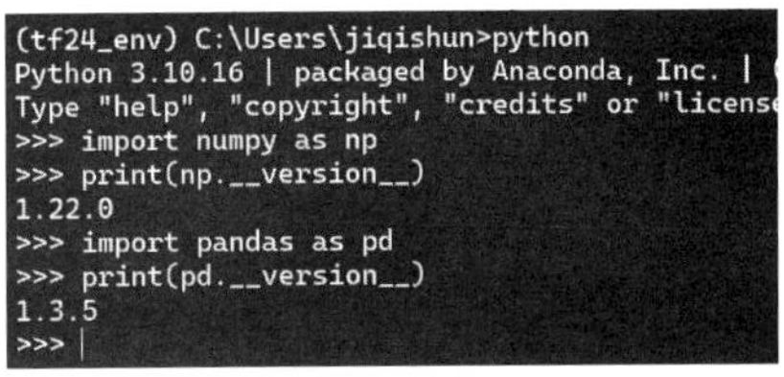

图 4-12　验证 **NumPy** 和 **Pandas** 是否安装成功

若运行成功并返回正确结果,则表示 NumPy 和 Pandas 安装成功,如图 4-12 所示。

4. 搭建 TensorFlow(CPU) 环境搭建

在部署 TensorFlow 之前,首先确保 Anaconda 已妥善安装,并在此基础上构建了一个以 Python 3.10 为运行核心的独立虚拟环境。在该特定虚拟环境下,本节将阐述安装 TensorFlow 2.10.0 的 CPU 版本,并对安装的正确性进行验证等内容。

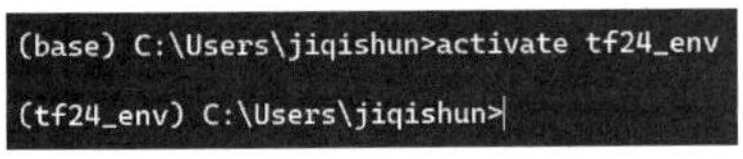

图 **4-13**　重新激活虚拟环境

(1) 重新激活虚拟环境。在命令提示符窗口(CMD)输入 conda activate tf24_env 命令并按 Enter 键,如图 4-13 所示。

(2) 在激活的虚拟环境中输入以下命令。

```
pip install tensorflow == 2.10.0 - i https://mirrors.aliyun.com/pypi/simple/
```

命令的含义是指导 pip 工具安装特定版本的 TensorFlow。在这一操作过程中,pip 将负责获取并部署 TensorFlow 2.10.0 及其必须的依赖库,具体的安装流程可通过图 4-4 进行观察。在安装期间,控制台界面将展示下载的进度条以及相关包的安装详情。整个安装环节通常需时数分钟,其时长受制于计算机的网络连接速度和硬件配置,但无须过分忧虑,直至屏幕出现 Successfully installed 等字样,即可确认安装已圆满完成,如图 4-14 所示。

图 **4-14**　**TensorFlow** 安装成功结果图

(3) 为确保 TensorFlow 得以准确安装,须执行一项基础验证程序。首先,在命令行界面中输入 Python 指令后,轻按 Enter 键以进入互动模式,随后便可以在此环境中输入下列

Python 脚本代码。

```
import tensorflow as tf
# 打印 TensorFlow 的版本号
print(tf._ _version_ _)
```

这段代码会导入 TensorFlow 库,并打印出当前安装的 TensorFlow 版本号。如果输出结果是 2.10.0,这表示成功安装正确的 TensorFlow(CPU)版本,如图 4-15 所示。

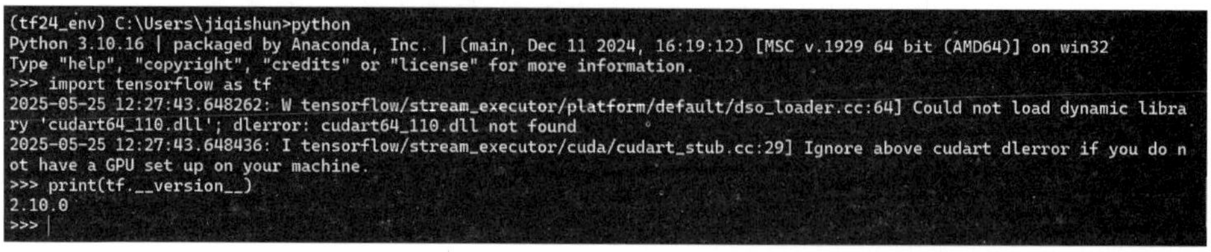

图 4-15　验证 TensorFlow 是否安装成功

5. 快速搭建 TensorFlow(GPU) 环境搭建

前面构建 TensorFlow 的 CPU 版本的详细步骤已经探讨完毕。对于 Windows 10 操作系统而言,如何借助 NVIDIA GeForce RTX 3060 显卡来设置 TensorFlow 2.4.0 的 GPU 支持环境。借助图形处理单元(GPU)的强大能力,可以大幅度提高深度学习模型训练与推理的速度,这种提升在处理大规模数据集或模型结构较为复杂时表现得尤为突出。

在安装之前,需对核心构件的版本进行核实,其中包括 CUDA 11.2 以及 cuDNN 8.1。本书将进一步针对安装的各个阶段提供细致的步骤说明,目的是帮助读者准确无误地完成整个流程,进而确保 TensorFlow 的 GPU 版本能够顺畅运行。以下是创建 tensorflow-gpu 环境的操作指南。

6. 安装 CUDA

(1) 打开浏览器并导航到 NVIDIA CUDA 官网,找到 CUDA 11.2 的超链接,如图 4-16 所示。

图 4-16　CUDA 11.2 的超链接

（2）轻触相应的网络链接，进而访问至下载页面，在此过程中，依次挑选 Windows 作为操作系统选项，x86_64 作为硬件架构类别，10 标识为所需的系统版本，以及 exe(local) 作为安装包格式。完成以上选择后，单击页面右下角 Download(2.9GB) 按键，便可启动 CUDA 11.2 相关安装文件的下载过程，如图 4-17 所示。

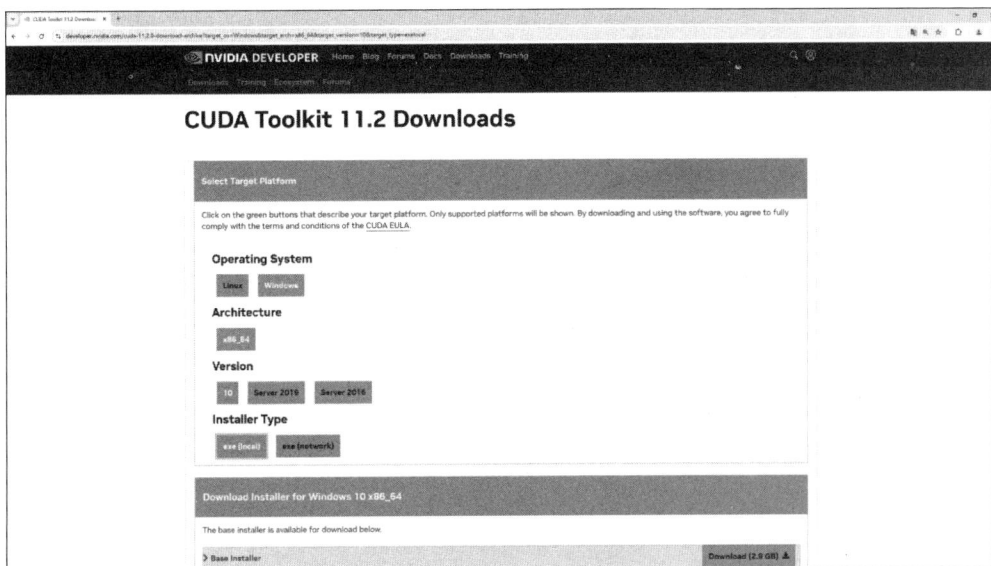

图 4-17　下载 CUDA 安装软件界面

（3）静候下载进程告一段落，继而双击所得安装包，此时 CUDA 的安装向导便会启动；随后，待安装程序对系统环境进行兼容性检验，检验通过后，在 NVIDIA 软件许可协议界面，遵循指示单击"下一步"以推进安装，如图 4-18 所示。

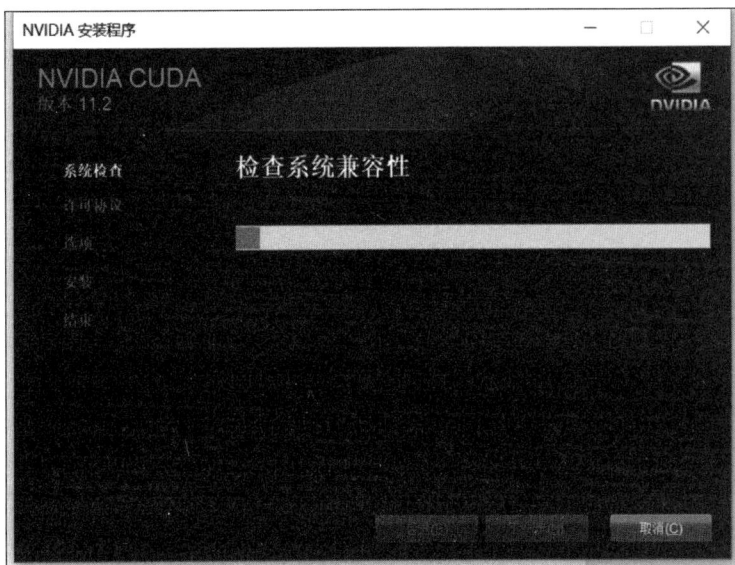

图 4-18　检查系统兼容性页面

（4）在"安装选项"页面会看到两种安装选项："精简（E）（推荐）"和"自定义（C）（高级）"。初学者阶段，建议选择"精简（E）（推荐）"，让安装程序自动选择最佳的设置和组件即可，如图 4-19 所示。

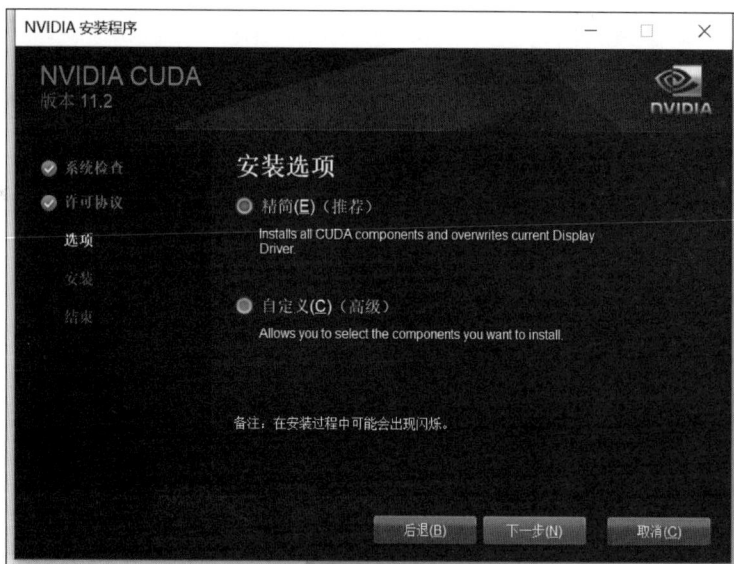

图 4-19 "安装选项"页面

（5）完成程序的安装过程之后，返回至桌面环境，右击"此电脑"图标，依次选取"属性"→"高级系统设置"→"环境变量"，单击"系统变量"按钮区域，确认 CUDA_PATH 以及 CUDA_PATH_V11_2 这两个变量已经设置，如图 4-20 所示。

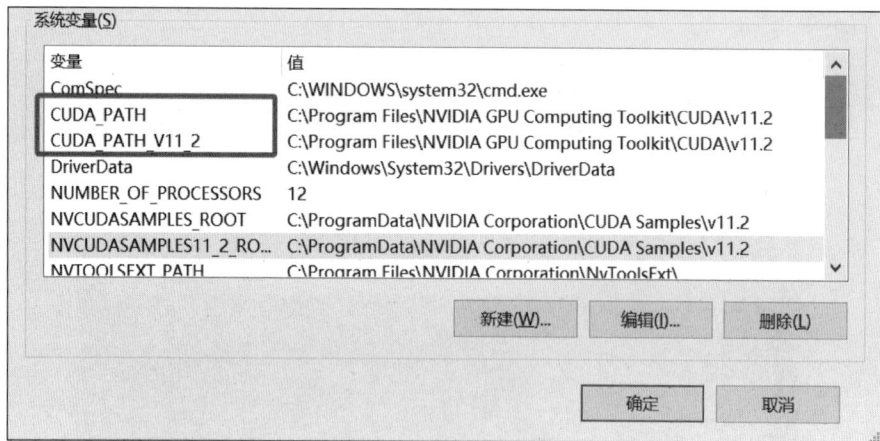

图 4-20 系统环境变量

（6）在图 4-20 中如果发现两个关键变量缺失，建议先行将现有 CUDA 程序卸载，随后检验系统的匹配度，并进行程序的重新安装。相反，若这两个变量得到确认存在，可以通过命令提示符界面（CMD）执行 nvcc -V 这一指令，随后按下 Enter 键，便能够查阅到 CUDA 11.2 等版本的具体信息，如图 4-21 所示。为确保配置改动得以生效，建议重新启动计算机系统。

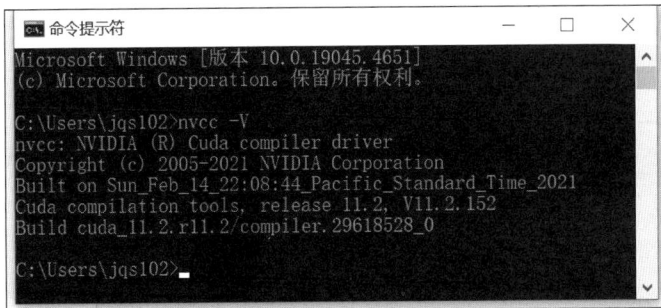

图 4-21　CUDA 版本信息界面

7. 安装 cuDNN

cuDNN(CUDA Deep Neural Network library)是 NVIDIA 提供的一个深度神经网络加速库,专门用于优化和加速深度学习框架的运算。TensorFlow 使用 cuDNN 来优化卷积操作、归一化层和其他深度学习计算任务,因此安装 cuDNN 对于 TensorFlow GPU 版本的性能至关重要。以下是详细的安装步骤。

(1) 打开浏览器,访问 NVIDIA cuDNN 下载页面。用户需要使用 NVIDIA 开发者账号登录才能下载文件。如果还没有账号,需要先按照官网指引一步一步进行注册即可。随后,在文件下载区域,仔细查找与 CUDA 11.2 相匹配的版本 cuDNN 8.1。务必确保所选取的 cuDNN 版本与 CUDA 版本相兼容,以免遇到兼容性难题,如图 4-22 所示。

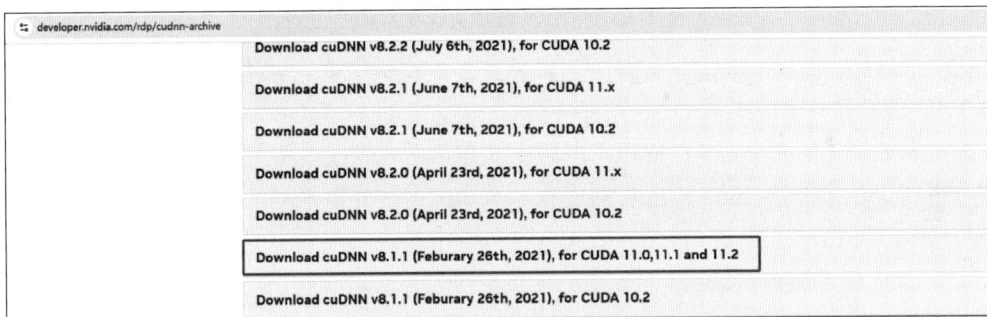

图 4-22　cuDNN 下载页面

(2) 单击 Download cuDNN v8.1.1(Feburary 26th,2021),for CUDA 11.0,11.1 and 11.2 选项,在弹出的详细信息中选择 Windows 版本的 cuDNN。通常提供的下载选项是一个包含所有必要库的压缩包,如图 4-23 所示。单击 cuDNN Library for Windows(x86)选项,下载适合该 cuDNN 版本的压缩包。下载完成后,将得到一个包含 cuDNN 库文件的压缩包。

(3) 执行解压操作,将所获取的 cuDNN 压缩文件置于便于管理的目录之下。推荐在 C 盘下新建目录,如命名为 C:\cuDNN,并在此目录中展开压缩包。完成解压步骤后,将观察到三个子目录:bin、include 以及 lib,如图 4-24 所示。

(4) 把从 cuDNN 压缩包中提取的三个文件夹整体复制至 CUDA 的安装目录,该目录位于 C:\Program Files\NVIDIA GPU Computing Toolkit\CUDA\v11.2。安装完毕后,为验证 cuDNN 是否正确安装,需观察 CUDA 文件夹中的文件是否有更新痕迹。细致检查

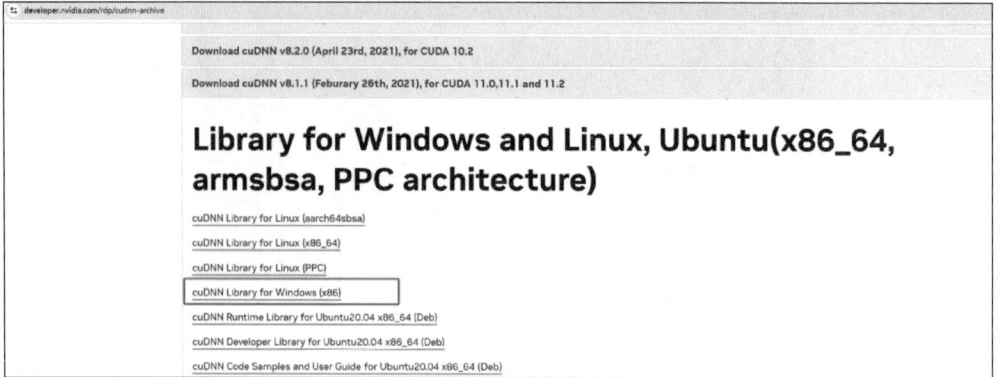

图 4-23　选择 Windows 版本的 cuDNN

图 4-24　cuDNN 解压文件夹结构截图

bin、include 以及 lib\x64 这三个文件夹,以确认复制的内容已准确替换原有文件,如图 4-25 所示。完成上述步骤,接着在命令提示符(CMD)中进行操作,导航至 CUDA 目录中的 extras 文件夹,进而进入 demo_suite 文件夹,执行 bandwidthTest.exe 程序。一旦屏幕显示出显卡信息,则意味着 cuDNN 已顺利配置就绪,如图 4-26 所示。

图 4-25　CUDA 目录下文件的截图

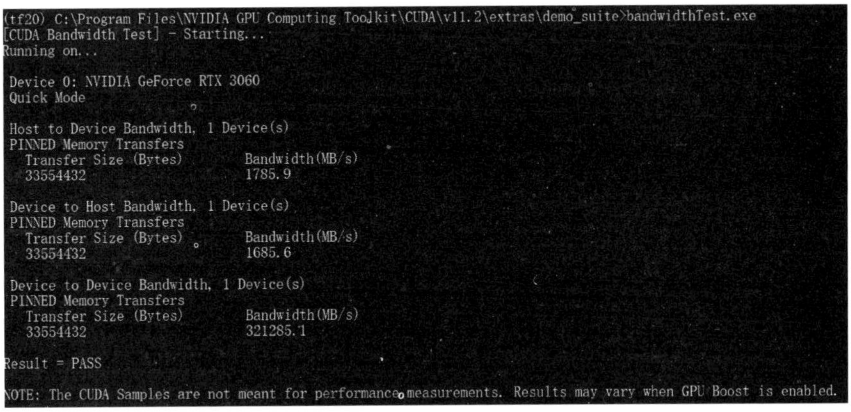

图 4-26　相关显卡等信息

8. 安装 TensorFlow 2.4.0(GPU)

在成功部署 CUDA 与 cuDNN 之后,下一步便是着手安装 TensorFlow 2.4.0 的 GPU 支持版。此版本的 TensorFlow 能够充分发挥图形处理单元的计算潜能,大幅提升深度学习模型训练的效率。以下是详尽的安装指南,包含了从激活虚拟环境到 TensorFlow 安装的全过程步骤。

(1) 右击开始菜单,找到并打开 Anaconda Prompt 命令行提示符,并输入以下命令来激活虚拟环境。

```
conda activate C:\Users\jqs102\anaconda3\envs\tf24_env
```

(2) 通过上述命令可看到命令提示符前的标识已变换为 tf24_env,如图 4-27 所示。此变化表示虚拟环境已被顺利启用,从此所有操作步骤均将在这一独立的环境中展开,它将独立于操作系统其余部分,确保系统整体的稳定性不受干扰。

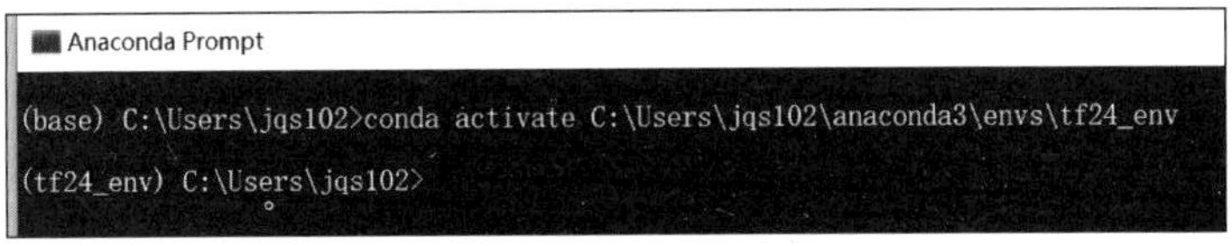

图 4-27　Anaconda Prompt 中激活虚拟环境的截图

(3) 在激活虚拟环境后,输入以下命令来安装 TensorFlow 2.4.0 的 GPU 版本。

```
pip install tensorflow - gpu == 2.4.0 - i https://pypi.tuna.tsinghua.edu.cn/simple
```

在本书中,tensorflow-gpu 这一术语指的是支持图形处理器加速功能的 TensorFlow 版本,具体到版本号 2.4.0。此举旨在确保 TensorFlow 的版本与前期安装的 CUDA 以及 cuDNN 版本相匹配,保持兼容性。在整个安装过程中,pip 工具将自主抓取所有必需的依赖项,并将它们一一部署至当前活跃的虚拟环境之内。一旦系统出现 Successfully installed 的确认信息,便意味着整个安装过程已经无缝完成,如图 4-28 所示。

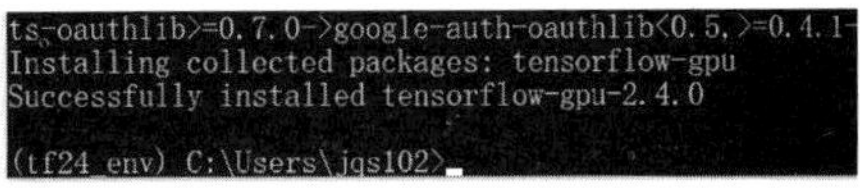

图 4-28　TensorFlow 安装成功后的输出截图

为确保 TensorFlow 2.4.0 及其 GPU 支持环境已准确安装,须执行一系列命令验证。此过程涉及确认 TensorFlow 能否有效识别 GPU 设备,以及能否无障碍地执行一段基础的 TensorFlow 代码。

最后在 Anaconda Prompt 中输入 Python,启动 Python 解释器并输入以下代码检查 TensorFlow 的版本。

```
import tensorflow as tf
print(tf.__version__)
```

4.2.2 PyTorch

Facebook 推出的 PyTorch,作为一款开源的深度学习平台,已在数据科学与人工智能界获得了广泛的认可。该框架的独特之处在于其对动态计算图的支持,允许用户在程序执行过程中灵活地构建和调整计算图,其便捷程度不亚于编写普通程序。这种动态性极大地提升了编程与调试的直观性和易理解性。PyTorch 的接口设计简洁明了,其近似 Python 的编程范式让使用者能迅速掌握,而不必额外学习新语言。它还配备了全面的工具集和函数库,能够高效处理图像、文本等多种数据类型,并支持 GPU 加速,显著减少了模型的训练时长。活跃的 PyTorch 社区,提供了海量的教程和资源,满足了不同层次研究者对于技术支持与资讯的需求。综合来看,PyTorch 具有高度的灵活性与易用性,非常适合于深度学习研究与应用的多方面需求。

1. PyTorch 的优势

PyTorch 之所以受到广泛欢迎,得益于其动态计算图的灵活性以及与 Python 如出一辙的编程范式,这些特性为用户营造易于掌握的开发环境。无论是初涉深度学习领域的学者,还是在此领域深耕的开发者,皆可借助 PyTorch 独到的功能迅速地进行模型的搭建与优化。本书接下来将深入剖析 PyTorch 的数项核心优势,正是这些优势使其在众多深度学习任务中显得尤为卓越。

(1) 动态计算图。PyTorch 使用动态计算图,这意味着计算图是在代码运行时动态创建的。这样可以更灵活地编写和调试模型,因为在程序运行时修改计算图的结构,这就像是在编写普通的 Python 代码一样,特别适合需要频繁调整模型结构的实验,如图 4-29 所示。

动态图　　　　　　　　静态图

```
┌ ─ ─ ─ ─ ─ ─ ─ ─ ─ ┐    ┌ ─ ─ ─ ─ ─ ─ ─ ─ ─ ┐
  运算与搭建同时进行          先搭建图,后运算

  灵活  易调节                高效  不灵活
└ ─ ─ ─ ─ ─ ─ ─ ─ ─ ┘    └ ─ ─ ─ ─ ─ ─ ─ ─ ─ ┘
```

图 4-29　动态图与静态图区别

(2) 类 Python 的易用性。PyTorch 的 API 设计巧妙地与 Python 语言的特点相契合,其代码之清晰与语法之直接,极大地体现了类 Python 的便捷性。对于初次了解深度学习领域的学习者而言,他们也能毫不费力地通过 PyTorch 来进行模型的搭建与训练工作。人们无须投入大量时间去掌握一套全新的编程语言或繁杂的框架结构,仅需依托已有的

Python 技能，便可迅速投身于各项项目之中。

（3）强大的社区和资源。PyTorch 拥有一个活跃且庞大的用户社区，这意味着可以找到大量的教程、示例代码和讨论资源。不论遇到什么问题，社区中总会有人提供解决方案或指导。此外，PyTorch 的官方文档也非常详细，涵盖了从基础到高级的各类使用场景，为用户提供了全面的学习和参考资料。

（4）GPU 加速支持。PyTorch 框架自诞生起便具备了对 GPU 加速的原生支持，这使得其在模型训练与推理过程中，得以施展显卡的高级计算能力。在应对大规模数据集和模型结构复杂性的挑战时，借助 GPU 的加速作用，能够大幅压缩模型训练所需时长，同时有效增强模型的运行效率与表现力。用户仅需将模型及数据轻松转移至 GPU 环境，即可体验到显著的性能增进。

2．创建 pytorch_env 的虚拟环境

（1）打开 Anaconda Prompt，输入如下命令以创建一个名为 pytorch_env 的虚拟环境，并指定 Python 版本为 3.8。

```
conda create -- prefix C:\Users\jqs102\anaconda3\envs\pytorch_env python = 3.10
```

（2）在输入指定命令之后，命令提示符便启动了 Python 3.10 及其基础扩展包的下载与安装流程。在构建虚拟环境的阶段，用户会被提示确认安装，此时只需输入 y 并按下 Enter 键，安装进程便得以延续。完成这一确认步骤之后，一个全新的虚拟环境便宣告诞生，如图 4-30 所示。

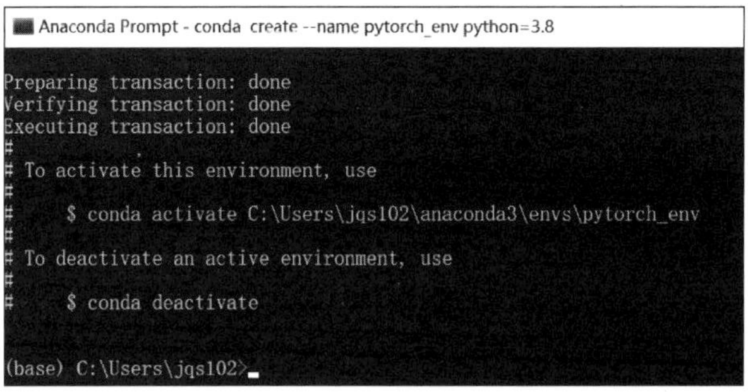

图 4-30　创建虚拟环境的结果图

（3）虚拟环境创建完成后，输入以下命令来激活虚拟环境。

```
conda activate pytorch_env
```

（4）命令行界面的提示字符将变为(pytorch_env)，这表示此刻正位于特定的虚拟环境之内。在此环境下执行的一切命令及所安装的软件包，均独立于系统的其他部分，这一机制有效保障了项目运行的独立性和依赖包版本的一致性。

3．安装 PyTorch

PyTorch 的安装途径众多，其中最为普遍的当属借助 Anaconda 的 conda 工具或是直接采用 pip 工具进行安装。考虑到安装过程中可能遇到的网络波动导致的下载延迟或中断，

建议预先通过网页浏览器手动下载 PyTorch 的预编译版本,进而采用 pip 指令执行离线安装。本部分内容旨在详述如何从官方资源库获取必要的安装包,以及如何通过命令行界面完成整个安装流程。以下即为安装的具体操作指南。

(1) 前往 PyTorch 的官方下载区,挑选与需求相匹配的版本。在本例中选取 CUDA 11.1 与 PyTorch 1.10.0,该版本兼容 Python 3.10。选定之后,网站会展示相应的安装文件名,例如 torch-1.10.0+cu111-cp38-cp38m-win_amd64.whl,如图 4-31 所示。随后,利用网络浏览器将该安装包下载至设备硬盘。下载事宜妥善后,务必记录下文件的保存位置,这将便于后续安装过程中进行准确的路径调用。

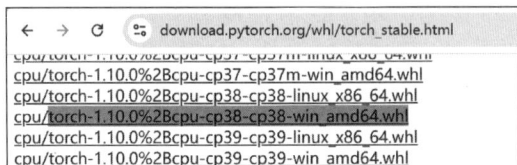

图 4-31　PyTorch 官网选择下载选项

(2) 定位到下载的 .whl 文件所在的目录,执行以下命令进行安装。

```
cd C:\pytorch
pip install torch-1.10.0+cu111-cp38-cp38-win_amd64.whl
```

(3) 在执行完毕指定的命令之后,pip 工具将自主地对所指定的包及其必需的依赖项进行解析,并顺利完成安装过程。采用此种方法进行安装,不仅大幅缩短了因网络下载而消耗的时间,同时也确保了安装包的完整无缺,如图 4-32 所示。

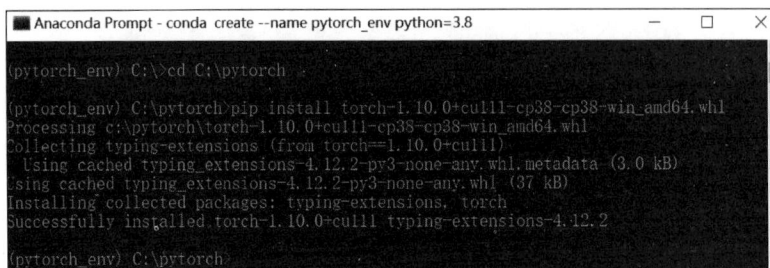

图 4-32　PyTorch 安装界面

4. 验证安装

在完成 PyTorch 及相关库的安装后,在命令行中输入 Python 命令,进入 Python 解释器并输入以下代码进行验证,代码如例 4-2 所示。

【例 4-2】　检查 PyTorch 版本、CUDA 状况。

```
import torch
print(torch.__version__)
print(torch.cuda.is_available())
```

这段代码用于检查 PyTorch 版本号并检查 CUDA 是否可用,如图 4-33 所示,输出的版本号应与所下载的文件一致,则表明 PyTorch 安装成功。然后第三行代码的输出结果为

True，则表示 PyTorch 能够正确检测到系统中的 CUDA 支持，可以使用 GPU 进行加速计算。

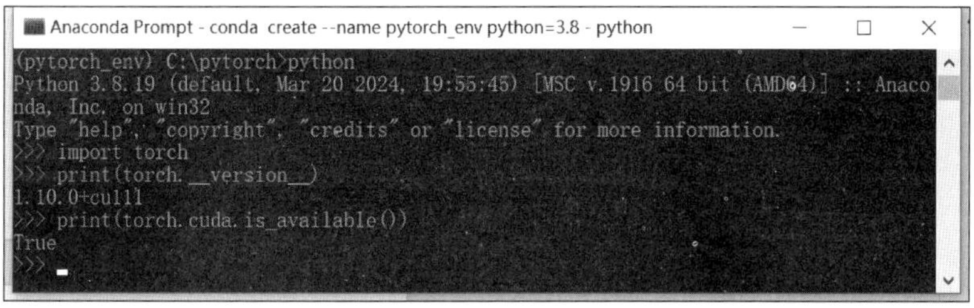

图 4-33　检查 PyTorch

4.2.3　PaddlePaddle（飞桨）

百度推出的飞桨（PaddlePaddle）是一款深度学习框架，其特色在于开源且易于上手，致力于为用户提供高效率和灵活性兼备的深度学习解决策略。该平台在国内人工智能界占据领先地位，覆盖了模型训练、调试以及部署等全方位流程，其应用范围广泛，涵盖了诸如计算机视觉、语言处理、语音识别以及推荐系统等多个重要领域。

PaddlePaddle 旨在为工业界与科研领域的开发者提供一种高效的深度学习模型构建方式，其重点在于优化处理大规模数据以及实现高性能的计算需求。该框架具备分布式训练的能力，能够有效在众多节点与 GPU 之间实现计算加速，以适应和处理大规模的机器学习任务需求。

与其他主流深度学习框架（如 TensorFlow 和 PyTorch）相比，PaddlePaddle 在易用性、中文社区支持和对硬件平台的适配方面具有明显的优势。它不仅支持大规模数据的并行计算，还提供丰富的工具和库来帮助用户构建、训练和优化深度学习模型，如图 4-34 所示。

图 4-34　PaddlePaddle 官网

1. PaddlePaddle 组件

PaddlePaddle（飞桨）不仅是一个深度学习框架，还提供了一系列强大的组件，帮助用户更高效地完成深度学习任务。这些组件涵盖了从模型训练到部署的全过程，下面是 PaddlePaddle 主要核心组件的介绍。

（1）Paddle Hub。是一个用于管理和应用预训练模型的工具。它提供了大量的预训练模型，涵盖了计算机视觉、自然语言处理和语音识别等多个领域，帮助用户快速启动项目，不需要从头开始训练模型。用户可以通过简洁的 API 使用这些模型，进行 fine-tuning 或者直接进行推理，如图 4-35 所示。

图 4-35　PaddleHub

（2）Paddle Serving。是一套专为大规模生产背景打造的高效率在线推理服务体系。该框架旨在为深度学习模型提供便捷的部署与服务功能，能够在大规模场景下迅速地对在线推理请求作出反应。此外，它的能力涵盖了支撑图像、文本以及语音等多种类型的深度学习模型推理任务。

（3）Paddle Lite。是针对移动端和嵌入式设备优化的轻量级推理引擎，能够在资源受限的环境中运行深度学习模型。它支持包括 Android、iOS、Raspberry Pi 等多种平台，使得深度学习技术能够应用到智能手机、边缘设备及物联网等场景。

（4）Paddle Slim。是一个深度学习模型压缩工具包，旨在减少模型的存储空间和计算复杂度，从而提高推理速度和节省计算资源。它支持多种压缩技术，包括剪枝、量化、蒸馏等，帮助用户优化大模型，提升在资源受限设备上的运行效率。

（5）Paddle GAN。是一款专注于生成对抗网络（GAN）领域的工具集，其核心宗旨在于助力研发者更加便捷地开展图像生成、提升分辨率、修复图像以及实现风格转换等复杂任务。此工具包囊括了众多传统的 GAN 模型实现方式，极大地便利了用户在实验与应用过程中的快速部署与操作。

（6）PaddleNLP。这一专注于自然语言处理领域的工具箱，配备了一系列预训练模型及实用工具，能够有效地支撑文本分类、情感分析、实体识别、翻译以及文本生成等多种常见任务。该工具箱融合了飞桨的核心技术优势，极大地方便了用户，使其能够不费吹灰之力地应用深度学习技术，以应对多样化的自然语言处理挑战。

2. Paddle 安装

由于之前已经安装好 cuda11.2 和对应的 cudnn，在接下来可以直接安装 PaddlePaddle 的 GPU 版本，请按照以下步骤进行操作。

（1）获取 PaddlePaddle GPU 版本信息，从官网上面分别选择计算平台为 CUDA 11.2 版本，"芯片厂商"为英伟达，"安装方式"为 pip 模式，"操作系统"为 Windows，"飞桨版本"为 2.6 即可，如图 4-36 所示。

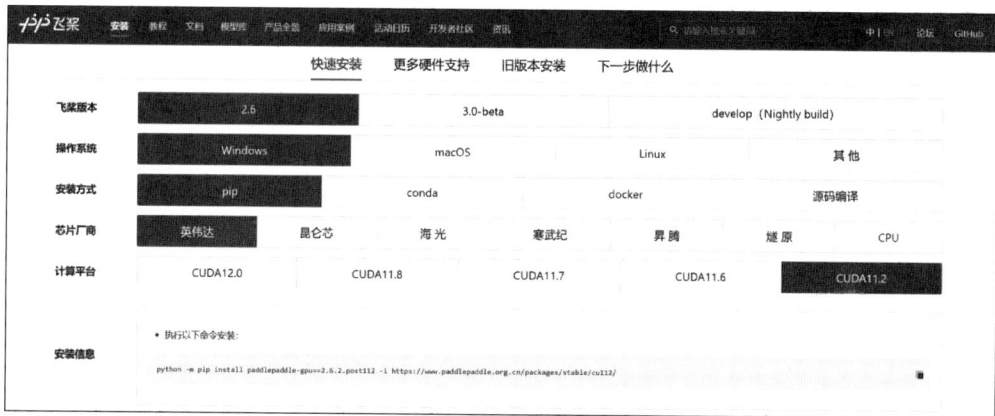

图 4-36　Paddle 版本信息获取

（2）安装 PaddlePaddle GPU 版本，首先新建一个全新的虚拟环境，然后复制图中安装信息的命令到命令提示符中执行安装，等待安装完成即可，命令如例 4-3 所示。

【例 4-3】　安装 Paddle 命令。

```
python - m pip install paddlepaddle - gpu == 2.6.2.post112 - i https://www.paddlepaddle.org
.cn/packages/stable/cu112/
```

（3）安装完成后，可以通过以下代码验证安装是否成功，具体命令如例 4-4 所示。

【例 4-4】　打开命令提示符 cmd，输入以下命令，检查 Paddle 运行情况。

```
import paddle
paddle.utils.run_check()
```

展示的图表结果表明，未观察到任何错误提示，这表明 Paddle 的安装过程已经顺利完成，无须担忧，可以安心地开展深度学习的相关开发工作了。

4.3　数据集与资源

在人工智能与机器学习领域，数据扮演着至关重要的角色，是其模型构建的基石。缺乏优质、多元及丰富的数据集合，将严重阻碍 AI 项目的顺利实施。本节内容旨在阐述数据集的基本概念，梳理常见的公开数据集渠道，探讨数据集的存储与维护方法，介绍数据处理领域的常用工具与技术，并分析数据集的分析与评估策略。

4.3.1　数据集基础知识

在人工智能的研究与实践中，数据集扮演着核心角色，它代表着一组或多组数据的汇总，这些数据可能以结构化或非结构化的形态呈现。数据的集合之品质、规模以及其丰富多样性，对模型的训练效果及其适应新情境的能力具有决定性影响。一般而言，此类数据集涵盖了特征与标签两大要素：特征代表了输入信息的详细属性描述，而标签则标志着与这些特征相匹配的输出结果或分类归属。

数据集合通常可被划分为训练集合、验证集合以及测试集合三大组成部分。在模型构建的过程中,训练集合承担着至关重要的角色,用于对模型进行细致的培养;验证集合则肩负着调整参数及筛选最优模型的任务;测试集合,它的主要职能在于对模型最终的性能进行客观评定。在数据集合的划分策略中,普遍采用的手段是依照特定的比例来进行分配,举例而言,可以将整体数据的 70% 划归为训练用途,余下的分别以 15% 的比例分配给验证与测试之用。

模型成效的优劣,其根本在于数据质量的高低。在构建数据集的过程中,一系列精细化的处理环节不可或缺,如数据的净化、噪声的剔除、空缺值的填充以及数据的均衡化等。这些环节的实施,旨在保障模型能够从数据中提炼出有效信息,而非被噪声或异常值所误导。

4.3.2 常见数据集资源

在 AI 技术与机器学习的研究与实践过程中,训练模型的根基与评估其效能的参照物便是数据集。模型的适用范围及其泛化能力,其决定性因素在于数据集的质量及其丰富程度。目前,众多开放获取的数据集覆盖了众多不同的领域,不仅包含图像、文字、声音、动态影像等多种数据形态。其中,部分广为人知的典型数据集在各种任务和实际应用场景中,均发挥着至关重要的职能。

1. ImageNet

ImageNet 数据库构成了一个庞大的视觉信息仓储,其中收录了超过 1400 万幅带有详细标注的图片资源。它在图像处理领域扮演着至关重要的角色,被视为对图像分类、目标侦测以及图像区隔等任务的一项权威性评价标准。众多研究者依托于在 ImageNet 上进行的模型训练与效能评估,得以创新并推出了更加尖端的深度学习程序。如图 4-37 所示便是选自 ImageNet 库中的一张示范性图像,展现了其数据库的丰富内涵。

图 4-37 ImageNet 样例图片

2. Kaggle

Kaggle 平台作为数据科学与机器学习领域的一大竞技场,向公众开放了众多数据集资源。该平台的数据集丰富多样,覆盖了金融、医疗、自然语言处理及时序预测等多个行业和领域。诸如泰坦尼克号幸存者预测、房产价值估算以及心脏病类型判别等案例数据集,成为学习和竞赛中的常用资源。这些数据集往往关联着具体的商业挑战和评判准则,对于提高实际操作技能具有显著作用。

3. MNIST

MNIST(Modified National Institute of Standards and Technology)数据集是手写数字识别任务的经典数据集,包含 60000 个训练样本和 10000 个测试样本。每个样本是一个 28×28 像素的灰度图像,数字的类别范围从 0 到 9。虽然 MNIST 数据集相对简单,但它仍然是学习和测试图像分类算法的入门数据集,如图 4-38 所示。

图 4-38　MNIST 数据集展示图

4. CIFAR-10 和 CIFAR-100

CIFAR-10 与 CIFAR-100 构成了图像分类领域中两组规模较小的数据集。在 CIFAR-10 中可以发现总共 60000 幅 32×32 像素的彩色图像,它们被平均分配到 10 个不同的类别中,每类别包含 6000 幅图像。相对而言,CIFAR-100 虽然结构相仿,却扩展至 100 个类别,每类别下则有 600 幅图像。这些数据集在探究小样本学习、数据增强技术以及卷积神经网络(CNN)架构设计方面扮演着至关重要的角色,如图 4-39 所示。

5. COCO

COCO(Common Objects in Context)数据集构成了一个多面向的图像资源库,专门用于对象识别、图像分割以及叙述性描述的研究。在该数据集中,收录了 33 万余幅图片,大约有 20 万张图像上附带了超过 150 万的各类对象标注信息。COCO 数据集的显著特征在于其综合了多种标注方式,涵盖了边界框定位、图像分割掩码以及对应的自然语言描述,这一多元化的标注体系令其成为进行多任务及多模态学习研究的极佳选择,图 4-40 所示。

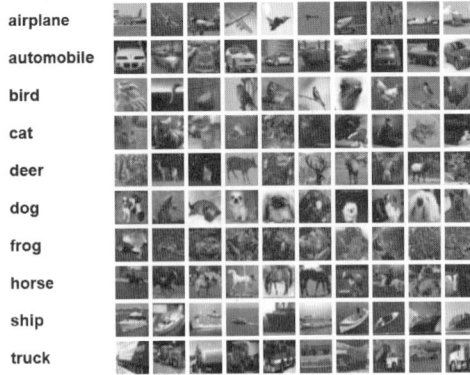

图 4-39　CIFAR-10 图片样例

图 4-40　COCO 数据集的样例图片

6. OpenAI Gym

OpenAI Gym 提供一系列的强化学习场景及基准数据集,范围很广,从传统的控制挑战到机器人动作的多样化任务均有涉及。在这些设定的辅助下,学者得以设计并测试多种强化学习策略,包括但不限于 Q 学习、深度 Q 网络(DQN)以及策略梯度各类算法。

7. LJ Speech

LJ Speech 是一个音频数据集,包含约 13100 段由 LJ 说话人朗读的音频片段,总时长约 24 小时。每个音频片段都附带了相应的文本转录。该数据集常用于语音合成和语音识别的研究与开发。

8. WikiText-103

WikiText-103 是一个大型自然语言处理数据集,包含从维基百科中提取的约 1.03 亿个词。该数据集广泛用于语言建模、文本生成和其他自然语言处理任务,通过访问 WikiText 网站可以获取该数据集进行训练、测试及验证,如图 4-41 所示。

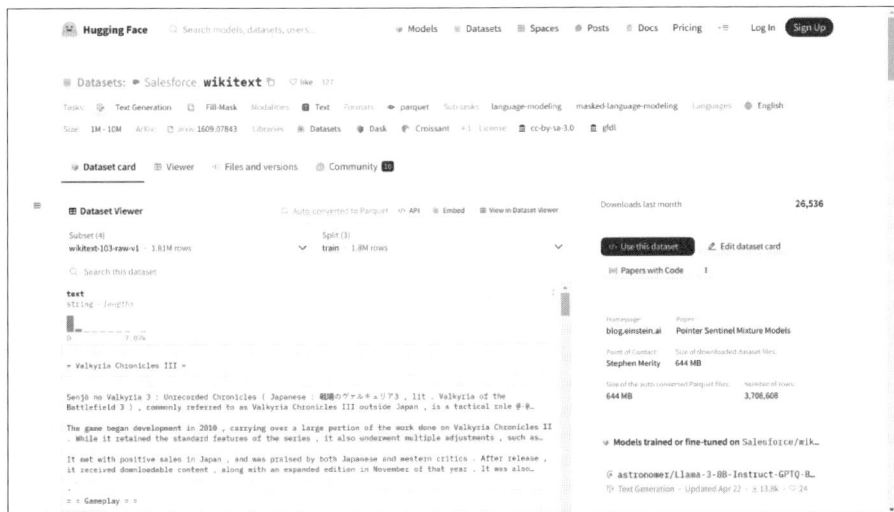

图 4-41　WikiText 网站首页

在开展具体研究及面对不同任务需求时,选取适宜的数据集成为关键一环。模型的鲁棒性能在多样化的数据集中得到加强,同时也能借此揭示并处理模型中可能隐藏的缺陷。探究这些数据集时,研究人员常会细致分析其数据的分布特性、标注手段以及可能存在的偏见。在实践应用中,精准挑选与精心准备数据集,是模型得以成功应用的基础环节。因此,对于从事 AI 与机器学习开发的人员而言,了解和熟悉经典数据集显得尤为必要。

4.3.3　数据集存储与管理

在人工智能项目的诸多环节中,对数据集的存储与维护扮演着至关重要的角色。得当的数据存放策略不仅增强了数据的安全性,而且提升了数据检索的效率,同时也为数据的备份以及灾难恢复提供了坚实基础。

数据存储的方式多种多样,其中包括本地磁盘、云端存储以及分布式文件系统等不同选项。在处理规模较小的数据集时,常规的做法是将其存放于本地磁盘之上。然而,对于那些规模庞大的数据集,选用云端存储或者是分布式系统则显得更为恰当,如大数据处理平台 Hadoop 所采用的分布式文件系统——Hadoop Distributed File System(HDFS)。

在数据的统筹与维护领域,涵盖了数据的整理归档、迭代监管、权限设置以及治理机制的建立。在数据科学研究的轨迹中,对数据集版本的管理显得尤为关键,一旦数据发生变动,模型的效能亦可能随之波动。在众多版本控制利器中,DVC 与 Git LFS(大型文件存储)颇为常用。同时,对数据接触权限的精细化管理也是数据维护不可或缺的一环,通过精心制定的权限与控制策略,可以有效保障敏感资料的安全,杜绝任意数据泄露与非授权访问的风险。

4.3.4　数据处理工具与技术

在人工智能与机器学习的项目开发过程中,数据的加工与处理扮演着不可或缺的核心角色,涵盖了诸如数据的清洗、转换、特征构建以及数据丰富化等一连串精细操作。当数据处理得当,模型的效能将得到显著提升,同时在训练与推断阶段中的误差亦会相应降低。以下,将介绍若干应用于此领域的处理工具与常用技术手段。

1. 数据清洗

数据清洗是指从原始数据中删除或修正不完整、不准确或不相关的数据。常见的数据清洗任务包括处理缺失值、去除重复数据和纠正数据格式。

(1) 处理缺失值。缺失值是指数据集中存在的空白或无效值。处理缺失值的方法包括删除含有缺失值的记录、用均值或中位数填补缺失值,或者使用更复杂的插补方法(如 K 近邻法)。

(2) 去除重复数据。在数据收集和存储过程中,不时会出现数据记录的重复现象。这些多余的数据不仅无端占用存储资源,而且对模型训练的准确性也可能产生不利影响。为了解决这一问题,可以利用 Pandas 库中提供的 drop_duplicates() 功能,便捷地移除这些冗余记录,具体命令如例 4-5 所示。

【例 4-5】 以泰坦尼克号乘客数据集为例运行 drop_duplicates 函数。

打开命令提示符 cmd,进入虚拟环境 tf24_cpu,安装 Pandas 库,具体命令如下所示。

```
activate tf24_cpu
pip install pandas
```

进入目录"D:\code_post\pythonProject2\教材"中,运行 drop_duplicates_example. py 文件,出现 PassengerId Survived 等字段的运行效果则表示文件运行成功,如图 4-42 所示。

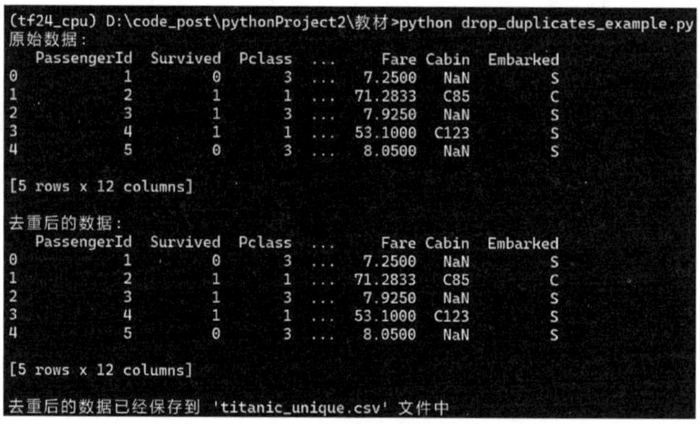

图 4-42　drop_duplicates()函数示例图

(3) 纠正数据格式。数据可能因格式不一致而无法被模型接受。例如,日期和时间格式可能需要标准化,文本数据可能需要去除多余的空白和特殊字符。

(4) 数值缩放。不同特征的数值范围可能相差很大,这会导致某些特征在模型中被忽视。常见的缩放方法有标准化(将数据转换为均值为 0、标准差为 1 的分布)和归一化(将数据缩放到 0~1 范围内)。

(5) 编码分类变量。对于非数值的分类特征,如性别、地区等,模型无法直接处理。可以使用独热编码(One-Hot Encoding)或标签编码(Label Encoding)将这些特征转换为数值形式。

2．特征工程

特征工程是通过生成新的特征或选择已有特征来增强模型性能的过程。它包括特征选择和特征提取等。

（1）特征选择。在构建模型的进程中，精心筛选数据集中的关键特征至关重要，此举旨在简化模型结构并规避过拟合的风险。在这一环节可以借助多种策略，如进行关联性探讨或是采取主成分分析（PCA）技术，以甄别并提取出最为有效的特征。

（2）特征提取。特征提取过程涉及自原始资料中筛选并获取关键的有效信息。以图像处理领域为例，卷积神经网络（CNN）便是一种常用于此目的的技术手段。而针对文本数据的处理，词嵌入（Word Embedding）策略则成为提取文本核心特征的普遍方法。

3．数据增强

数据增强是一种通过生成新数据样本来增加数据集多样性的方法。它在图像、文本和音频等领域都有广泛应用。

（1）文本数据增强。可以通过同义词替换、句子重组等方法生成新的文本样本。

（2）音频数据增强。可以通过改变音频的音量、速度或添加噪声等方法生成新的音频样本。

（3）图像数据增强。通过旋转、翻转、裁剪、颜色变换等方法生成新的图像样本，从而提高模型的泛化能力。例如杯子的形状保持不变，但样式（包括颜色、纹理和对比度）是随机的，如图 4-43 所示。

图 4-43　图像数据增强样例

4．KNIME 工具

KNIME（Konstanz Information Miner）是一款开源的数据分析、集成和可视化工具，广泛应用于数据清洗、分析、挖掘和可视化等任务。KNIME 提供了图形化的工作流界面，用户可以通过拖放节点的方式构建数据分析流程，且无须编写代码。该工具适用于从初学者到专家的各类用户，能够高效地处理各种数据分析需求。

（1）KNIME 的特点。KNIME 这一工具的显著特性，大致可划分为四个主要方面：①其具备图形化的工作流程设计，用户得以通过直观的拖曳节点方式组装数据处理的步骤，从而极大简化了数据分析的复杂性。②该工具展现出对多样化数据源的高度兼容性，能够轻松导入如 Excel、CSV 以及各类数据库等格式的数据。③它融合了机器学习与数据挖掘的功能，内置了众多机器学习算法的节点，能够有效执行分类、回归、聚类等数据分析任务。④其配备了完善的可视化工具集，用户可以迅速地生成直观的数据可视化成果。

（2）KNIME 工作流设计。KNIME 的工作流由多个节点组成，每个节点代表一个操作或处理步骤，节点间通过连接线传递数据，以下是 KNIME 工作流的示意图，如图 4-44 所示。

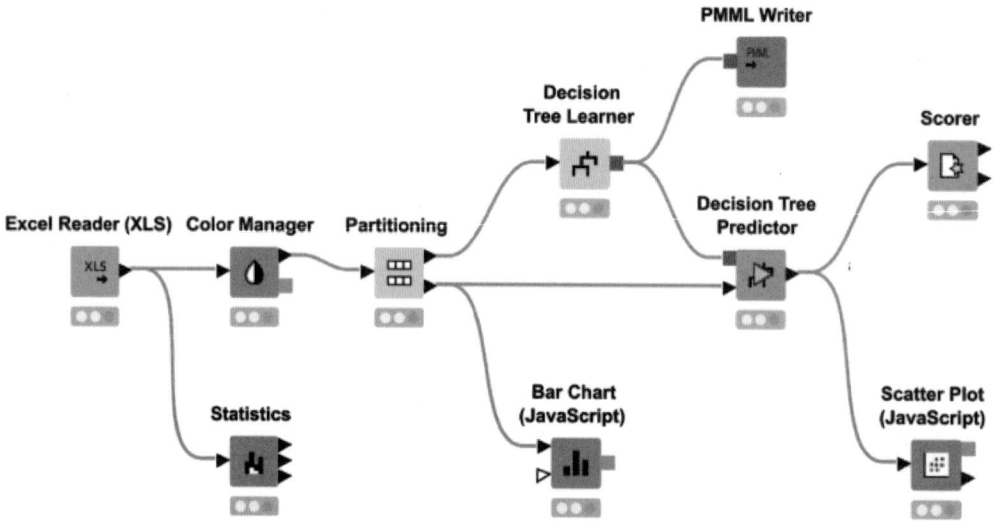

图 4-44　KNIME 工作流示例图

（3）常用节点与功能。KNIME 这一工具箱搭载了众多便捷的功能节点，能够灵活地处理不同数据格式的输入与输出，涵盖 CSV、Excel 以及各类数据库格式。使用者得以利用这些节点对数据进行初步处理，涉及填补空缺值、数据的净化以及标准化等多方面，以此保障数据的精准度。正如图中所示，它能够有效地融合来自不同渠道的数据。同时，KNIME 也融合了众多机器学习算法节点，能够对分类、回归等模型进行训练与效果评估。更值得一提的是，其内置的可视化工具库十分丰富，使得用户能够轻松绘制柱状图、散点图等图形，从而形象地呈现分析成果，如图 4-45 所示。

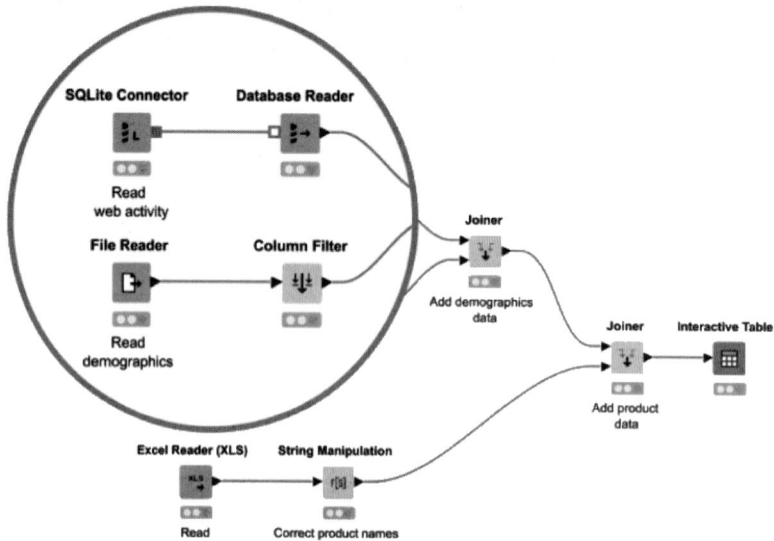

图 4-45　KINIME 节点与功能

4.3.5　数据集分析与评估

在对数据进行深入探究的过程中,分析并评价数据集的质量显得尤为关键。在这一过程中可以洞察数据的分布模式、特性以及潜在缺陷,这些洞察力对于指导后续模型的构建与精进具有不可估量的价值。进一步地,对数据集进行全面的评估,重点在于确认其是否具备充分的全面性与代表性,以保障数据集能够准确无误地映射出实际问题的本质。

1. 数据集统计与可视化

数据集统计与可视化是数据分析的基础。统计分析包括描述性统计和推断性统计,通过统计方法可以揭示数据的基本特征和规律。

(1) 描述性统计。描述性统计包括均值、标准差、中位数、分位数等,用于总结数据的集中趋势和分散程度。

(2) 推断性统计。推断性统计用于从样本数据推断总体特性,包括假设检验和置信区间估计等方法。

(3) 数据可视化。数据可视化是一种通过图表形式展示数据的方法,可以直观地显示数据的分布和关系。常用的可视化工具包括 Matplotlib、Seaborn 和 Tableau 等。可以使用直方图、散点图、箱线图等多种图表类型。

2. 数据评估

数据集评估的目的是验证数据集的全面性和代表性,确保模型在训练和测试过程中能够遇到真实世界中的情况。

(1) 全面性。数据集是否覆盖了问题域中的所有可能情况。例如,在图像识别任务中,数据集中是否包含了所有类别的图像。

(2) 代表性。数据集中的样本是否能够代表真实世界中的数据分布。例如,训练数据集中是否包含了各种光照条件、角度等情况下的图像。

🔑 4.4　AI 项目开发流程

在探索人工智能领域的项目构建时,必须严格遵循一套细致入微的开发流程,以确保项目自需求调研起始至顺利部署终的过程流畅进行。本部分内容将借助 TensorFlow 2.4.0 版本的案例,深入阐释人工智能项目从孕育到成熟的全套工序,覆盖了需求解析、数据的汇集与初步加工、模型筛选及训练环节、模型的效果评定与精细化调整、实施部署与系统集成,以及成效分析暨报告撰写,如图 4-46 所示。该流程不仅融入了丰富的理论知识,亦结合了实践操作,旨在助力读者深刻领悟并掌握人工智能项目开发中的核心环节。

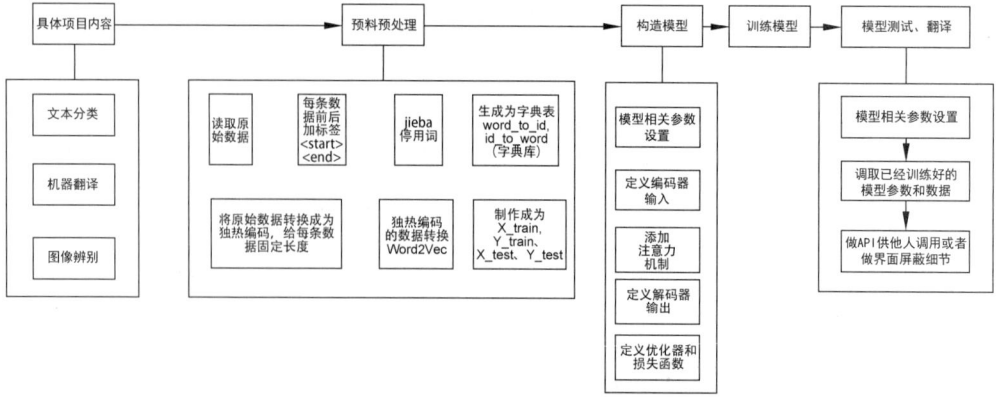

图 4-46　AI 项目的开发流程

4.4.1　需求分析

在人工智能项目的初步探索中,需求分析扮演着举足轻重的角色,它不仅是项目启动的基石,也是全程开发中不可或缺的关键环节。在此环节中必须清晰地界定出项目的宗旨、界限以及预期的成效。基于 TensorFlow 2.4.0 来构建图像分类模型为例,需求分析的过程涵盖了确立待解难题(如对某些图像类别的分类)、掌握项目背景(如行业内的实际应用情况)、识别目标受众(如终端用户群体),以及设定项目成功的准则(如达到特定的分类精确度)。例如,若目标为开发能够自动辨识医疗影像中肿瘤的模型,此阶段需深入探究医疗领域的背景知识、现行的诊断技术以及模型的具体使用情境。此外,与医生、数据科学家等关键利益相关者的密切交流,亦是确保项目目标清晰、需求明确的关键步骤。

4.4.2　数据收集与预处理

在 AI 项目中,数据的搜集及其初步加工扮演着奠定模型训练成效的基石角色。模型表现优劣,与数据本身的品质及处理手段密不可分。鉴于此,深入洞察数据搜集与预处理的具体实施流程,对于打造一个高效的 AI 框架显得尤为关键。本部分旨在深入阐释数据准备的全程,助力读者领悟到如何将数据妥善地筹备妥当,以迎接模型训练及评估的各个环节。

为阐述数据搜集的具体步骤,本研究选取了 Kaggle 平台上的"泰坦尼克号乘客数据集"作为案例分析。该数据集收录了众多乘客的详细资料,其目的在于推断这些乘客在泰坦尼克号悲剧中能否逃生。其数据架构清晰且易于理解,非常适宜用作分类问题的研究样本。该数据集的主要构成字段,可以参见表 4-1 中所列。

表 4-1　Kaggle 泰坦尼克号数据集主要字段

字　段	含　义	字　段	含　义
PassengerId	乘客 ID	Pclass	船舱等级
Name	乘客姓名	Sex	性别
Age	年龄	SibSp	兄弟姐妹/配偶数量
Parch	父母/子女数量	Ticket	票号
Fare	票价	Embarked	登船港口(C,Q,S)
Survived	是否幸存(0＝No,1＝Yes)		

1．获取数据集

从 Kaggle 网站下载数据集，可以通过登录 Kaggle 账户，找到所需的公开数据集，并单击下载按钮将数据集文件（通常为 .zip 格式）保存到本地。下载后，将其解压并加载到 Python 中进行进一步处理，下载界面如图 4-47 所示，等待下载完成，数据集的数据字段如图 4-48 所示。

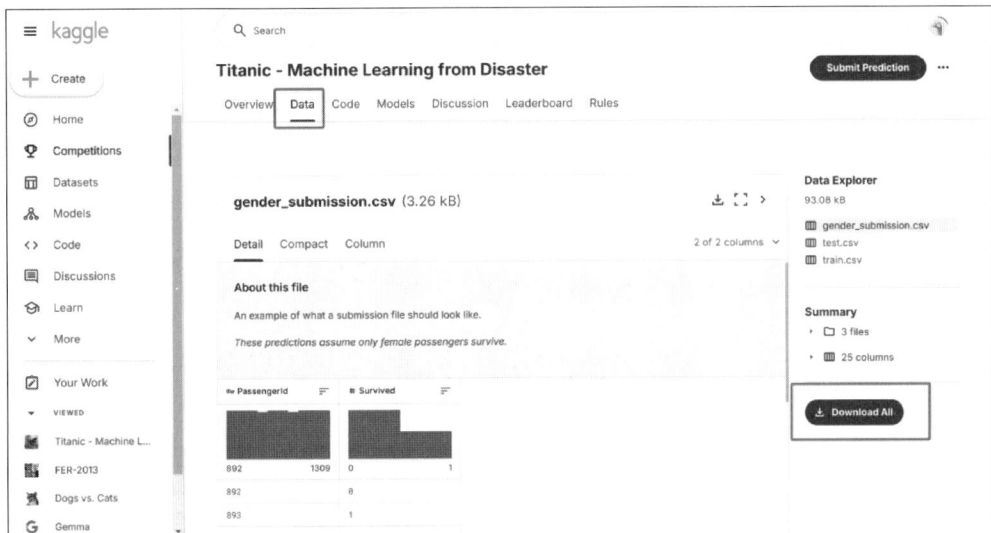

图 4-47 泰坦尼克号数据集下载界面

2．数据预处理

数据预处理是将原始数据转换为适合模型输入的格式的过程。这个过程包括数据清洗、数据转换、特征工程和数据增强等步骤。以下详细介绍每个步骤，在运行以下每个步

图 4-48 数据集字段展示图

骤之前都必须要打开命令提示符 cmd，接着进入虚拟环境 tf24_cpu，然后进入目录"D:\code_post\pythonProject2\教材\泰坦尼克号数据"。

（1）数据清洗的目的是处理缺失值、异常值和重复数据。具体情况可以运行文件 step_1_data_cleaning.py，若运行成功，则会生成一个新的 csv 文件 titanic_cleaned.csv，如图 4-49 所示。

（2）数据格式化是将数据转换为模型需要的格式。再运行文件 step_2_data_formatting.py 成功后则会生成 titanic_formatted.csv，如图 4-50 所示。

（3）特征工程包括从原始数据中提取有用的特征，以增强模型的性能。运行文件 step_3_feature_engineering.py，生成 titanic_with_features.csv，如图 4-51 所示。

（4）数据标准化将特征值缩放到相同的范围，通常是标准正态分布。运行文件 step_4_data_standardization.py 生成文件 titanic_standardized.csv，如图 4-52 所示，同时会展示数据标准化后的数据情况，如图 4-53 所示。

```
(tf24_cpu) D:\code_post\pythonProject2\教材\泰坦尼克号数据>python step_1_data_cleaning.py
原始数据:
   PassengerId  Survived  Pclass  ...     Fare Cabin  Embarked
0            1         0       3  ...   7.2500   NaN         S
1            2         1       1  ...  71.2833   C85         C
2            3         1       3  ...   7.9250   NaN         S
3            4         1       1  ...  53.1000  C123         S
4            5         0       3  ...   8.0500   NaN         S

[5 rows x 12 columns]

清洗后的数据:
   PassengerId  Survived  Pclass  ...     Fare Cabin  Embarked
0            1         0       3  ...   7.2500   NaN         S
1            2         1       1  ...  71.2833   C85         C
2            3         1       3  ...   7.9250   NaN         S
3            4         1       1  ...  53.1000  C123         S
4            5         0       3  ...   8.0500   NaN         S

[5 rows x 12 columns]
清洗后的数据已保存到 'titanic_cleaned.csv'
```

图 4-49　步骤 1 运行成功界面

```
(tf24_cpu) D:\code_post\pythonProject2\教材\泰坦尼克号数据>python step_2_data_formatting.py
原始数据:
   PassengerId  Survived  Pclass  ...     Fare Cabin  Embarked
0            1         0       3  ...   7.2500   NaN         S
1            2         1       1  ...  71.2833   C85         C
2            3         1       3  ...   7.9250   NaN         S
3            4         1       1  ...  53.1000  C123         S
4            5         0       3  ...   8.0500   NaN         S

[5 rows x 12 columns]

格式化后的数据:
   PassengerId  Survived  Pclass       Name  Sex   Age  SibSp  Parch            Ticket     Fare Cabin  Embarked
0            1         0       3     Braund    0  22.0      1      0         A/5 21171   7.2500   NaN         2
1            2         1       1    Cumings    1  38.0      1      0          PC 17599  71.2833   C85         0
2            3         1       3  Heikkinen    1  26.0      0      0  STON/O2. 3101282   7.9250   NaN         2
3            4         1       1   Futrelle    1  35.0      1      0            113803  53.1000  C123         2
4            5         0       3      Allen    0  35.0      0      0            373450   8.0500   NaN         2
格式化后的数据已保存到 'titanic_formatted.csv'
```

图 4-50　步骤 2 运行成功界面

```
(tf24_cpu) D:\code_post\pythonProject2\教材\泰坦尼克号数据>python step_3_feature_engineering.py
原始数据:
   PassengerId  Survived  Pclass       Name  Sex   Age  SibSp  Parch            Ticket     Fare Cabin  Embarked
0            1         0       3     Braund    0  22.0      1      0         A/5 21171   7.2500   NaN         2
1            2         1       1    Cumings    1  38.0      1      0          PC 17599  71.2833   C85         0
2            3         1       3  Heikkinen    1  26.0      0      0  STON/O2. 3101282   7.9250   NaN         2
3            4         1       1   Futrelle    1  35.0      1      0            113803  53.1000  C123         2
4            5         0       3      Allen    0  35.0      0      0            373450   8.0500   NaN         2

特征工程后的数据:
    Age     AgeGroup  SibSp  IsSingle
0  22.0        Adult      1     False
1  38.0  Middle-aged      1     False
2  26.0        Adult      0      True
3  35.0        Adult      1     False
4  35.0        Adult      0      True

特征工程后的数据已保存到 'titanic_with_features.csv'
```

图 4-51　步骤 3 运行成功界面

```
(tf24_cpu) D:\code_post\pythonProject2\教材\泰坦尼克号数据>python step_4_data_standardization.py
原始数据:
   PassengerId  Survived  Pclass       Name  Sex  ...     Fare Cabin  Embarked     AgeGroup  IsSingle
0            1         0       3     Braund    0  ...   7.2500   NaN         2        Adult     False
1            2         1       1    Cumings    1  ...  71.2833   C85         0  Middle-aged     False
2            3         1       3  Heikkinen    1  ...   7.9250   NaN         2        Adult      True
3            4         1       1   Futrelle    1  ...  53.1000  C123         2        Adult     False
4            5         0       3      Allen    0  ...   8.0500   NaN         2        Adult      True

[5 rows x 14 columns]

标准化后的数据:
        Age      Fare
0  0.271174  0.014151
1  0.472229  0.139136
2  0.321438  0.015469
3  0.434531  0.103644
4  0.434531  0.015713

标准化后的数据已保存到 'titanic_standardized.csv'
```

图 4-52　步骤 4 运行成功界面

PassengerId	Survive	Pclass	Name	Age	SibSp	Parch	Fare	Sex_female	Sex_male	Embarked_C	Embarked_Q	Embarked_S
1	0	3	Braund, Mr. Owen Harris	22	1	0	7.25	0	1	0	0	1
2	1	1	Cumings, Mrs. John Bradley (Florence Briggs Th...	38	1	0	71.2833	1	0	1	0	0
3	1	3	Heikkinen, Miss. Laina	26	0	0	7.925	1	0	0	0	1
4	1	1	Futrelle, Mrs. Jacques Heath (Lily May Peel)	35	1	0	53.1	1	0	0	0	1
5	0	3	Allen, Mr. William Henry	35	0	0	8.05	0	1	0	0	1
6	0	3	Moran, Mr. James	27	0	0	8.4583	0	1	0	1	0
7	0	1	McCarthy, Mr. Timothy J	54	0	0	51.8625	0	1	1	0	0
8	0	3	Palsson, Master. Gosta Leonard	2	3	1	21.075	0	1	0	0	1
9	1	3	Berg)	27	0	2	11.1333	1	0	0	0	1
10	1	2	Nasser, Mrs. Nicholas (Adele Achem)	14	1	0	30.0708	1	0	0	0	1
11	1	3	Sandstrom, Miss. Marguerite Rut	4	1	1	16.7	1	0	0	0	1
12	1	1	Bonnell, Miss. Elizabeth	58	0	0	26.55	1	0	0	0	1
13	0	3	Saundercock, Mr. William Henry	20	0	0	8.05	0	1	0	0	1
14	0	3	Andersson, Mr. Anders Johan	39	1	5	31.275	0	1	0	0	1
15	0	3	Vestrom, Miss. Hulda Amanda Adolfina	14	0	0	7.8542	1	0	0	0	1
16	1	2	Hewlett, Mrs. (Mary D Kingcome)	55	0	0	16	1	0	0	0	1
17	0	3	Rice, Master. Eugene	2	4	1	29.125	0	1	0	0	1
18	1	2	Williams, Mr. Charles Eugene	35	0	0	13	0	1	0	0	1
19	0	3	Vander Planke, Mrs. Julius (Emilia Maria Vand...	31	1	0	18	1	0	0	0	1
20	1	3	Masselmani, Mrs. Fatima	33	0	0	7.225	1	0	0	1	0
21	0	2	Fynney, Mr. Joseph J	35	0	0	26	0	1	1	0	0

图 4-53 部分数据展示图

(5) 在准备好数据之后，需要将数据分隔为训练集和测试集。这样可以在训练模型时评估其性能，并防止过拟合。在步骤 4 的基础上，则可以运行文件 step_5_data_split. py，若运行成功，则会生成四个新的 csv 文件，分别是 X_train. csv(训练集特征数据)、X_test. csv(测试集特征数据)、y_train. csv(训练集标签数据)、y_test. csv(测试集标签数据)，如图 4-54 所示。

```
(tf24_cpu) D:\code_post\pythonProject2\教材\泰坦尼克号数据>python step_5_data_split.py
标准化后的数据：
   PassengerId  Survived  Pclass       Name  Sex  ...      Fare Cabin  Embarked     AgeGroup  IsSingle
0            1         0       3     Braund    0  ...  0.014151   NaN         2        Adult     False
1            2         1       1    Cumings    1  ...  0.139136   C85         0  Middle-aged     False
2            3         1       3  Heikkinen    1  ...  0.015469   NaN         2        Adult      True
3            4         1       1   Futrelle    1  ...  0.103644  C123         2        Adult     False
4            5         0       3      Allen    0  ...  0.015713   NaN         2        Adult      True

[5 rows x 14 columns]

训练集特征数据 X_train 的大小：(623, 6)
测试集特征数据 X_test 的大小：(268, 6)
训练集标签数据 y_train 的大小：(623,)
测试集标签数据 y_test 的大小：(268,)

已成功保存 4 个 CSV 文件：'X_train.csv', 'X_test.csv', 'y_train.csv', 'y_test.csv'
```

图 4-54 步骤 5 运行成功界面

4.4.3 模型选择与训练

模型的选择及其训练扮演着至关重要的角色。当数据搜集与初步的加工处理工作尘埃落定，紧随其后的关键步骤便是挑选出恰当的模型架构，进而利用这些经过精细处理的数据进行模型的培育。在这一过程中，精准地识别并采纳恰当的模型种类，以及对于训练流程的细致优化，直接关系到最终成果的优劣。

在筛选模型的过程中，通常依据任务的具体特性来决定最匹配的模型类型。在本例中采纳了泰坦尼克号数据集，旨在对乘客的生还情况进行预判。针对此类二分类课题，适宜采用的模型有诸如逻辑回归、支持向量机、决策树、随机森林以及神经网络等多种。在众多选择中，本研究以逻辑回归模型作为展示案例，因其作为一种简洁而有效的二分类方法，非常适合入门者进行学习和实践。至于模型训练环节，这一过程涉及将训练数据应用于模型的适配。

在数据收集与预处理完成后，针对泰坦尼克号数据选择逻辑回归模型进行训练，具体可运行文件 step_6_logistic_regression. py。若出现准确率、分类报告等详细信息，则表示运行成功,否则运行失败,如图 4-55 所示。

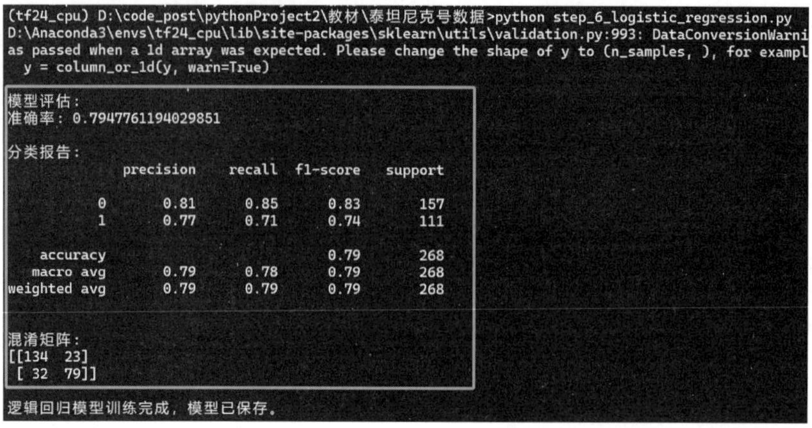

```
(tf24_cpu) D:\code_post\pythonProject2\教材\泰坦尼克号数据>python step_6_logistic_regression.py
D:\Anaconda3\envs\tf24_cpu\lib\site-packages\sklearn\utils\validation.py:993: DataConversionWarni
as passed when a 1d array was expected. Please change the shape of y to (n_samples, ), for exampl
  y = column_or_1d(y, warn=True)
模型评估:
准确率: 0.7947761194029851

分类报告:
              precision    recall  f1-score   support

           0       0.81      0.85      0.83       157
           1       0.77      0.71      0.74       111

    accuracy                           0.79       268
   macro avg       0.79      0.78      0.79       268
weighted avg       0.79      0.79      0.79       268

混淆矩阵:
[[134  23]
 [ 32  79]]
逻辑回归模型训练完成,模型已保存。
```

图 4-55　模型训练运行成功界面

4.4.4　模型评估与优化

在模型训练过程告一段落之后,对其性能进行细致的衡量成为下一步要务。评估的工作不仅在于确认模型的当前表现,更在于以此为据,对模型进行精调,旨在提升其准确度以及更广泛场景下的适应力。当利用测试数据集对模型进行性能检测时,常用的评价标准包括但不限于准确率、精确率、召回率以及 F1 得分。在寻求性能提升的过程中,不妨采取诸如修改超参数、扩充数据集规模或实施更为高级的模型结构等策略。以下是几项常见的策略。

第一种策略是采取修改超参数的手段。例如通过网格搜寻技术和随机搜寻策略,以探寻并确定那些最为理想的超参数搭配。

第二个策略涉及对数据集的扩容。具体而言,即是通过搜集追加的样本数据或者采用数据扩充手段以产生额外的训练资料。

策略之三则是引入更为高级的算法架构。例如,通过部署深度神经网络或是集成多样算法的复合学习模型,如随机森林、XGBoost、Transformer 模型修改版本等,从而显著增强模型的预测能力与效能。

4.4.5　部署与集成

训练完毕并精调后的模型,便是将其投入生产环境中,以实现其现实世界的应用价值。在这一过程中,模型的部署与系统融合显得尤为关键,它是确保模型能够在实际操作中充分展现其效能的必要环节。

在一般情况下可以将模型安放在不同的运行环境中,如本地服务器、云端服务器或者各类嵌入式设备。部署模型的典型方式涉及以下几种:一是将模型转换为文件形式,并在本地服务器完成加载与运行;二是依托云服务平台的便利,部署模型并借助应用程序接口提供相应的服务;三是将模型集成至移动设备或是物联网设备之内,从而实现实时的预测分析功能。

4.4.6　结果分析与报告

在模型部署后,需要对模型的预测结果进行分析,并撰写报告,总结项目的成果和不足。利用诸如 Matplotlib、Seaborn 等可视化工具对预测数据进行详尽探究,以便发掘模型的误差案例,并对模型在不同情境下的性能进行客观评价。运行文件 step_7_display_confusion_matrix.py 即可获取基于泰坦尼克号数据库的模型训练后的混淆矩阵,展示了混淆矩阵的分析成果,如图 4-56 所示。

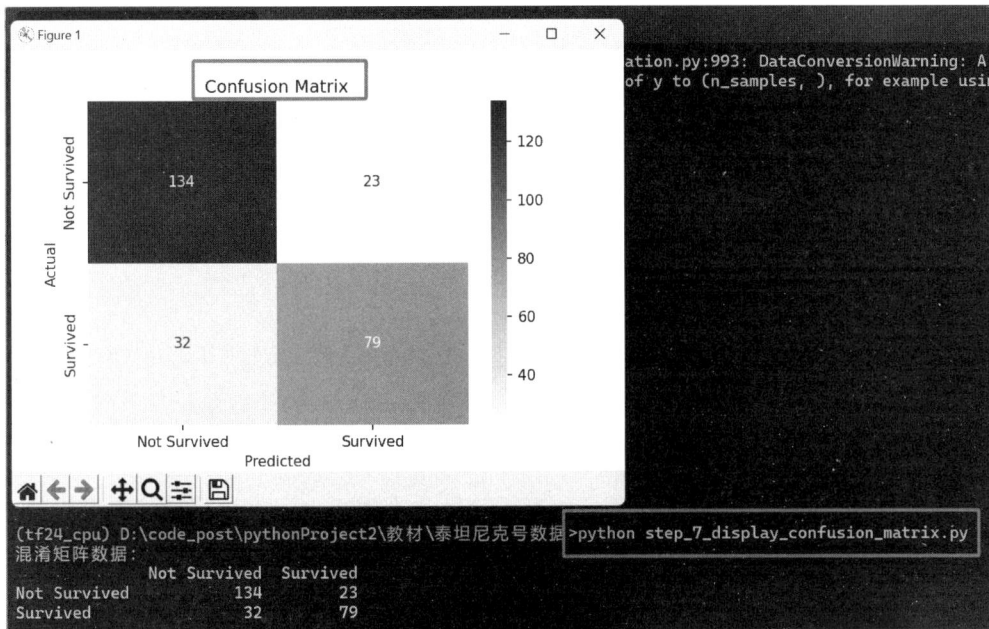

图 4-56　结果分析运行结果图

习题 4

1. 以下哪种编程语言是人工智能开发中最常用的语言?(　　)
   A. Java　　　　　　B. C++　　　　　　C. Python　　　　　　D. JavaScript
2. 下列哪个开发框架不属于主流的人工智能开发框架?(　　)
   A. TensorFlow　　B. PyTorch　　C. PaddlePaddle　　D. React
3. 人工智能项目的开发流程通常不包括以下哪一项?(　　)
   A. 数据收集与处理　　　　　　B. 需求分析与设计
   C. 项目营销与推广　　　　　　D. 模型开发与评估
4. 人工智能开发中,以下哪项不是开发框架的主要功能?(　　)
   A. 提供预构建的模型　　　　　B. 管理硬件资源
   C. 提供高效的计算能力　　　　D. 定义数据存储结构
5. 人工智能技术能够带来生产效率的提升,但也带来了_____问题,尤其是在人脸识别、数据采集等领域。

6. TensorFlow 和 PyTorch 等开发框架为开发者提供了_____的工具集和计算能力，支持大规模机器学习任务。

7. 简述人工智能技术在现代社会中的影响，并举例说明人工智能应用可能带来的伦理问题。

8. 简要说明 TensorFlow、PyTorch 和 PaddlePaddle 的主要区别及其应用场景。

9. 简述人工智能开发流程中的"数据预处理"环节的重要性。

🔑 实训 4

人工智能开发环境搭建

任务描述：本任务要求学生在自己的计算机上搭建一个简单的人工智能开发环境，包括安装和配置 Python、TensorFlow 或 PyTorch 框架。学生需要掌握如何通过命令行工具进行环境配置，解决常见的安装问题。

任务步骤：①安装 Python 并配置虚拟环境；②安装 TensorFlow 开发框架，确保能够成功导入库并运行基础程序；③编写一个简单的 Python 脚本，导入 TensorFlow 或 PyTorch，验证开发环境的搭建是否成功。

任务要求：①提交安装过程的截图及配置文件；②提交运行成功的简单程序代码及其输出结果。

习题 4

第5章

人工智能的关键技术

CHAPTER **5**

人工智能行业的发展关键在于机器学习、神经网络和深度学习等技术的进步。机器学习是人工智能的重要分支,它通过让计算机系统模仿人类的学习与思考方式来改进自身系统的输出效率与结果。神经网络技术是机器学习的一个分支,它通过系统模仿人类大脑神经元思考与信息传递的过程来进行建模,并通过数据的训练得到可以预测与认知的系统,对相关问题进行决策与输出。深度学习是神经网络的一个子领域,它试图模仿人脑的工作方式,通过构建多层神经网络来处理复杂的数据和任务,它在图像识别、语音识别和自然语言处理等领域取得了显著的成果。总体来说,人工智能的关键技术通过模拟人类的学习、理解和思考过程,实现了对复杂数据的高效处理和决策,为各行各业提供了强大的技术支持。

视频讲解

思想引领

知识目标

1. 了解机器学习、神经网络以及深度学习的基本概念与应用。
2. 掌握机器学习常用算法。
3. 掌握决策树的概念以及相关工具的使用。

能力目标

1. 能够应用机器学习工具解决实际问题。
2. 能够使用决策树模型解决简单问题。
3. 能够终身学习和自我提升。

职业素养目标

1. 学生应秉持严谨的工作态度和强烈的责任心,对待每个项目都需认真细致,确保工作的高质量和高效率。

2.鉴于人工智能领域的迅猛发展,学生应具备持续学习的意愿与能力,不断更新自身的知识与技能,以应对未来的挑战。

3.学生应树立正确的科技观,深刻认识到科技是推动社会进步的重要力量,同时也要警惕科技可能带来的潜在负面影响。

🔑 5.1 机器学习基础

机器学习作为人工智能领域的关键分支,通过使计算机从数据中习得规律和模式,进而实现智能化决策与任务执行。在当今数字化时代,掌握机器学习技术不仅能显著提升个人竞争力,还能为职业发展增添显著优势。众多行业,如金融、医疗、制造等,正广泛运用机器学习技术,以提升效率、降低成本并开创新价值。因此,学习机器学习不仅是顺应行业发展的必然要求,更是把握未来机遇的重要基石。

5.1.1　概述与分类

机器学习在当前计算机科学技术发展中占据举足轻重的地位,其核心功能在于使计算机系统能够通过数据和经验的训练,实现自动学习和持续优化,而无须进行显式的编程。这一学习过程不仅使计算机能够从数据中精确提取模式、自主做出决策,还能逐步提升系统性能,为人们提供高效且可靠的解决方案。

1. 定义与本质

(1)定义。机器学习是一门专注于算法设计与开发的科学,旨在通过数据和经验,使计算机实现自动学习和持续优化。

(2)本质。机器学习的核心在于模拟人类的思维与学习过程,通过不断优化算法并进行持续训练,最终构建出逼近物理世界的计算模型。该模型能够高效地从数据中提取知识,并将其应用于全新场景。

2. 发展历程

追溯至 17 世纪,帕斯卡尔与费马等先驱者奠定了早期的直接概率推理理论基础。随后,贝叶斯、拉普拉斯等学者进一步深化了对概率论推理问题的研究。这些理论共同构成了机器学习研究中广泛应用的工具和数学基石。普遍认为,经过多个阶段的理论创新与技术突破,20 世纪中叶成为机器学习领域公认的崛起点。

(1)早期阶段。在这一阶段,研究者开始探索如何让机器模拟人类的学习过程。该阶段的研究主要集中在模式识别和计算学习理论的基础性问题上。阿兰·图灵提出了图灵测试,作为衡量机器是否具备智能行为的标准。弗兰克·罗森布拉特发明了感知机,这一早期神经网络模型为后续神经网络研究奠定了坚实基础。马文·明斯基则从理论层面剖析了以感知机为代表的神经网络模型的局限性,指出其无法解决异或(XOR)等基本问题,这一发现导致了神经网络研究的暂时性停滞。

（2）中期发展。随着计算机技术的不断进步和数据量的急剧增加，机器学习开始广泛应用于实际问题，如语音识别、图像处理等领域。在这一时期，机器学习算法取得了显著进展，涌现出神经网络、支持向量机等多种先进算法。赫伯特·西蒙等学者在人工智能符号逻辑推理方面做出了开创性贡献，为后续机器学习的发展奠定了坚实的理论基础。塞普·林纳亚等首次系统阐述了自动链式求导方法，这一方法成为著名的反向传播算法的雏形。保罗·沃博斯等则首次提出将 BP 算法的思想应用于神经网络，即多层感知机（MLP），从而有力推动了神经网络技术的进一步发展。

（3）现代繁荣。进入 21 世纪，随着大数据和计算能力的显著提升，机器学习迎来了全新的发展机遇。深度学习技术的蓬勃兴起，极大地推动了机器学习领域的进步，使得机器在图像识别、自然语言处理等领域取得了突破性成果。杰夫·辛顿（Geoffrey Hinton）、杨立昆（Yann LeCun）和约书亚·本吉奥（Yoshua Bengio）三位学者被誉为"深度学习三巨头"，他们在深度学习领域的开创性贡献，极大地促进了当代机器学习技术的发展。

3. 分类

机器学习的分类主要划分四大类，下面详细介绍这四种分类。

（1）监督学习。监督学习是指利用一组带有标签（或标记）的已知数据来训练系统，使其能够对新输入数据进行精确的预测或分类（输出）。

案例解析：在手写数字识别任务中，每张手写数字图片作为输入，相应的数字标签作为输出。通过大量已标注数据的训练，模型能够实现对手写数字图片的精准识别。

以一个简明示例说明，假设存在一组数据：$1,3,3.55,3.6,4,4.2,5,6,\cdots,99$。需要为每个数据添加相应标记，如：$1$（int），$3$（int），$3.55$（float），$3.6$（float），$4$（int），$4.2$（float），$5$（int），$6$（int），$\cdots$，$99$（int）。其中，（int）和（float）作为标签，分别指示整数值和小数值。监督学习的核心目标即是借助这些带标签的数据集训练系统，使其能够对新数据（例如 100）进行精确的预测与识别，如图 5-1 所示。

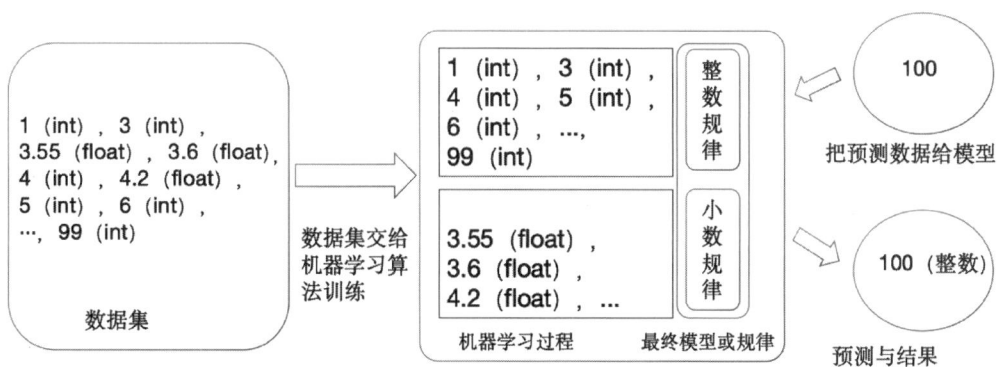

图 5-1　监督学习过程

（2）无监督学习。无监督学习不依赖于带有标签的数据，而是从无标签的数据中自主发现规律、模式和结构。

案例解析：在市场细分中，企业可能会收集大量客户数据，但这些数据没有明确的标签。通过无监督学习，企业能够识别不同客户群体的特征，从而制订有针对性的营销策略。

借用上述监督学习中数据类型分类的例子,无监督学习不对训练数据进行标注,而是通过系统算法进行训练达到相关规律,并对数据(如 100)进行预测与识别,如图 5-2 所示。

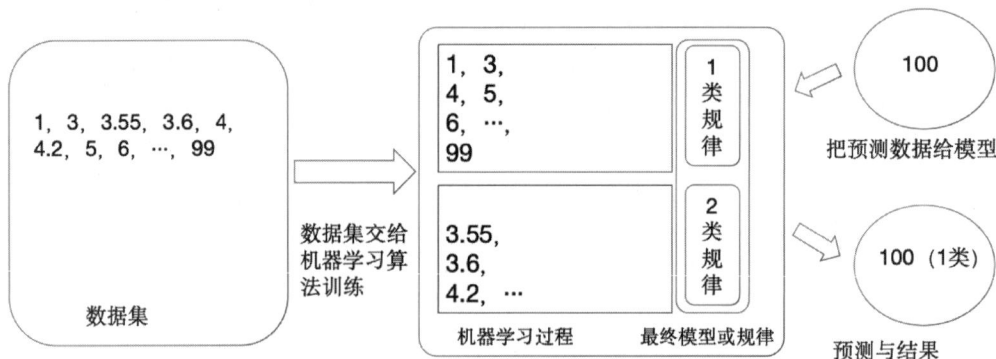

图 5-2 无监督学习过程

(3)半监督学习。在半监督学习中,训练数据既包含少量有标签的样本,也包含大量未标签的样本。

案例解析:在图像分类任务中,可能仅有少量图像拥有明确的标签,而绝大多数图像则缺乏标签。半监督学习能够有效利用这些有限的标签信息,从而显著提升学习效果。

(4)强化学习。强化学习是一种通过与环境的交互,并根据反馈结果不断优化行为策略,从而学习如何达成目标的方法。

案例解析:在游戏领域,例如 AlphaGo 等围棋程序,通过与自己或其他对手进行大量对弈,持续优化策略,最终达到高水平的竞技能力。

5.1.2 常用算法

众多机器学习经典算法各具独特优势,适用于多样化的应用场景。以下是对这些算法的简要概述。

1. 监督学习常用算法

(1)线性回归。线性回归主要用于预测连续值,通过探寻特征与标签之间的线性关系来实现预测。

(2)逻辑回归。逻辑回归适用于解决二分类问题,借助 sigmoid 函数将线性回归模型的输出结果转换为概率值。

(3)支持向量机(SVM)。SVM 通过寻找一个最佳超平面来区分类别,既可用于分类问题,也适用于回归问题。

(4)决策树。决策树通过构建基于特征的决策路径来进行分类或回归预测。

(5)随机森林。随机森林由多个决策树构成,通过集成学习的方式提升预测的准确性和稳定性。

(6)K 近邻算法(KNN)。KNN 依据样本在特征空间中的最近邻样本来进行分类或回归。

(7)朴素贝叶斯。朴素贝叶斯基于贝叶斯定理,通过计算各类别条件概率来预测目标变量。

2．无监督学习常用算法

（1）K-means 聚类。K-means 是一种广泛应用的聚类算法，通过迭代调整聚类中心，以最小化数据点与聚类中心之间的距离。

（2）主成分分析。主成分分析旨在降低数据的维度，同时最大限度地保留原始数据的信息。

（3）关联规则学习。关联规则学习用于揭示数据集中变量之间的关联关系，例如在购物篮分析中识别购买模式。

3．半监督学习

（1）图论推理算法。该算法通过分析数据点之间的相似性来构建图结构，进而执行推理和聚类操作。

（2）拉普拉斯支持向量机。此方法融合了有标签和无标签数据，借助正则化项对模型进行优化，以提升其性能。

4．强化学习

（1）Q 学习。Q 学习是一种基于表格的离策略学习方法，通过持续更新 Q 值来实现最优策略的学习。

（2）深度 Q 网络。深度 Q 网络融合了深度学习和 Q 学习的优势，利用神经网络来近似 Q 函数，特别适用于处理大型状态空间的复杂问题。

（3）策略梯度方法。策略梯度方法直接对策略进行优化，尤其适用于涉及连续动作空间的强化学习问题。

5.1.3　应用前景与未来趋势

随着科技的持续进步和数据的迅猛增长，机器学习作为人工智能的核心分支，正以空前的速度革新生活和工作模式。无论是医疗健康、金融服务，还是智能制造、智慧城市，机器学习的应用领域广泛，未来发展潜力无限。本书将探讨机器学习在多个领域的应用前景及其未来发展趋势。

1．医疗健康领域

在医疗健康领域，机器学习展现出巨大的潜力。通过分析海量的医疗数据，包括病历、影像和基因组信息，机器学习模型能够有效辅助医生进行疾病诊断、治疗方案推荐以及药物研发。例如，深度学习技术在医学影像分析方面已取得显著进展，能够自动识别 X 光片、CT 扫描和 MRI 中的异常情况，显著提升了诊断的准确性和效率。此外，机器学习还能用于预测疾病的发展趋势，协助医生制订更加个性化的治疗计划。未来，随着可穿戴设备和移动健康技术的不断进步，个人健康数据将愈发丰富，这将为机器学习提供更广阔的发展空间，进一步推动精准医疗的深入发展。

2. 金融服务行业

在金融服务行业,机器学习正逐步重塑传统业务模式。通过深入分析客户的交易行为、信用记录及社交媒体数据,机器学习模型能够更精准地评估信用风险,从而显著提升贷款审批的效率和精确度。此外,机器学习技术还被广泛应用于股票价格预测、投资组合优化以及欺诈行为识别等多个领域,助力金融机构更高效地管控风险并提升盈利能力。展望未来,随着区块链和数字货币技术的不断进步,机器学习在金融监管、智能合约以及去中心化金融等新兴领域的应用将愈发关键。

3. 智能制造领域

在智能制造领域,机器学习作为实现工业 4.0 的核心技术之一,发挥着至关重要的作用。通过深入分析生产过程中的数据,机器学习模型能够实时监控设备状态,精准预测维护需求,有效减少停机时间,从而显著提升生产效率。此外,机器学习在优化生产流程、提升产品质量以及降低生产成本方面也展现出显著优势。展望未来,随着物联网技术的广泛普及和 5G 网络的迅猛发展,机器间的通信将变得更加高效,这无疑将为机器学习在智能制造领域的应用开辟更为广阔的发展空间。

4. 智慧城市建设

在智慧城市的构建过程中,机器学习扮演着举足轻重的角色。通过对城市运行中各类数据的深入分析,如交通流量、能源消耗以及公共安全信息,机器学习模型能够协助城市规划者制定更加科学、合理的决策,从而显著提升城市的运行效率及居民的生活品质。例如,智能交通系统通过实时解析交通数据,优化交通信号灯的调控策略,有效缓解拥堵问题;智能电网则通过预测电力需求,动态调整电力供应,大幅提高能源利用效率。展望未来,随着传感器技术和云计算的持续发展,智慧城市将迈向更高水平的智能化,机器学习亦将在更多领域展现其强大潜力。

5. 教育与人才培养

在教育领域,机器学习同样展现出广阔的应用前景。通过深入分析学生的学习行为和成绩数据,机器学习模型能够为学生量身定制个性化的学习资源和辅导建议,从而助力他们更高效地掌握知识。此外,机器学习技术亦可应用于教师绩效评估、课程优化设计以及教育资源的合理分配等多个层面,有效提升教育的整体质量和公平性。展望未来,随着在线教育和终身学习理念的日益普及,机器学习必将在教育领域发挥愈发关键的作用。

6. 未来发展趋势

随着计算能力的增强和算法的不断创新,机器学习模型将变得更加复杂且强大。深度学习将继续在图像识别、语音处理以及自然语言理解等领域取得显著突破。同时,强化学习作为一种通过试错机制优化决策的方法,将在自动驾驶、游戏设计和机器人控制等领域获得更广泛的应用。此外,联邦学习与隐私保护技术的进步将使机器学习在处理敏感数据时更加安全可靠。

总之,机器学习的未来充满机遇与挑战。伴随着技术的持续进步和应用场景的不断拓展,机器学习将在更多领域发挥关键作用,推动社会进步与发展。然而,也应关注机器学习引发的伦理和社会问题,确保技术发展真正造福全人类。

5.1.4　决策树概念与构建过程

1. 决策树的概念

决策树是一种在机器学习中用于事物分类或回归的学习模型,它体现了对象属性与对象值之间的映射关系。该模型通过节点来表示对象,树中的分支路径则代表某个可能的选择序列,而每个叶节点则对应从根节点到该叶节点所经历的路径所表示的对象值。通常,决策树包含以下几种节点。

(1) 根节点(Root Node)。根节点是所有其他决策的起点,如图 5-3 所示。整棵决策树旨在回答以下问题:在面对具有不确定性的选择或决策问题时,从根节点出发,决策路径及其可能的结果和价值将如何展开。

(2) 事件节点(Event Node)。事件节点标志着面临不确定性结果的时刻,如图 5-4 所示。例如,一家银行正在开发一款新的锁箱应用程序,可能面临以下两种情况:一是投入 8 万元进行产品开发,但最终未能成功上市;二是投入 15 万元,并取得巨大成功,从而获得 100 万元的价值回报。事件的发生伴随着一定的概率,通常只有在满足特定概率条件时才会发生。

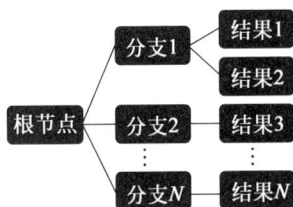

图 5-3　根节点及分支

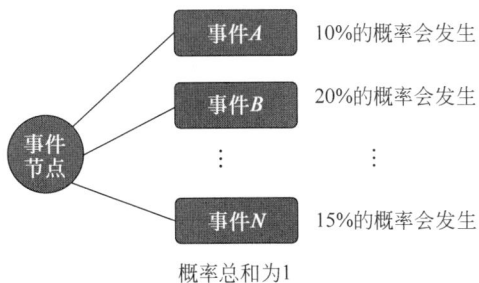

图 5-4　事件节点与事件概率示意图

(3) 决策节点(Decision Node)。决策节点表示可供选择的不同选项,如图 5-5 所示。决策节点在决策过程中扮演关键角色,负责对不同方案进行选择和判断。通过对比各方案的效果或指标,决策节点帮助选择最优方案。以一个简单的购物篮分析为例,决策树可能依据顾客的购买历史、年龄、性别等因素,预测其是否会购买某商品。在此过程中,决策节点可能会根据顾客年龄是否大于或等于 30 岁进行划分,从而形成两个不同的分支。

(4) 终端节点。终端节点(又称为叶子节点)代表事件或决策的最终结果,如图 5-6 所示。在上述锁箱的案例中,尽管该事件经过了全面的评估与详细介绍,但其一个可能的结果(终端节点)为获利 100 万元;而另一个可能的结果(另一终端节点)则表明,若事件失败,银行将至少损失 15 万元的投资。

节点类型分类说明如表 5-1 所示。

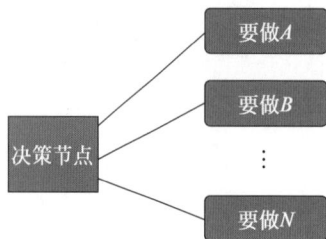

图 5-5　决策节点示意图

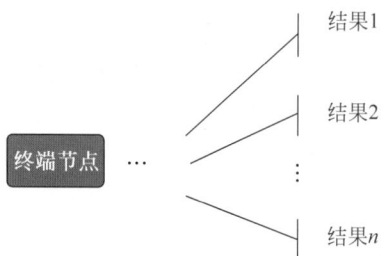

图 5-6　终端节点示意图

表 5-1　节点类型说明

节 点 类 型	手写表示符号	数字表示符号	意　　义
决策节点	方框	方框□	决策选择
事件节点	圆圈	圆圈○	事件发生
终端节点	圆点	线或其他符号∣	最终结果

2．决策树构建过程

构建决策树时,需细致检查并明确界定各步骤,以便精准绘制各阶段图表。为将其有效应用于实践,需掌握以下要点。

(1)分解过程。尽管构建过程涉及众多步骤,但通常是根据活动性质对各个阶段进行划分。在构建过程中,应将位于决策点之间的活动归为一组。每个决策点均标志着某一阶段的终结及下一阶段的起始。

(2)定义决策。在每个阶段结束时,都会出现一个决策点,项目团队必须对所有可用选项做出选择。例如,在推出新型密码箱产品的过程中,一个阶段可能是进行市场测试。在此阶段的决策点包括:①直接启动全面的产品推广活动;②放弃该产品;③进行第二次市场测试;④对产品进行修改后再次进行市场测试。

(3)估计概率。一旦定义了某个阶段并确定了相关事件,项目团队必须全力以赴为各结果分配相应的概率。这可以依据过往经验、其他环境或事件的经验,或者基于合理的推测等方式进行。所有结果的概率之和必须等于 1,且每个结果的设定都必须兼顾之前的结果。例如,全面推广的客户渗透量可能受到测试营销进展情况等因素的影响。

5.1.5　使用 Excel 工具构建决策树

1．TreePlan 获取与导入

决策树工具一般可以手绘或是使用办公软件、画图软件进行表示,下面介绍一款 Excel 宏文件 TreePlan.xla,可以方便且简单地进行决策树构建。

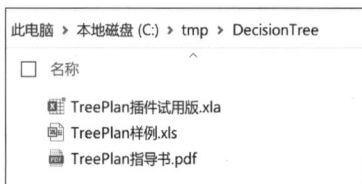

图 5-7　TreePlan 文件

(1)获取 TreePlan。TreePlan 宏文件可以从 TreePlan 官网进行购买下载,或者从网上下载早前的 TreePlan 试用版。一般地,TreePlan 压缩包解压后一般有三个文件:TreePlan 插件试用版.xla、TreePlan 样例.xls 和 TreePlan 指导书.pdf。相关文件的文件名一般是英文的,为方便案例使用,本书把文件名修改为中文形式,如图 5-7 所示。

（2）把 TreePlan 插件导入 Excel 中。启动 Excel(本例使用 Excel 2016 版本)并打开一个空白的工作表。单击菜单"文件"→"选项",弹出"Excel 选项"对话框。依次单击"加载项"→"Excel 加载项",单击"转到"按钮,如图 5-8 所示。弹出"加载宏"对话框,单击"浏览"按钮,如图 5-9 所示。找到 TreePlan.xla,单击"确定"按钮,把插件导入 Excel 当中,如图 5-10 所示。确定"加载项"对话框中 TreePlan 插件选项被选中(打钩),再单击"加载项"按钮退出对话框。

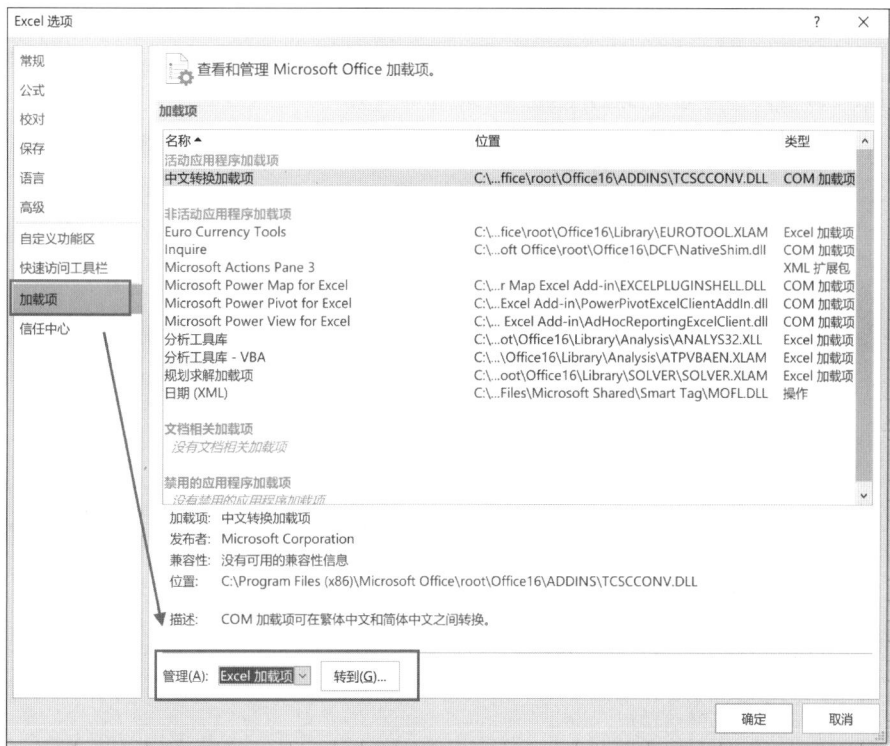

图 5-8　加载项

图 5-9　浏览宏文件

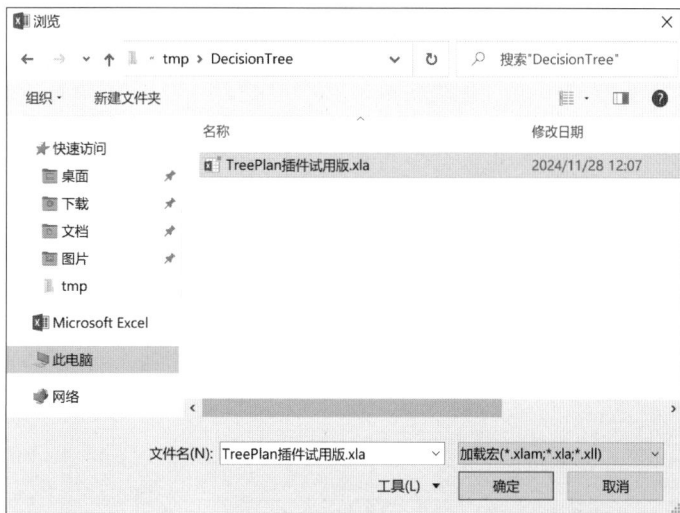

图 5-10　找到宏文件

2．TreePlan 基本使用

把 TreePlan 插件导入后，重新启动 Excel，打开一个工作表，可以看到菜单项中多出"加载项"菜单，单击"加载项"菜单会出现 Decision Tree 菜单命令，如图 5-11 所示。

（1）创建决策树。在工作表中选择其中一个单元格，如 C5。单击菜单"加载项"中 Decision Tree 按钮，弹出试用通知，单击 I Agree 按钮即可。在 TreePlan New 的对话框中，单击 New Tree 按钮新建决策树，将出现一个决策节点及两个决策分支的默认决策树，适当调整下显示的列宽，让决策树显得美观，如图 5-12 所示。

图 5-11　Excel 决策树菜单

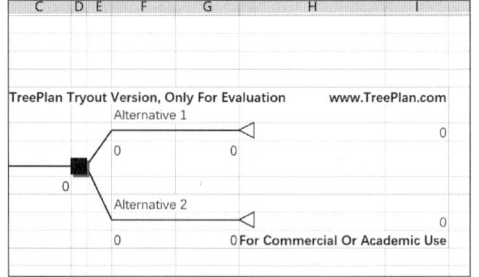

图 5-12　创建决策树

（2）创建节点与分支。选中终端节点"◁"，单击菜单的 Decision Tree 按钮。弹出对话框，根据需求创建适合的节点类型以及 Branches 分支数。这里保持默认选项，单击 OK 按钮，如图 5-13 所示。在终端节点中创建节点的同时也会创建分支，如图 5-14 所示。

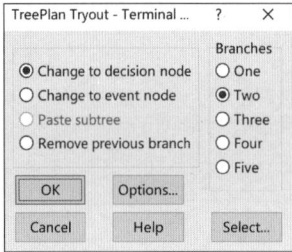

图 5-13　创建节点

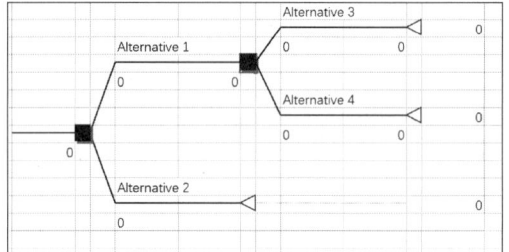

图 5-14　节点创建结果

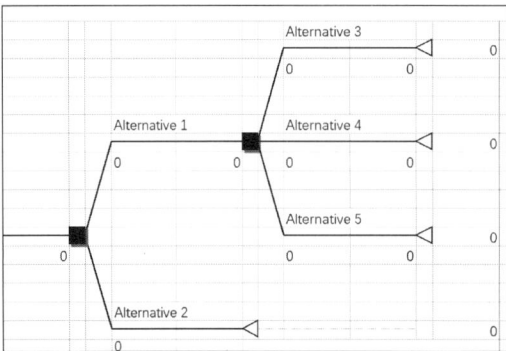

图 5-15　变更或创建分支

（3）变更或创建分支。在终端节点上创建分支参考上述"创建节点与分支"，在已经存在的其他节点上创建分支，选中要操作的节点（如前面刚增加的节点），单击 Decision Tree 按钮，弹出对话框，选中 Add branch，单击 OK 按钮即可，如图 5-15 所示。

（4）删除节点与分支。选中要删除的节点，如 Alternative 3 分支的终端节点，单击 Decision Tree 按钮，弹出对话框。选中 Remove previous branch，单击 OK 按钮，如图 5-16 和图 5-17 所示。

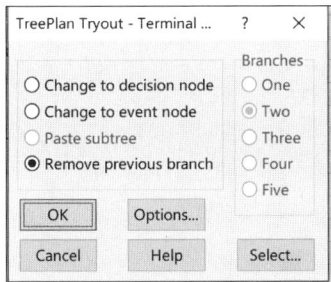

图 5-16　删除节点与分支

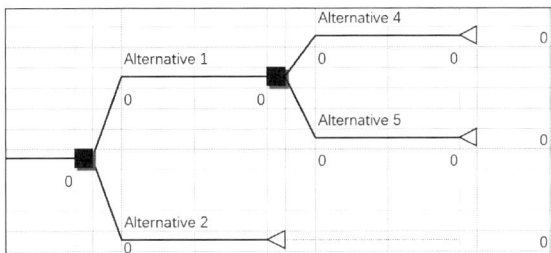

图 5-17　删除节点与分支结果

3. 问题描述

某公司准备投资一种新产品,如果投资项目失败,则会把原本潜在的收益价值损失掉。新的产品必须经过开发、测试、审查等步骤,证明不会对其他产品造成问题,然后才能推向市场。在任何阶段的失败,充其量是花费更多的钱,而在最坏的情况下,将导致完全失败。决策树允许公司量化每个阶段的利弊,同时为公司提供决策框架,以便在项目开始后作出决策。

假设公司从供应商那里得到一个功能不完善的锁箱产品,公司需要决定如何升级这个产品来盈利。公司可以保持产品现状,或在原样的基础上通过增加人手来改进销售流程,或者自行开发产品。如果自行开发产品,可以选择小规模开发,或者全面开发这个产品。

然后,公司设定了开发阶段、决策、不同市场反应的概率,以及预估成本和收入。为了简化理解,特别进行以下说明:如果自行开发新产品,可以开发功能完善的版本,也可以开发最小功能版本;对于功能完善的产品开发完成推向市场,需要增加额外的研发成本 20 万元,但有 45% 的概率市场响应良好并为此收益 150 万元,35% 的概率市场响应一般并为此收益 15 万元,20% 的概率市场响应较差并收益 8000 元;对于最小功能产品推向市场,需要增加额外研发成本 6 万元,但有 10% 的概率市场响应良好并为此收益 150 万元,30% 的概率市场响应一般并为此收益 7 万元,60% 的概率市场响应较差并收益 4000 元。

如果使用现有产品,可以选择不升级产品或通过增加人手改进销售流程的方式。对于保持原样的产品,不需要额外增加成本,但有 70% 的概率市场响应良好并为此收益 3 万元,30% 的概率市场响应较差并收益 2000 元;对于增加人手改进销售流程的方式,需要花费 4 万元成本,但有 30% 的概率市场响应良好并为此收益 50 万元,40% 的概率市场响应一般并为此收益 4 万元,30% 的概率市场响应较差并收益 5000 元。

4. 利用 TreePlan 构建决策树案例

(1)新建工作表,默认新建决策树,如图 5-18 所示。

(2)调整样式内容。分别选中 Alternative 1 和 Alternative 2 并修改为"开发新产品"和"使用现有产品",如图 5-19 所示。

(3)为"开发新产品"分支创建"决策节点"以及 2 个分支。选中"开发新产品"分支的终端节点,单击 Decision Tree 按钮,在弹出的对话框中,选中 Change to decision node,在右边的 Branches 分支中选中 Two,单击 OK 按钮,如图 5-20 所示。

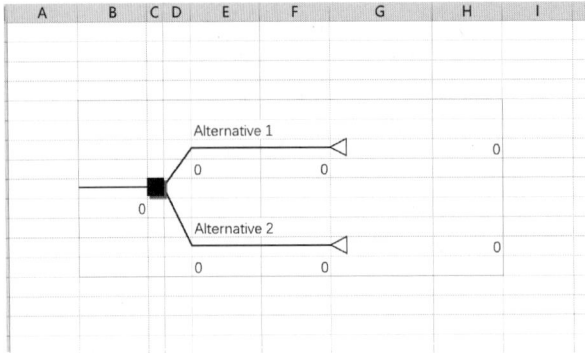

图 5-18　创建默认决策树

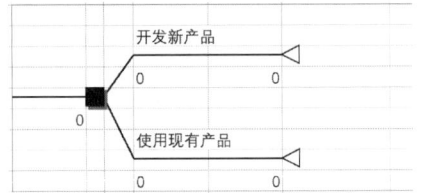

图 5-19　调整样式

分别选中 Alternative 3 和 Alternative 4 并修改为"开发完善的产品"和"开发最小功能产品",如图 5-21 所示。

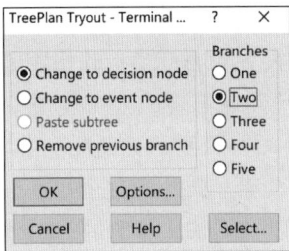

图 5-20　添加分支

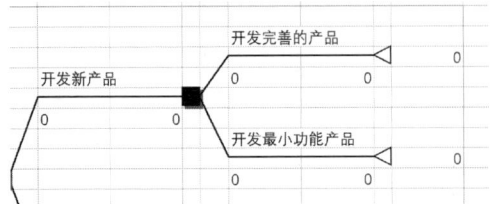

图 5-21　修改样式

(4) 为决策分支设置代价花销(需要付出的成本)。在"开发完善的产品"分支下方有两个"0",单击左边的"0"设置为"−200000",左边的"0"修改后,分支下方右边的"0"会自动计算。同时为"开发最小功能产品"分支下方左边的"0"设置为"−60000",如图 5-22 所示。

(5) 为"开发完善的产品"分支创建"事件节点"以及 3 个分支。选中"开发完善的产品"终端节点,单击 Decision Tree 按钮。在弹出的对话框中,选中 Change to event node,在 Branches 分支中选中 Three,单击 OK 按钮,如图 5-23 所示。

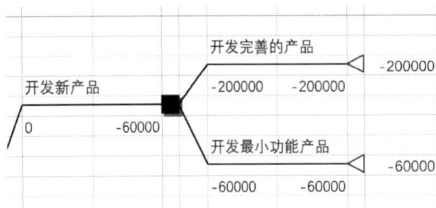

图 5-22　设置成本

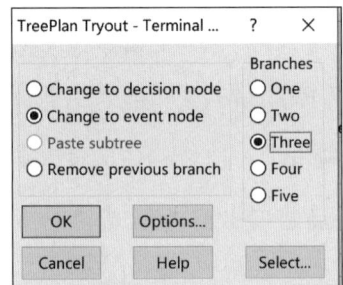

图 5-23　为"开发完善的产品"分支创建 3 个分支

分别选中 Outcome 5、Outcome 6、Outcome 7 并修改为"响应良好""响应一般""响应较差",如图 5-24 和图 5-25 所示。

(6) 为"事件节点"分支设置对应的概率与收益。单击"响应良好"上方的 0.333333 单元格,设置为 0.45(即 45%的概率)。单击"响应良好"下方的 0 单元格,设置为对应的收益 1500000,如图 5-26 所示。

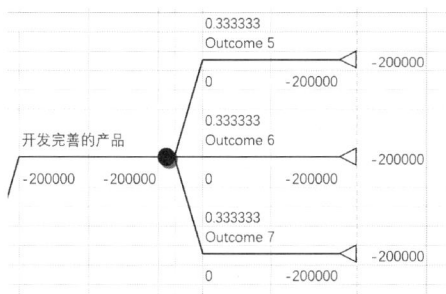

图 5-24　为分支修改样式修改前效果

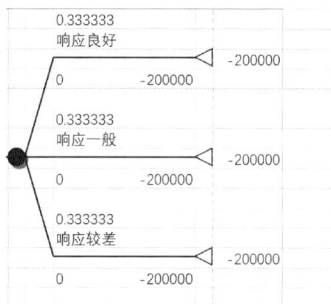

图 5-25　为分支修改样式修改后效果

分别为"响应一般""响应较差"分支设置其概率(0.35、0.2)与收益(150000、8000),如图 5-27 所示。

图 5-26　设置概率与收益

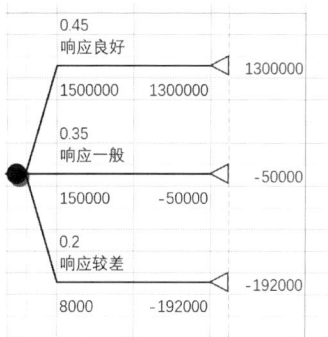

图 5-27　概率与收益修改后效果

(7) 参考前面案例描述与操作步骤,为"开发最小功能产品"分支创建"事件节点"的 3 个分支并设置概率与收益,如图 5-28 所示。

(8) 为"使用现有产品"分支创建"决策节点"以及 2 个分支。选中"使用现有产品"分支的终端节点,单击 Decision Tree 按钮,在弹出的对话框中,选中 Change to decision node,在 Branches 分支中选中 Two,单击 OK 按钮。把分支名称分别设置为"不升级"和"改进销售流程",为对应分支设置相应的代价花销"0"和"−40000",如图 5-29 所示。

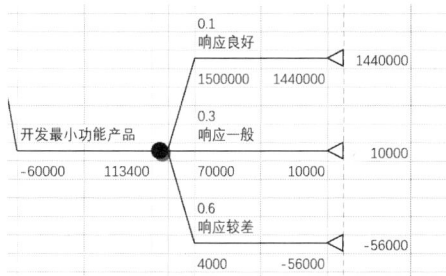

图 5-28　为"开发最小功能产品"分支设置概率与收益

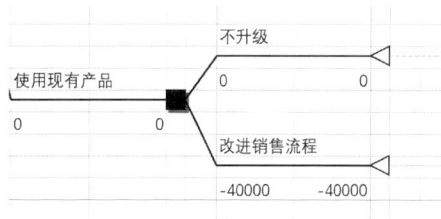

图 5-29　为"使用现有产品"分支设置相关内容

（9）为"不升级"分支创建"事件节点"及 2 个分支，并设置概率与收益，如图 5-30 所示。

（10）为"改进销售流程"分支创建"事件节点"及 3 个分支，并设置概率与收益，如图 5-31 所示。

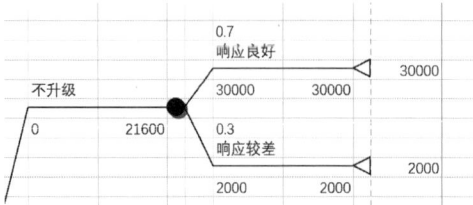

图 5-30　为"不升级"分支设置相关内容

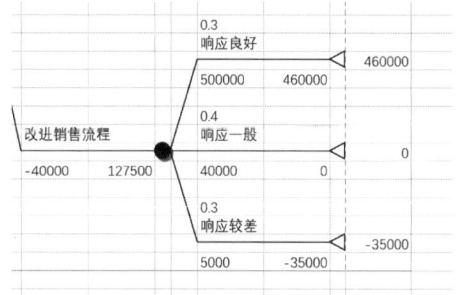

图 5-31　为"改进销售流程"分支设置相关内容

（11）最终得到完整的决策树，如图 5-32 所示。

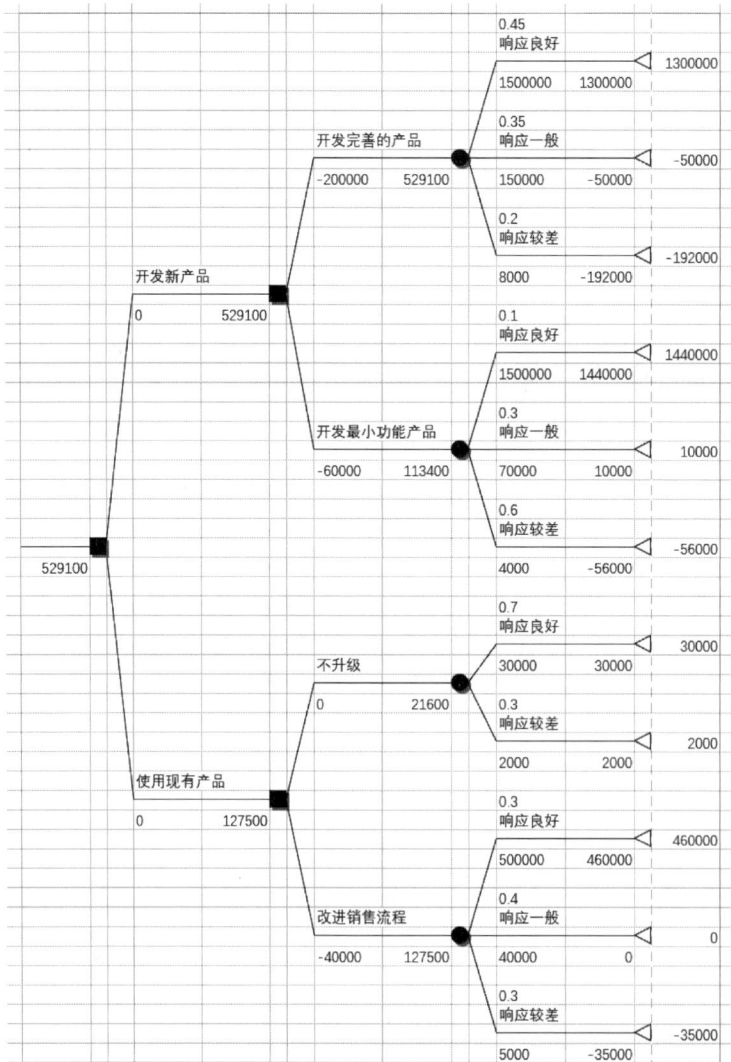

图 5-32　完整决策树

5. TreePlan 决策树结果解释

决策树最右面的单元格的终端值,表示每条从根节点开始到终端节点的分支的最终结果,每个事件分支都有一个可能存在的期望收益,如表 5-2 所示。

表 5-2　TreePlan 终端结果说明(单位:元)

序号	决 策 分 支	事 件 分 支	代价花销	预估成功收益	最终期望收益	最优终端收益
1	开发新产品	开发完善的产品	−200000	1500000	529100	1300000
2		开发最小功能产品	−60000	1500000	113400	1440000
3	使用现有产品	不升级	0	30000	21600	30000
4		改进销售流程	−40000	500000	127500	460000

分支是否好坏,需要看最终的期望收益是否最高。在表 5-2 中,序号 1 的分支的期望收益是 529100 元,是所有分支最高的,代表决策时选用此分支最有可能获利最大。

5.1.6　使用 KNIME 工具构建决策树

1. KNIME 软件下载安装

KNIME 软件在官网下载后,直接安装即可。

2. 问题描述

癌症的确诊通常需要综合多方面数据进行综合诊断。本案例所使用的癌症预测数据集源自 Kaggle 站点的 breast-cancer 乳腺肿瘤数据。该数据集包含 569 条记录,涵盖 id、诊断结果等共计 32 个字段,具体字段信息如表 5-3 所示。通过这些字段,借助 KNIME 平台进行数据处理和模型构建,旨在实现对乳腺肿瘤的初步筛选和诊断。

表 5-3　乳腺肿瘤 breast-cancer 数据集的字段定义

字 段 名 称	字 段 定 义	字 段 名 称	字 段 定 义
diagnosis	诊断结果,B 良性 M 恶性	compactness_se	紧凑度标准差
radius_mean	肿瘤平均半径	concavity_se	凹度标准差
texture_mean	平均纹理	concave points_se	凹点数标准差
perimeter_mean	平均周长	symmetry_se	对称性标准差
area_mean	平均面积	fractal_dimension_se	分形维数标准差
smoothness_mean	平滑度均值	radius_worst	半径最大值
compactness_mean	紧凑度均值	texture_worst	最差纹理特征值
concavity_mean	凹度均值	perimeter_worst	周长最大值
concave points_mean	凹点平均数	area_worst	面积最大值
symmetry_mean	对称性均值	smoothness_worst	平滑度最大值
fractal_dimension_mean	分形维数均值	compactness_worst	紧凑度最大值
radius_se	半径标准差	concavity_worst	凹度最大值
texture_se	纹理标准差	concave points_worst	凹点最大值
perimeter_se	周长标准差	symmetry_worst	对称性最大值
area_se	面积标准差	fractal_dimension_worst	分形维数最大值
smoothness_se	平滑度标准差		

3．利用 KNIME 构建决策树案例

在 KNIME 中导入数据集，并对数据进行预处理，包括清洗、筛选和转换。通过选择合适的算法和参数设构建模型（本案例选择决策树模型）。在模型训练完成后，对模型进行评估和优化，以提高预测准确性。针对本案例，将重点关注模型的分类效果，即对患者乳腺肿瘤的良性与否（良性或恶性）进行准确区分。通过不断调整或训练，最终得到一个具有较高预测准确率的决策树模型，为乳腺癌的早期诊断提供参考依据。

使用 KNIME 进行数据模型构建时，建议提前规划好工作流程。以下是本案例的工作流程，如图 5-33 所示。

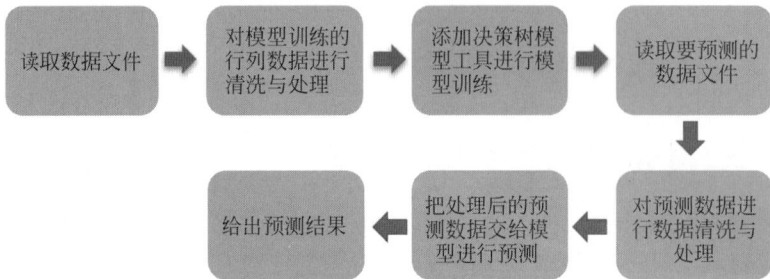

图 5-33　工作流程图

（1）打开 KNIME，新建工作项目。打开 KNIME 软件后，单击 Home 标签页面的 Create new workflow 按钮，如图 5-34 所示。弹出 Create a new workflow 窗口，输入工作项目的名称如 test 后，单击 Create 按钮创建项目，如图 5-35 和图 5-36 所示。

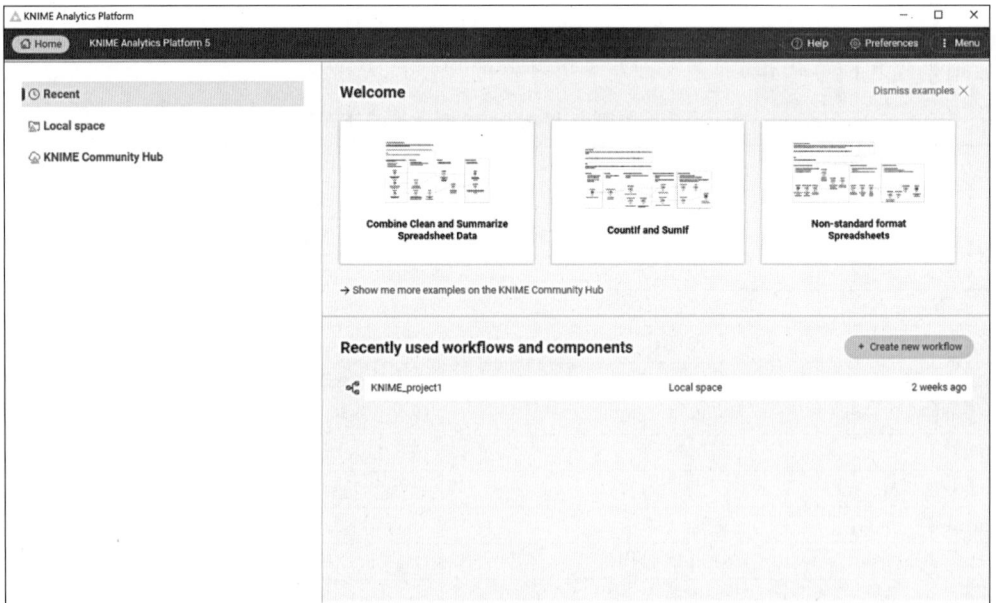

图 5-34　创建项目

（2）根据项目规划，读取数据文件。因为 breast-cancer 的数据文件是 CSV 格式，因此在 KNIME 项目左边的 Nodes 面板中找到 CSV Reader 节点，用鼠标将其拖入右边的工作

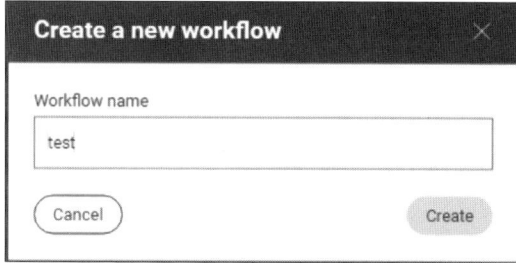

图 5-35　给项目命名

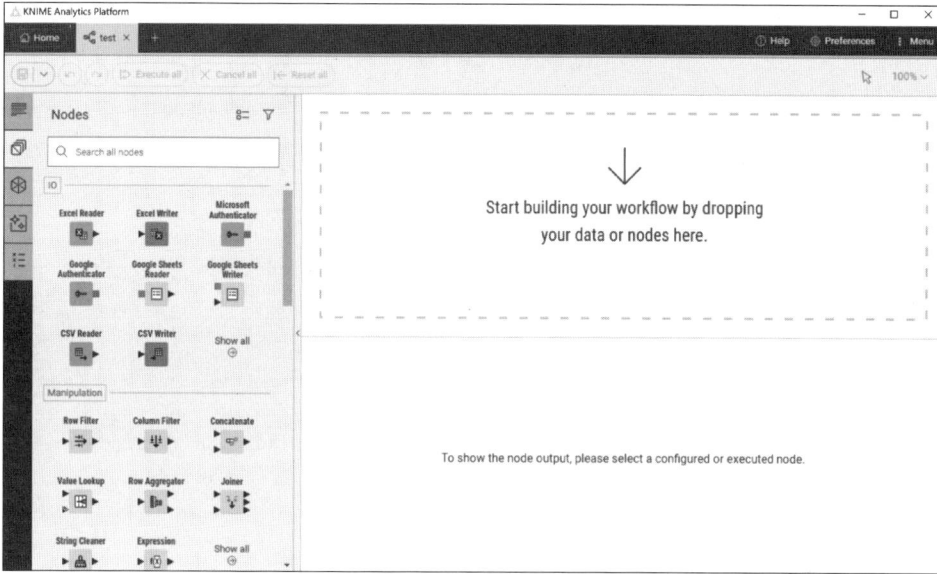

图 5-36　项目创建后的界面

区中,如图 5-37 所示。

双击工作区中的 CSV Reader 节点下方的 Add comment 注释名称,输入"读取文件"。鼠标移动节点上方,此时节点图标上方会出现 4 个图标,分别是 Configure(设置)、Execute(执行)、Cancel(取消)与 Reset(重置),如图 5-38 所示。单击 Configure 图标,弹出配置窗口,设置数据文件的路径和格式,确保数据正确导入,如图 5-39 所示。在弹出的参数设置窗口中,在 Settings 标签页下,找到 Input location 设置组的 File 文件标签,单击 Browse 浏览按钮选择相应的 breast-cancer.csv 数据文件。

图 5-37　拖入 CSV Reader 节点

图 5-38　节点 4 个操作按钮

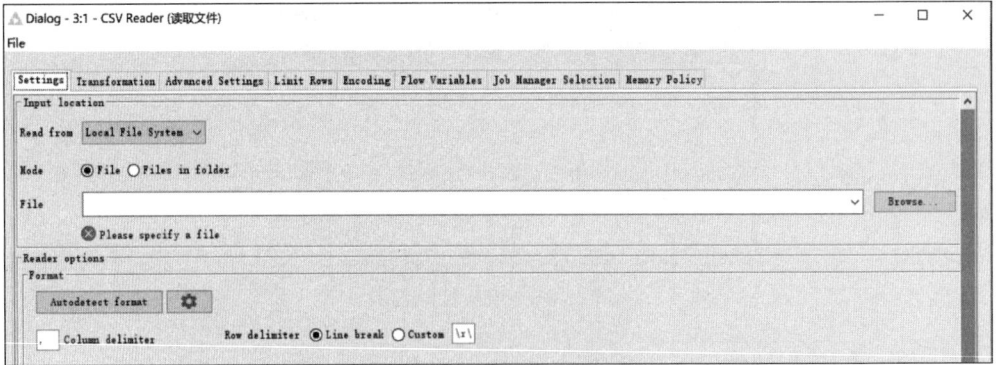

图 5-39　文件配置界面

此时，在 Setting 标签页面下方的 Preview 选项组会进行数据预览，如图 5-40 所示。

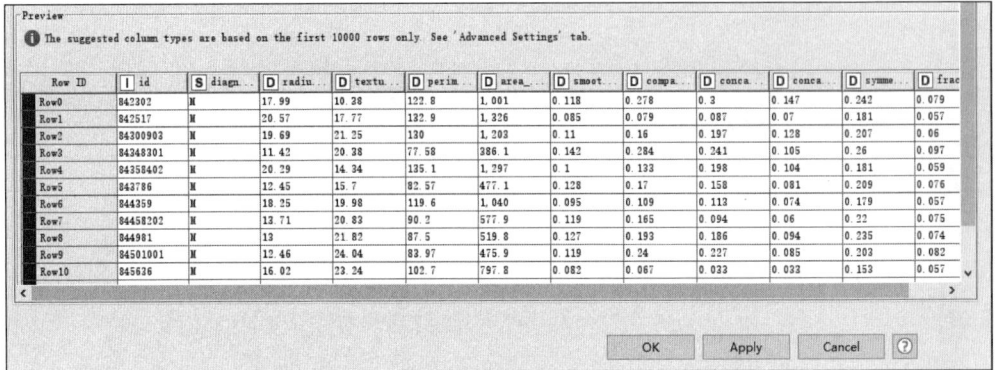

图 5-40　文件预览窗口

单击 OK 按钮导入数据到节点中。此时在工作区面板下方的 File Table 标签已经出现导入的数据的列名，可以单击下方的 Execute 按钮查看数据详细情况，如图 5-41 所示。

图 5-41　导入文件后的数据

（3）在确认数据导入无误后，接下来需对数据进行清洗。假设数据集可能存在某个值缺失了，因此对它进行清洗，让其缺失的值设置为默认的某个值。例如，可以选择将缺失值填充为该列的平均值或者 0，这取决于具体的数据特性和业务需求。在这个案例中，统一设置为 0。在 KNIME 中，可以轻松实现这一步骤，通过使用 Missing Value 节点来处理缺失数据。找到并拖曳 Missing Value 节点到工作区，如图 5-42 所示，并注释名称为"清洗"。

按住"读取文件"节点黑色三角图形不动,拖向"清洗"节点左边的黑色三角进行"数据传送",这样就可以把"读取文件"节点操作完成的数据传递给下一个节点进行操作处理,如图 5-43 所示。

图 5-42　为工作区添加 Missing Value 节点　　　　图 5-43　节点连接

接下来,在"清洗"节点中打开配置窗口,选择 Default 标签,并将下方的 Number(integer)、Number(double)两项的整数值与浮点数值选择为 Fix value,并将缺失值设置为 0。将 String 字符串缺失默认值设置为 Most Frequent Value,如图 5-44 所示。确认设置无误后,单击 Apply 按钮应用更改,单击 OK 按钮退出设置窗口。随后,可以继续对数据进行必要的预处理,如去除重复项、筛选特定列等,为后续数据分析做好准备。

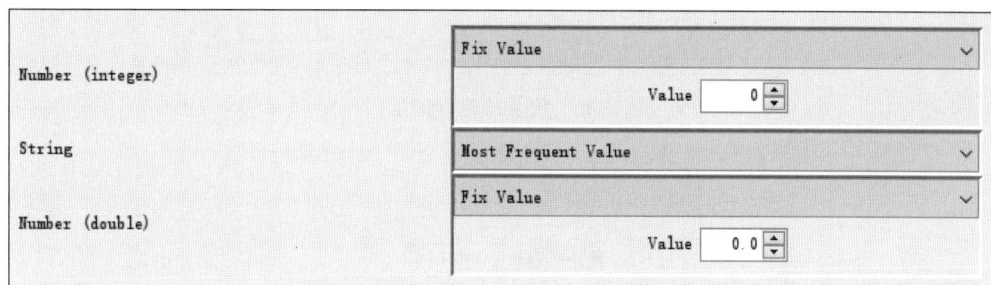

图 5-44　设置空数据的缺失默认值

选择"清洗"节点,单击节点上方 Execute 按钮或按 F7 快捷键,执行清洗节点处理,可以看到工作区下方有结果出现。

(4) 对数据进行预处理。对清洗后的数据,根据需求选取数据值的前 559 行数据进行训练,将后 10 行数据作为测试集。为此,将使用 Row Filter 节点来筛选指定行数的数据。

拖曳 Row Filter 节点至工作区并注释名称为"筛选行",选中"清洗"节点右边黑色三角拖动连接到"筛选行"节点左边黑色三角进行连接,完成数据流程的搭建,如图 5-45 所示。

图 5-45　添加筛选行过滤节点

在"筛选行"节点打开配置筛选条件设置窗口。在窗口中单击 Add criterion 添加条件，在 Filter column 筛选列中选中 Row number 列，并在 Operator 比较器中选择≤选项，在 Value 值中设置 559，以确定训练集的范围，如图 5-46 所示。单击 OK 按钮应用筛选条件，关闭配置窗口。此时，工作流中的"筛选行"节点已准备好执行。单击 Execute 按钮执行，筛选行节点会根据设置的条件快速完成数据的划分。在执行完毕后，可在工作区查看到已成功筛选出前 559 行数据作为训练集，如图 5-47 所示。

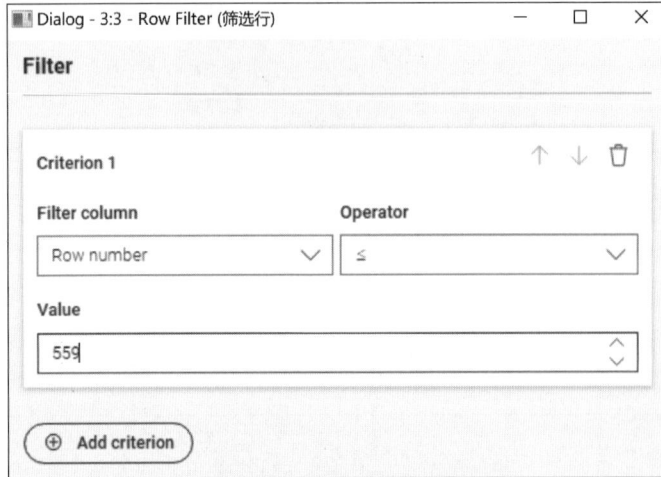

图 5-46　设置筛选行的范围

图 5-47　筛选行结果

（5）构建决策树模型。在 Nodes 面板中找到 Analytics 分类，选择 Decision Tree Learner 决策树模型学习训练节点，并将其拖曳至工作区。将其命名为"决策树训练"，并与"筛选行"节点相连，如图 5-48 所示。

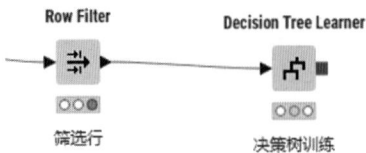

图 5-48　添加决策树模型

打开"决策树训练"节点的配置窗口，设置所需参数。把 Options 选项卡中的 General 组的 Class column 分类列中指定数据集中分类的列，本案例数据集分类列为 diagnosis 诊断结果列。其他参数保留默认值，如

图 5-49 所示。最后单击 Apply 按钮以应用参数设置并退出配置窗口。单击"决策树训练"
节点上方的 Execute 按钮以训练模型。

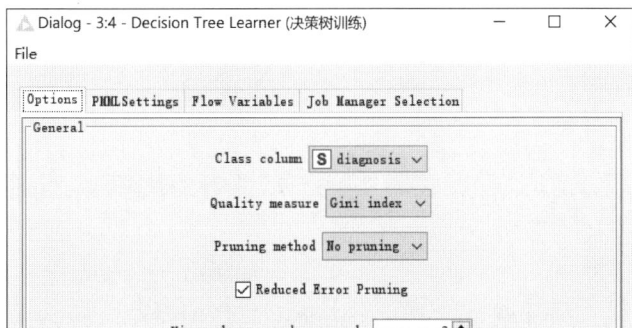

图 5-49　设置模型参数

（6）根据前面的步骤以及项目规划，提供预测数据，并进行初步的清洗与预处理。参考
"筛选行"节点的操作，完成数据流程的搭建，如图 5-50 所示。

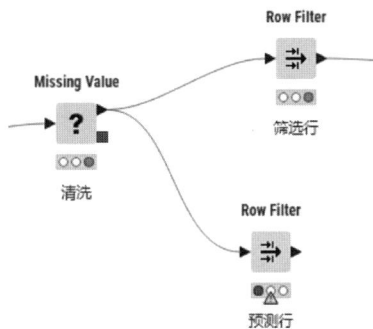

图 5-50　添加预测行筛选节点

① 打开"预测行"节点配置窗口中添加条件，如图 5-51 所示。

图 5-51　设置预测行范围

② 单击 OK 按钮应用筛选条件，关闭配置窗口。此时，工作流中的"预测行"节点已准
备好执行。单击 Execute 按钮执行完毕后，可在工作区查看到预测数据集结果只有 10 条预
测数据，如图 5-52 所示。

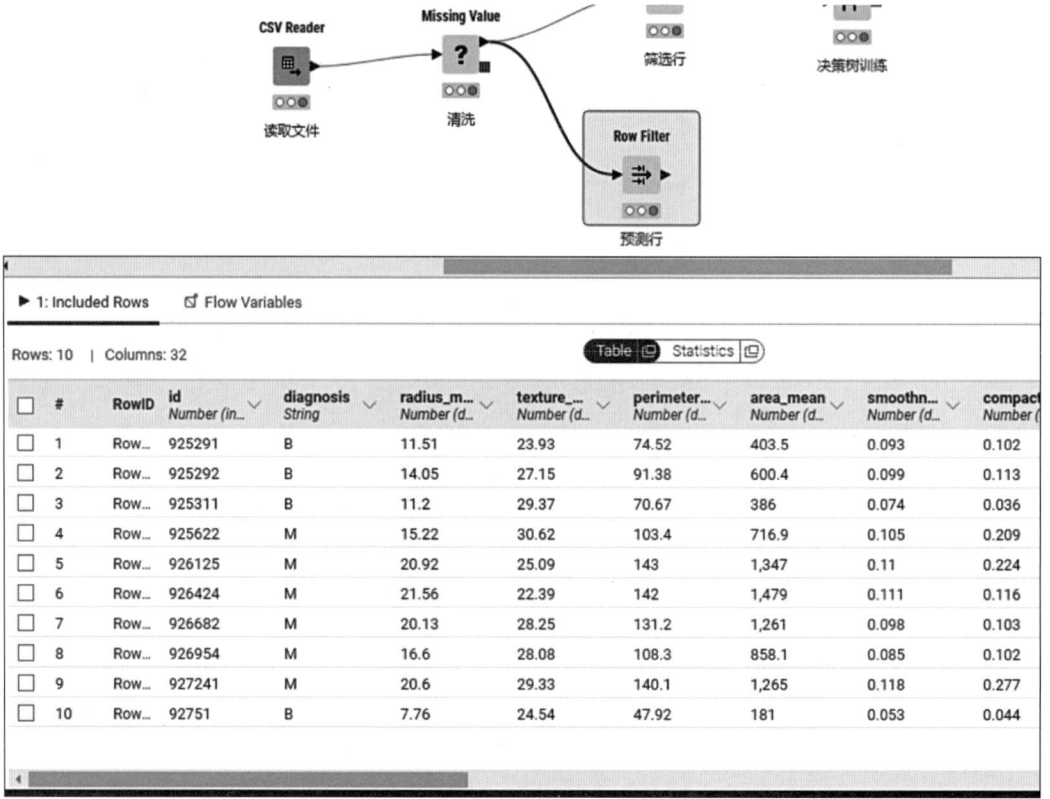

图 5-52　预测行数据

③ 对预测数据进行预处理。本案例中把预测数据集中的 diagnosis 诊断结果列从数据中删除。在 Nodes 面板的搜索框中搜索 column，找到 Column Filter 列筛选节点，将其拖曳至工作区，命名为"删除诊断列"，并与"预测行"节点相连，如图 5-53 所示。

④ 在配置窗口中找到 Includes 列表框，在框中找到 diagnosis 列并单击，单击"＜"按钮把 diagnosis 列添加到 Excludes 排除列表框中，如图 5-54 所示，单击 OK 按钮退出配置。

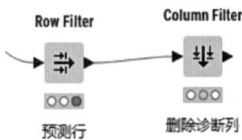

图 5-53　添加删除诊断列节点

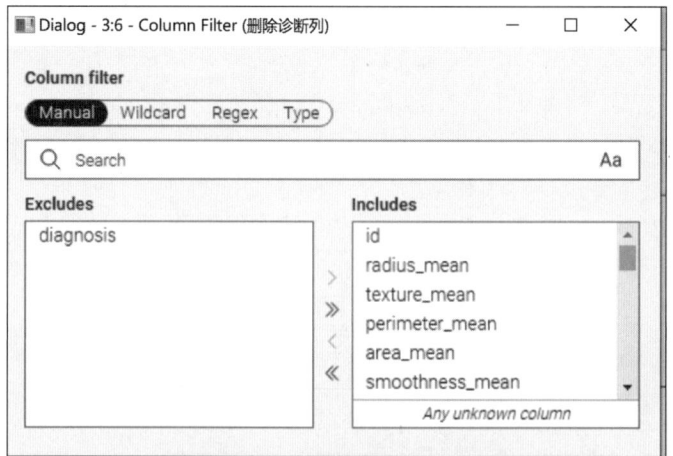

图 5-54　删除 diagnosis 列

⑤ 执行"删除诊断列"节点,并查看结果。此时,结果集中看不到 diagnosis 列的数据,如图 5-55 所示。

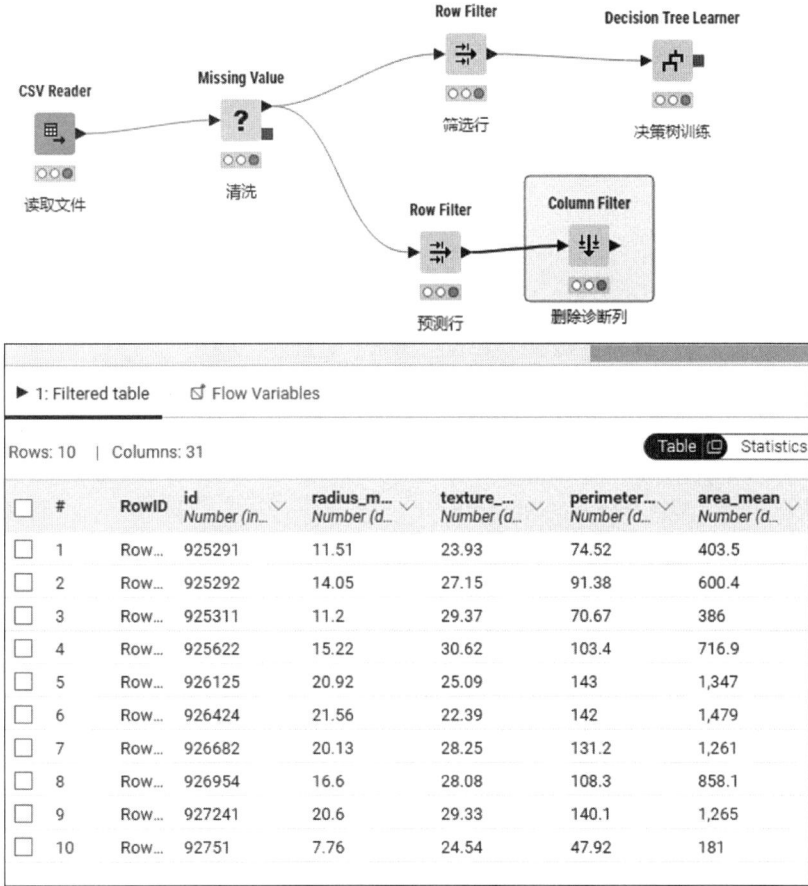

图 5-55　删除列后的结果

(7)随后,将预处理后的数据集接入"预测模型"节点,进行模型预测。

① 在 Nodes 面板中搜索 Decision,找到 Decision Tree Predictor 预测节点,将其拖曳至工作区,并命名为"模型预测"。将"删除诊断列"节点右边黑色三角与"模型预测"节点左边黑色三角相连。将"决策树训练"节点右边的蓝色方框输出端口连接至"模型预测"节点左边蓝色方框输入端口,以提供所需的分类模型,如图 5-56 所示。

② 在完成连接后,打开"模型预测"节点的配置窗口,在 Options 选项卡选中 Change prediction column name 以更改预测结果的列名,并在下面输入框中填写"诊断结果",如图 5-57 所示。单击 Apply 按钮应用配置并退出。

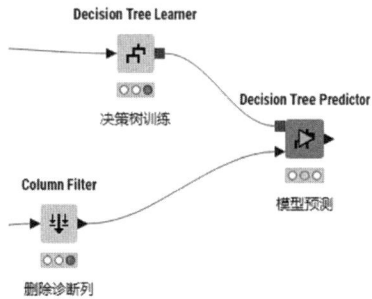

图 5-56　添加预测模型

③ 此时,模型预测节点已准备就绪。以下是完整案例的工作流程图,如图 5-58 所示。

④ 执行"模型预测"节点,并查看结果。可以看到结果集最后有一列"诊断结果"列,而

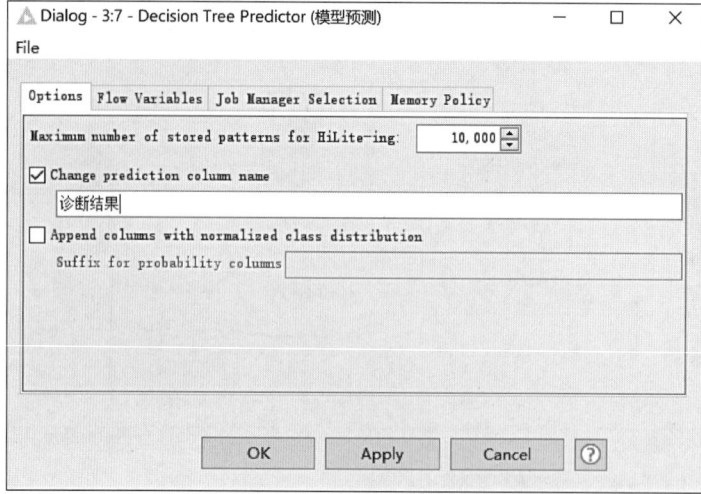

图 5-57　设置预测结果列名

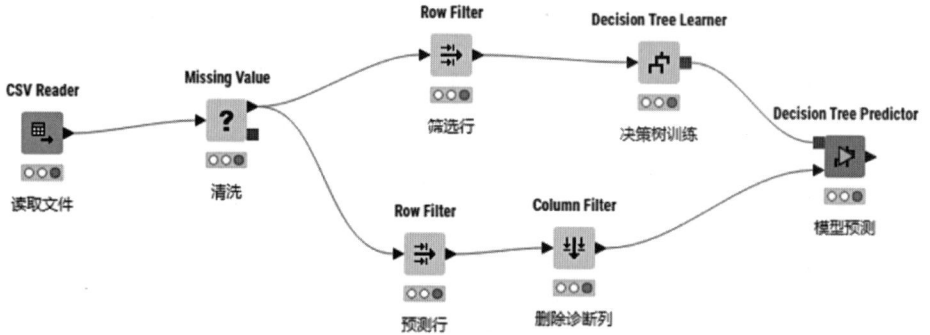

图 5-58　完整工作流程

且给出分类结果,如图 5-59 所示。

图 5-59　最终预测结果

4. KNIME 决策树结果解释

前面案例的分类结果提供了初步的预测诊断,通过与原数据对比,预测结果具有较高的准确率,为后续医疗决策提供了有力的数据支持。

5.2　神经网络

神经网络是机器学习领域的重要分支,通过模拟人脑神经元的连接关系来处理复杂数据。它由大量节点相互连接,形成层次分明的结构,能够捕捉数据的非线性关系并高效进行特征提取。在机器学习中,神经网络广泛应用于分类、回归、聚类等任务,展现出卓越的学习能力和高度适应性。随着计算能力的显著提升和算法的不断创新,神经网络在图像识别、自然语言处理等领域取得了突破性成果,有力推动了机器学习技术的进步。

5.2.1　基本原理

神经网络是一种模拟人脑神经元连接关系的计算模型,通过模拟人脑神经元间的复杂连接和信息传递过程,实现对数据的学习和处理。该网络由大量节点(或称神经元)相互连接构成,每个节点负责接收输入信号,进行加权求和,并通过激活函数生成输出信号,如图 5-60 所示。神经网络通过调整连接权重,学习数据中的模式和规律,进而实现对未知数据的预测和分类。

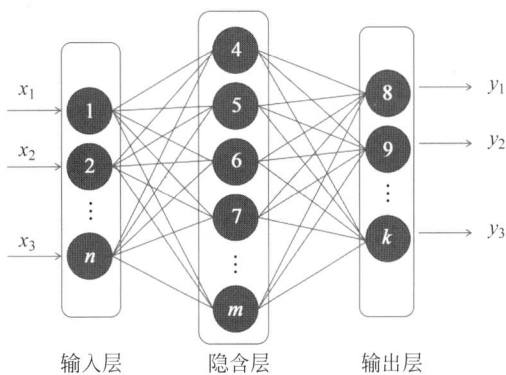

图 5-60　神经网络模型基本原理图

通过一个简明的例子来理解神经网络的基本原理。假设任务是判断一张图片中是否包含猫,可以利用神经网络来完成这项任务。首先,需准备一些训练数据,包括含猫的图片和不含猫的图片。接着,将这些图片作为输入传递给神经网络。

在神经网络中,信息以层次化的方式传递,从输入层起始,经过一个或多个隐藏层,最终抵达输出层。每一层的神经元仅与相邻层的神经元相连,形成前馈网络结构。这种结构使神经网络能够捕捉数据中的复杂非线性关系,并有效进行特征提取和表示。

在猫识别任务中,输入层接收图片的像素值作为输入。随后,这些输入被传递至隐藏层。隐藏层中的神经元对输入进行加权求和,并通过激活函数生成输出,这一过程可视作对图片特征提取的环节。最终,输出层依据隐藏层的输出来判断图片中是否包含猫。

总之,神经网络作为一种强大的机器学习工具,能够处理复杂的非线性关系,并具备良好的泛化能力。通过深入理解其基本原理和结构类型,可以更有效地设计和训练神经网络模型,从而解决各类实际问题。

5.2.2　结构类型

神经网络根据其特定的应用场景和功能需求,被设计成多种不同的结构与类型。以下将介绍目前主流的结构类型。

1. 前馈神经网络

前馈神经网络(Feedforward Neural Networks,FNN)是最基础且广泛应用的一种神经网络结构,其信息流动为单向,从输入层经过隐藏层直接传递至输出层。FNN 特别适用于简单的模式识别任务,诸如图像分类和文本分类等。

例如,利用 FNN 可以识别手写数字。首先,将手写数字图像作为输入数据,随后通过多层神经元的逐层处理,最终获得每个数字类别的概率分布。通过对比这些概率值,即可确定输入图像中所对应的数字。

2. 卷积神经网络

卷积神经网络(Convolutional Neural Networks,CNN)用于处理图像数据,CNN 通过运用卷积层,自动学习图像的空间层次结构特征。卷积操作不仅能有效减少参数数量,还能保留关键的空间信息,这使得 CNN 在图像识别、视频分析等领域取得了显著成效。

例如,利用 CNN 识别交通标志的过程如下:首先,将交通标志图像作为输入数据;接着,通过多个卷积层和池化层的逐层处理,自动提取交通标志的特征表示;最后,借助全连接层对这些特征进行分类,从而确定交通标志的具体类别。

3. 循环神经网络

循环神经网络(Recurrent Neural Networks,RNN)与 FNN 不同,RNN 具备反馈连接,能够允许信息在时间序列中传递。这一特性使得 RNN 特别适合处理序列数据,例如自然语言处理、语音识别以及时间序列预测等问题。然而,传统的 RNN 常常面临梯度消失或梯度爆炸的难题,为此,长短期记忆网络(LSTM)和门控循环单元(GRU)等变体被引入,以有效解决这些问题。

以股票价格预测为例,可以利用 LSTM 网络进行操作。首先,将历史股票价格作为输入数据;接着,借助 LSTM 层的记忆功能,捕捉时间序列中的长期依赖关系;最后,通过全连接层对这些特征进行预测,从而得出未来一段时间的股票价格走势。

4. 生成对抗网络

生成对抗网络(Generative Adversarial Networks,GAN)是一种由两部分组成的网络——生成器和判别器。生成器致力于生成逼真的数据样本,而判别器则负责区分真实样本与生成器产生的假样本。两者通过相互竞争的方式协同进化,最终生成高质量的数据样本。GAN 在数据增强、艺术创作等领域展现出广阔的应用前景。

例如,可以利用 GAN 生成新的图像数据。首先,训练生成器网络以生成逼真的图像;随后,训练判别器网络以区分真实图像与生成器产生的假图像。通过持续迭代训练这两个网络,生成器生成逼真图像的能力将逐步提升。

5. 自编码器

自编码器(Autoencoders)是一种基于无监督学习的神经网络,旨在通过压缩和解压缩输入数据来学习数据的有效表示。自编码器通常由一个编码器和一个解码器组成,其中编码器负责将输入数据转换为低维编码,而解码器则尝试从该编码中重构原始数据。自编码器在降维、去噪和特征学习等领域具有显著的应用价值。

例如,在人脸识别任务中,首先将人脸图像作为输入数据;接着,编码器将高维的人脸图像转换成低维的人脸特征表示;最后,解码器从这个人脸特征表示中重构出原始的人脸图像。在这一过程中,自编码器能够自动学习到人脸图像的关键特征表示。

除了上述常见的神经网络结构外,还存在许多其他类型的网络结构,如深度信念网络(DBN)、稀疏编码网络和极限学习机(ELM)等,它们各具特色,适用于不同的应用场景和问题。

5.2.3　训练与优化

神经网络的训练过程旨在通过调整网络中的权重和偏置,以最小化损失函数。这一过程通常借助梯度下降算法来完成,其中最广泛应用的是随机梯度下降算法。在训练过程中,需计算损失函数对各个参数的梯度,并沿着梯度的反方向对参数进行更新。此过程将反复进行,直至损失函数收敛至一个较小的值。

为了更深入地理解这一过程,可以借助一个简明的例子来说明。假设存在一个基础的前馈神经网络,其功能是识别手写数字。为了有效训练这一网络,必须定义一个损失函数,用以评估模型输出与实际标签之间的偏差。常见的损失函数包括均方误差和交叉熵损失等。在此例中,选择交叉熵损失作为损失函数。接着,采用随机梯度下降算法对损失函数进行优化。具体操作为:在每次迭代过程中,计算损失函数对各个参数的梯度,并沿梯度的反方向调整参数值。这一过程将反复进行,直至损失函数趋于一个较小的稳定值。

然而,在实际应用场景中,常常会遇到诸如过拟合、欠拟合以及局部最优解等挑战。针对这些难题,可以采取以下策略。

1. 正则化

为了防止过拟合,可以在损失函数中引入正则项,以对模型的复杂度进行惩罚。常见的正则化方法包括 L1 正则化和 L2 正则化等。例如,通过在损失函数中添加 L2 正则项,能够有效约束权重的大小,从而避免模型因过于复杂而导致的过拟合问题。

2. 数据增强

为了丰富训练数据的多样性并增强模型的泛化能力,可以对训练数据进行一系列变换操作。例如,通过对图像进行旋转、缩放和平移等处理,生成新的训练样本。这种做法能够有效提升训练数据的多样性,从而进一步提高模型的泛化能力。

3. 早停法

为避免过拟合并节约计算资源,可在验证集上实时监控模型性能,一旦性能不再提升,即提前终止训练。此方法能有效防止过拟合,同时减少计算资源的消耗。

4. 学习率调度

为了加速收敛并提升模型性能,可以采取动态调整学习率的策略。常见的学习率调度方法包括固定学习率、逐步递减学习率以及自适应学习率等。例如,借助 Adam 算法,能够实现学习率的自动调整,从而有效提升模型性能。

5. 批量归一化

为了加速训练进程并增强模型稳定性,建议在每层网络之后引入批量归一化层,以标准化输入数据。此举不仅能有效提升训练速度,还能显著提高模型的稳定性。

6. 残差连接

为了解决深度神经网络中的梯度消失问题并提升模型性能,可以在深层网络中引入残差连接,以跳过部分层直接传递信息。

神经网络训练与优化是一个复杂且关键的过程。通过精心挑选损失函数、优化算法和正则化技术,能够显著增强模型表现。同时,需警惕过拟合与欠拟合现象,确保模型具备优秀的泛化能力。

🔑 5.3 深度学习

深度学习作为机器学习的关键分支,模仿人脑的神经网络结构和功能,通过构建多层神经网络模型,实现对数据的高效处理和特征提取,如图 5-61 所示。相较于浅层学习,深度学习能自动从海量数据中习得更为复杂和抽象的特征表示,因而在众多领域均取得了卓越成效。然而,深度学习亦面临诸如过拟合、梯度消失等挑战和问题。因此,在实际应用中,需针对具体问题选取恰当的模型和算法,并进行充分的训练与优化。

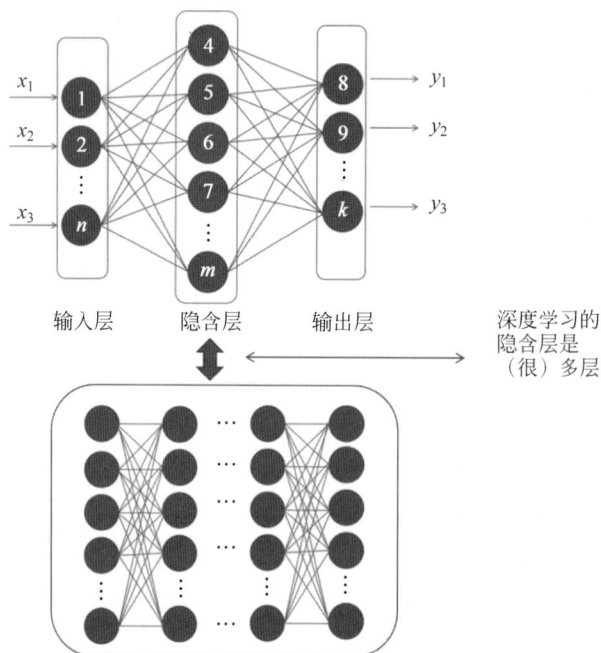

图 5-61 深度学习隐含层的深度模型图

5.3.1　核心技术

1. 神经网络架构

深度神经网络(DNN)是深度学习的基础,涵盖多种网络结构,包括 CNN、RNN、LSTM 和 GRU 等。这些网络结构能够高效处理不同类型的数据,如图像、文本和序列数据。具体而言,CNN 在图像识别任务中表现卓越,而 RNN 则擅长应对自然语言处理和时间序列预测等挑战。

2. 激活函数

激活函数通过引入非线性因素,使神经网络能够更精确地逼近复杂的函数关系。常见的激活函数包括 ReLU、Sigmoid 和 Tanh 等。例如,ReLU 函数在正区间内的导数为常数,这一特性有效缓解了梯度消失问题。

3. 损失函数与优化算法

损失函数用于评估模型预测值与真实值之间的差异,常见的损失函数包括均方误差、交叉熵损失等。优化算法旨在最小化损失函数,常用的优化算法有随机梯度下降(SGD)、Adam 和 RMSprop 等。例如,Adam 算法融合了 Momentum 和 RMSprop 的优势,能够自适应地调节学习率,从而加速收敛并提升模型性能。

4. 正则化与防止过拟合

为防止过拟合,可运用 L1、L2 正则化、dropout 及批量归一化等技术。例如,dropout 技术通过在训练过程中随机剔除部分神经元,降低模型对特定神经元的依赖,进而增强模型的泛化能力。

5. 迁移学习与预训练模型

迁移学习允许将在某一任务上训练好的模型应用于另一相关任务,从而节省时间和计算资源。预训练模型是指在大型数据集上预先训练完毕的模型,可直接用于特定任务或作为新模型的起点进行微调。例如,ResNet 便是一种常用的预训练模型,在图像分类任务中展现出卓越的性能。

5.3.2　应用领域

1. 计算机视觉

深度学习在计算机视觉领域的应用极为广泛,包括图像分类、目标检测、人脸识别及图像分割等多个领域。例如,CNN 在 ImageNet 图像分类竞赛中取得了显著突破,这一进展有力地推动了计算机视觉领域的快速发展。

2．自然语言处理

深度学习在自然语言处理领域的应用极为广泛，涵盖机器翻译、情感分析、问答系统及文本生成等多个方面。例如，RNN 和 LSTM 在处理序列数据方面展现出显著优势，因此在自然语言处理任务中得到了广泛应用。

3．语音识别与合成

深度学习在语音识别与合成领域同样取得了显著成效。例如，深度神经网络被广泛应用于声学模型的训练及语音特征的提取；此外，基于深度学习的语音合成技术亦实现了长足进步。

4．推荐系统

深度学习在推荐系统中的应用日益广泛。例如，协同过滤算法能够利用用户的历史行为数据，精准预测用户的兴趣偏好，从而实现个性化推荐；而基于内容的推荐算法则依据物品的特征信息，进行有针对性的推荐。

5．强化学习

深度学习与强化学习的融合已成为当前研究的热点方向之一。强化学习是一种依托试错机制来探寻最优策略的机器学习方法；而深度学习则能够通过分析海量数据，自动提炼出有效的特征表示。两者的有机结合，有望在游戏 AI、自动驾驶等前沿领域实现更为显著的突破。

5.3.3　挑战与趋势

1．数据需求与隐私保护

深度学习依赖于海量的标注数据进行训练，然而在实际应用场景中，获取充足标注数据常常面临诸多挑战。此外，随着数据隐私意识的不断提升，如何有效保障用户隐私也已成为不容忽视的议题。未来，亟须探索更加高效的数据增强技术及先进的隐私保护机制，以应对这些挑战。

2．模型复杂度与可解释性

深度学习模型通常具备较高的复杂度，难以阐释其内部工作机制及决策过程。这不仅为模型的调试和应用设置了障碍，同时也唤起了对模型可解释性的广泛重视。未来，亟须探索更为简洁且高效的模型结构及解释方法，以提升模型的可解释性与透明度。

3．泛化能力与鲁棒性

深度学习模型在应对未知数据或干扰时，通常展现出较弱的泛化能力和鲁棒性。这可能导致模型在实际应用场景中产生错误或失效。未来研究需聚焦于开发更为健壮的训练方法和精准的评估指标，以提升模型的泛化能力和鲁棒性。

4.多模态学习与跨领域应用

随着多媒体数据的广泛普及和跨领域应用需求的不断增长,如何将不同模态的数据有效融合,进行联合学习和推理,已成为一个至关重要的研究方向。未来,亟须探索更为高效的多模态学习算法和跨领域迁移学习方法,以进一步推动深度学习在更多领域的广泛应用和持续发展。

习题 5

1. 什么是机器学习? 它和传统编程有什么不同?
2. 你能举一个日常生活中的例子来说明机器学习是如何工作的吗?
3. 在机器学习中,"训练"是什么意思? 为什么训练对机器学习模型很重要?
4. 什么是"过拟合"? 它是如何影响机器学习模型的?
5. 机器学习中的"特征"是什么? 为什么选择正确的特征对构建一个好的模型很重要?
6. 什么是监督学习、无监督学习和强化学习? 它们之间有什么区别?
7. 为什么说数据在机器学习中扮演了重要的角色? 数据的质和量都对机器学习模型有什么影响?
8. 机器学习有哪些潜在的伦理问题? 为什么用户在使用机器学习时需要考虑这些问题?

实训 5

1. 使用一个简单的数据集(如手写数字识别),尝试使用一个在线机器学习平台(例如 Google Colab 或 Kaggle)来训练一个基本的分类模型。记录你的步骤和结果,并解释你是如何评估模型性能的。
2. 选择一个你感兴趣的主题(例如电影评论情感分析),收集相关的数据集,并使用文本处理工具对数据进行预处理。然后,尝试使用一个简单的机器学习算法(如朴素贝叶斯分类器)来对文本数据进行分类。分享你的发现和遇到的挑战。
3. 利用公开的数据,尝试解决一个回归或分类问题(例如房价预测)。使用模型进行训练和预测,并讨论如何改进模型以提高预测准确性。

习题 5

参 考 文 献

［1］ 张平,李晓宇.机器学习基础与案例实战 Python＋Sklearn＋TensorFlow(慕课版)［M］.北京：人民邮电出版社,2024.

［2］ 焦李成.人工智能通识基础［M］.北京：人民邮电出版社,2024.

［3］ 韩少云,王海军,杨瑞红.深度学习应用与实战［M］.北京：电子工业出版社,2023.

［4］ 孙玉林.计算机视觉从入门到进阶实战：基于 PyTorch［M］.北京：化学工业出版社,2024.

［5］ 刘祥龙.飞桨 PaddlePaddle 深度学习实战［M］.北京：机械工业出版社,2020.

［6］ 周志华.机器学习［M］.北京：清华大学出版社,2016.

［7］ 柏先云.WPS AI 智能办公从入门到精通(视频教学版)［M］.北京：化学工业出版社,2024.

［8］ 曾志超,王楠,陈韵巧,等.AI 办公应用实战一本通：用 AIGC 工具成倍提升工作效率［M］.北京：人民邮电出版社,2023.

［9］ 宫祺.AI 办公助手 ChatGPT＋Office 智能办公从入门到实践［M］.北京：清华大学出版社,2025.

［10］ 李玉环.人工智能综述［J］.科技创新导报,2016,13(16)：77-78.

［11］ 胡勤.人工智能概述［J］.电脑知识与技术,2010,6(13)：3507-3509.

［12］ 魏东,马妍.人工智能＋医疗：AI 赋能健康产业［M］.北京：化学工业出版社,2024.